高职高专制药技术类专业规划教材
编审委员会

"十二五"职业教育国家规划教材

经全国职业教育教材审定委员会审定

现代生物制药技术

第二版

王玉亭　韦平和　主编　　　冯　利　副主编

周国春　主审

化学工业出版社

·北京·

本教材内容遵循理论知识"适度、够用"的原则，结合当前生物制药领域的产业化特征，从生化药物、天然药物、发酵药物、细胞与免疫药物、基因药物及分子诊断试剂等方面，讲授生物药物的来源、生物药物原料生产的主要途径和一般性制备工艺，侧重于基本概念、工艺特征和实际操作技能，在讲解传统、成熟的生物制药技术流程的同时，适当介绍分子生物学、生化工程学等最新技术和工艺在现代药物制备中的应用进展，体现生物制药的新知识、新工艺、新方法和新技术。在每节后都设置"思考与练习"，在每章之后都设置了"技能要点"。

本书是供高职高专院校生物制药、生化制药、生物技术及应用、制药工程等专业使用的生物制药课程教材。本书也可供从事相关专业教学与科研的实验技术人员参考。

图书在版编目（CIP）数据

现代生物制药技术/王玉亭，韦平和主编. —2 版.
北京：化学工业出版社，2015.1 （2024.6重印）
"十二五"职业教育国家规划教材
ISBN 978-7-122-22397-5

Ⅰ.①现… Ⅱ.①王…②韦… Ⅲ.①生物制品-生产工艺-高等职业教育-教材 Ⅳ.①TQ464

中国版本图书馆 CIP 数据核字（2014）第 275754 号

责任编辑：于 卉　　　　　　　　　文字编辑：周 倜
责任校对：边 涛　　　　　　　　　装帧设计：关 飞

出版发行：化学工业出版社（北京市东城区青年湖南街 13 号　邮政编码 100011）
印　　装：三河市延风印装有限公司
787mm×1092mm　1/16　印张 13¾　字数 337 千字　2024 年 6 月北京第 2 版第 13 次印刷

购书咨询：010-64518888　　　　　　　　　售后服务：010-64518899
网　　址：http://www.cip.com.cn
凡购买本书，如有缺损质量问题，本社销售中心负责调换。

定　价：39.00 元

编审人员

主　　编　　王玉亭　广东食品药品职业学院

　　　　　　韦平和　常州工程职业技术学院

副 主 编　　冯　利　河北工业职业技术学院

编写人员（按姓名笔画排序）

　　　　　　王玉亭　广东食品药品职业学院

　　　　　　韦平和　常州工程职业技术学院

　　　　　　冯　利　河北工业职业技术学院

　　　　　　杜　敏　广东食品药品职业学院

　　　　　　李　脉　广东食品药品职业学院

　　　　　　郭成栓　广东食品药品职业学院

　　　　　　魏　转　河北化工医药职业技术学院

主　　审　　周国春　中国科学院广州生物医药与健康研究院

前　言

　　《现代生物制药技术》于 2010 年 9 月第一次出版，作为高职院校生物制药、生化制药、生物技术及应用、制药工程等工科专业的相关必修课程的教材，获得一致好评。本教材被评为"十二五"职业教育国家规划教材，表明本教材获得了行业的认可，体现了高职高专生物制药技术类及相关技术专业的职业教育特色，符合当前职业教育改革的方向。同时，本教材在使用中也发现了一些排版中的错误和问题，本次修订的目的，一方面是为了解决已经发现的错误和问题，另一方面是引入企业方面的技术专家，从行业技术规范和操作的角度，对本教材进行修订和审核。

　　高职教育是以培养生产、建设、管理与服务第一线的高素质技能型专门人才为根本任务。在修订过程中，我们依据专业培养目标的要求，从职业岗位所需能力入手，以国家职业标准为准则，通过对行业相关技术岗位工作任务的分析，确定学习领域所需的知识、能力和素质等要求，使教学内容与实际工作岗位相对应。同时考虑到各学校的实际状况，在每节之后都设置有"思考与练习"，在每章之后都设置了"技能要点"，以加强学生素质和技能的训练，提高学生分析问题、解决问题的能力，突出职业教育的针对性和实用性。

　　本教材修订过程中，得到了编者所在单位、化学工业出版社以及广州生物技术领域企事业单位的大力支持与热情帮助。广州和竺生物技术有限公司的李奎、广州宏洋生物科技有限公司的于修鑑参与了本次教材的修订，在此表示衷心感谢。由于编者水平和经验有限，书中难免存在疏漏和不足，敬请广大读者与同仁批评指正。

编　者

2014 年 11 月

第一版前言

现代生物制药技术是高职院校生物制药、生化制药、生物技术及应用、制药工程等工科专业和医药类专业的必修课程，涉及现代生物技术在制药领域中的应用。目前，全国开设生物技术类的高职院校有数百所，绝大多数学校均开设有生物制药技术课程。然而，目前应用于高等职业教育的生物制药类教材多是沿用传统的生物制药体系，局限于生化制药、发酵制药和生物制品。随着生物技术的飞速发展，越来越多的生物技术被应用于制药领域，特别是在现代生物技术产业发展较快的地区（例如京津塘、长三角、珠三角等地区），已经初步形成了包括生物药物在内的新型生物技术产品及相关生物技术服务的产业雏形，这就要求高职院校的课程与教材应与之相适应，迫切需要一本能全面反映当前行业的发展现状、简明实用的现代生物制药技术教材。

本书遵循理论知识"必需、够用，适度拓展"的原则，注意吸纳当前生物制药技术发展的内涵和外延，力图在现有的专业范畴内，较为完整地表达现代生物制药技术领域所需的专业知识与实践技能，充分体现"工学结合"、注重理论实践一体化的高等职业教育特色，要求学生在熟悉生物技术的发展与应用、掌握生物制药技术的发展趋势的基础上，掌握天然药物、生化药物、发酵药物的制备原理和典型药物的生产工艺，熟悉和了解基因药物、细胞与免疫药物、分子诊断试剂的生产方法与工艺流程，为将来从事生物制药及相关技术领域的岗位工作奠定良好的职业技能基础。

本书结合当前生物制药领域的产业化特征，采用模块化的设计方法，以生物药物的制备技术为主线，依据由易到难、循序渐进的次序，分为基本概念、生物提取制药和生化反应制药三个模块，分别讲授生化分离技术与血液制品制备、天然生物材料提取与天然药物制备、发酵工程技术与发酵药物制备、酶工程技术与生化反应制药、细胞工程技术与免疫技术药物制备、基因工程技术与基因药物制备等；内容包括生物药物的来源、生物药物原料生产的主要途径和一般性制备工艺，侧重于基本概念、工艺特征和实际操作技能，在讲解传统、成熟的生物制药技术流程的同时，适当介绍分子生物学、生化工程学等最新技术和工艺在现代药物制备中的应用进展，体现生物制药技术领域的新知识、新工艺、新方法和新技术；同时，兼顾大多数高职院校的实践教学条件，选取能反映典型药物制备技术、在实践教学中较为成熟的实验穿插于每个章节中，旨在培养学生的动手能力和实际操作技能，突出实践教学的可操作性。各学校可根据实际情况和教学计划灵活选用。

本书在章节体例设计上注意突出重点、分清层次，注重应用和技能拓展。在每章的开始明确"学习目标"，内容中穿插"知识链接"、"能力拓展"和"实例分析"，强调"课堂互动"；每节内容之后均设计了"技能要点"和"实践练习"，便于学生复习总结、强化训练。

本书由广东食品药品职业学院的王玉亭、李脉、郭成栓、杜敏，常州工程职业技术学院的韦平和，河北工业职业技术学院的冯利，河北化工医药职业技术学院的魏转等老师共同参与编写。全稿由中国科学院广州生物医药与健康研究院的周国春研究员主审。

本书在编写过程中得到了化学工业出版社和编者所在院校领导的大力支持和帮助，本书参考了一些已发表的文献资料，在此向相关作者和提供帮助的同志表示由衷的感谢！

由于时间仓促，编者水平有限，书中难免存在不足之处，敬请广大读者与同仁批评指正。

编　者

2010 年 5 月

目　录

模块三　生化反应制药

模块一　基本概念

第一章　生物制药技术概念

 学习目标

【学习目的】　学习现代生物技术的基本概念、发展应用，以及生物制药技术的发展趋势，认识生物药物的原料来源与分类。

【知识要求】　掌握现代生物技术、生物制药技术的基本概念与内涵，了解现代生物技术的应用与发展历史，掌握和熟悉生物药物的原料来源与分类。

【能力要求】　掌握现代生物技术的内涵和发展特征，熟悉现代生物技术在制药领域中的应用。

第一节　生物技术的发展与应用

一、生物技术的概念

生物技术（biotechnology）有时也被称为生物工程（bioengineering）或生物工艺学，是生命科学与工程技术相结合的综合性学科。一般认为，生物技术是指直接或间接地利用生物体的机能来生产物质的技术，是一门应用生物科学和工程学的原理来加工生物材料或利用生物及其制备物作为加工原料，以提供所需商品和社会服务的综合性科学技术。

从广义上说，生物技术是人们运用现代生物科学、工程学和其他基础学科的知识，按照预先的设计，对生物进行控制和改造或模拟生物及其功能，用来发展商业性加工、产品生产和社会服务的新兴技术领域。从狭义上理解，生物技术是利用生物体（包括微生物和高等动、植物）或者其组成部分（包括器官、组织、细胞或细胞器等）发展新产品或新工艺的一种技术体系。

生物技术是一门应用型学科，与众多的基础学科，如微生物学、遗传学、分子生物学、细胞生物学、生物化学、化学、物理学、数学等有着密切的关系，其形成与发展依赖于化学工程学、电子学、计算机科学、材料科学和发酵工程学的发展，反映了基础学科研究的新成果，体现了工程学科所开拓出来的新技术和新工艺。

现代生物科学的飞速发展，已深入到分子、亚细胞、细胞、组织和个体等不同层次，越来越深刻地揭示了生物结构和功能的关系，从而使人们得以运用生物学的方法以及现代工程科学所开拓的新技术和新工艺，对生物体进行不同层次的设计、控制、改造或模拟，构成巨大的生产能力。例如，基因重组技术为创造生物新物种和新品系提供了最有希望的手段，通过发酵工程和生化工程技术可以实现生物产品的大规模商品化生产。生物技术还可用来进行各种生物材料和非生物材料的加工，以提供新材料和新元件。生物技术能帮助人们更好地了解生物、了解环境、了解人类自己，从而提供更好的社会服务。这种服务的概念很宽，包括消除水和空气污染、保护生态环境、提高医疗技术、防治疾病、提高人民健康等，这些都是生物技术的社会服务。

二、生物技术的内容

一般认为，生物技术包括如下四个方面。

①　基因工程，涉及一切生物类型共有的遗传物质——核酸的分离、提取、体外剪切、重组以及扩增与表达等技术。

②　细胞工程，包括一切生物类型的基本单位——细胞（有时也包括器官或组织）的离体培养、繁殖、再生、融合以及细胞核、细胞质乃至染色体与细胞器（如线粒体、叶绿体等）的移植与构建等操作技术。

③　酶工程，指的是利用生物体内酶所具有的特异催化功能，借助固定化技术、生物反应器和生物传感器等新技术、新装置，高效、优质地生产特定产品的一种技术。

④　发酵工程，也称为微生物工程，即给微生物提供最适宜的发酵条件，生产特定产品的一种技术。

> **课堂互动**
>
> 近年来，在韩国、日本等国家，所谓"汉方"药物大受欢迎，创造了巨大的市场价值。与此相对应，我国国内的中草药市场却倍感危机。想一想：为什么在缺少中医药理论指导的国外，中草药仍然能得到很大的发展？

生物技术的生物体本身的种种机能，是各类生物在生长、发育与繁殖过程中进行物质合成、降解和转化的能力（也就是利用其新陈代谢的能力）。各种生物，不管是低等的细菌、真菌等微生物，还是高等的动物（包括人自身）、植物，其新陈代谢的过程就好像是一个效率极高的反应器，各种各样代谢反应在各种生物催化剂——酶的催化下有条不紊地进行。而什么酶催化什么反应，该酶具有什么样的特异结构与功能，又受特定的遗传基因所决定。所以从某种意义上说，基因工程、细胞工程可看作是生物技术的核心基础，可以通过基因工程和细胞工程技术，创造许许多多具有特异功能或多种功能的"工程菌株"或"工程细胞株"，这些菌株或细胞株往往可以使酶工程或发酵工程生产出更多、更好的产品，发挥出更大的经济效益。酶工程和发酵工程是生物技术产业化，特别是发展大规模生产的关键环节。因此，生物技术所包括的四个方面应当是一个完整的统一体。

另一方面，近年来的科技发展显示，在生物技术的应用领域，出现了一些新的变化趋势，主要表现在如下两个方面。

一是天然生物材料中活性成分的开发利用。天然功能食品、天然药物、天然生物材料的利用与开发等，越来越受到广泛关注。

在传统观念中，天然药物多被认为是中药开发的范畴。事实上，天然药物，是指从天然生物材料中提取分离活性成分，在现代医学理论指导下开发的新药。众所周知，中药的一个显著特征是配伍使用，发挥多成分联合作用的机理。而目前，较为流行的一个观念是，将天然生物材料中的有效成分甚至单一成分进行提取分离，加工成药剂，并称之为"中药现代化"。在这一点上，学术界尚存在争论。从生物技术的角度来看，包括海洋生物在内的各种动植物、微生物，其个体在长期的自然进化、发展中，形成了自身独有的生物活性成分（物质），这些成分可以在现代医学理论的指导下，通过生物技术获得，并发挥治疗疾病或是保健强身等功效。现代生物技术，已经广泛地应用于天然生物材料的开发利用。在中药现代化的进程中，越来越明显地带有现代生物技术应用的技术特征，包括天然动植物组织或细胞的培养、天然活性成分的发酵制备等，已经是生物技术广泛应用的不争事实。从这个意义上说，天然生物材料中活性成分的开发利用，已经成为现代生物技术应用，尤其是生物制药技术应用的一个重要领域。

二是基因工程技术的推广应用。随着基因操作技术手段的开发与成熟，基因工程技术已经深深地渗入到社会生活的各个领域，首当其冲的便是医药新药开发、诊断治疗手段和医学材料的创新。

DNA 重组技术是现代生物技术的核心，其在医药科学领域中的应用，不仅使新药研发的途径发生了根本性的转变，而且还对包括癌症、艾滋病、遗传病等传统医药尚不能有效治疗的一些疾病，提供了诊断、治疗和预防的新的有效手段，取得了重大突破。现今，基因工程药物研究已经进入快速发展的时代，基因药物的概念也不仅局限于表达某种药用产品，还包括了基因治疗产品、分子诊断试剂等。基因工程为现代医药带来了新的内涵和经济效益，也为未来的医疗手段带来新的发展契机和希望。

由此可见，现代生物技术，除包括传统的生物技术内涵之外，天然生物材料加工技术、分子诊断技术以及个体化基因治疗及新型医学材料等都极大地丰富了传统生物技术的外延，并越来越成为现代生物技术的内涵之一。

三、生物技术的发展

人类应用生物技术的历史，可以追溯到一两千年以前，例如酿酒、酿醋、面粉发酵等。但大规模利用生物技术进行产品生产却是近代的事情。

19 世纪，生物学发展出现了三项伟大成就：细胞学说、达尔文生物进化论和孟德尔遗传定律。这三项近代生物学成果为生物技术的发展奠定了重要基础，也出现了以乳酸、酒精、面包酵母、柠檬酸和蛋白酶等初级代谢产物为特征的生物技术产品。

1928 年，青霉素被发现，从此，人们开始用大规模的生物发酵技术来生产药物。到 20 世纪 40 年代，以青霉素为代表的抗生素工业成为生物技术的支柱产业。到 20 世纪 50 年代和 60 年代，氨基酸发酵、酶制剂工业又相继成为生物产业家族的新成员。

1953 年，脱氧核糖核酸（DNA）双螺旋结构模型被建立，成为 20 世纪生物学最重要的发现，开创了从分子水平揭示生命现象本质的新纪元。

 知识链接

1996 年，用成年羊细胞 DNA 克隆的多莉羊轰动世界，但事实上，早在 1963 年，我国就首次向国内外报道了鱼类的细胞核移植研究。1980 年，童第周（图 1-1）等人获得了具有"发育全能型"的克隆鱼，这是世界上报道的首例发育成熟异种间胚胎细胞克隆动物；次年，我国用成年鲫鱼肾脏细胞克隆出一条鱼，这比多莉羊早了 15 年。

2002 年，为纪念童第周诞辰 100 周年，中国科学院院长 图 1-1 "克隆先驱"童第周
路甬祥写下"克隆先驱"，作为对其一生的评价。

20 世纪 70 年代，重组 DNA 技术和淋巴细胞杂交瘤技术的出现，使得生物技术发生了革命性的变化，特别是重组 DNA 技术，成为现代生物技术诞生的标志。

近 30 年来，现代生物技术以突飞猛进的速度发展，从 DNA 扩增到人类基因组计划，从转基因细胞到克隆动植物体，现代生物技术，已经在解决人类社会所面临的健康、食品、环保、能源等重大问题方面，带来新的希望，对食品业、制药业、农牧业及其他相关产业的发展产生深刻的影响，成为全世界发展最快的高技术之一，日益受到各国政府、企业和社会各界的高度重视与广泛关注。

四、生物技术的应用

1. 在农业品种改良中的应用

常规育种存在育种周期长、工作量大的缺点，特别在提高产量、改善品质和增强抗逆性等方面，难以兼得。生物技术在这方面已经取得举世瞩目的成功，突出表现在细胞技术和转基因技术的应用上。

与传统育种技术相比，利用细胞技术进行育种更容易获得有用变异的机会，且利用空间小、设备简单、耗资低廉和操作方便。我国的作物育种细胞技术一直处于世界先进行列，利用单倍体的花粉培养育种技术为世界所公认，小麦、水稻、烟草等作物新品种种植面积已达数百万亩。

转基因技术也是作物品种改良中获得成功的重要技术，已有许多转基因植物培育成功，如抗病毒的转基因黄瓜、抗虫的转基因棉花等。

2. 在畜牧养殖业中的应用

疾病是影响畜牧业发展的最大问题。近 20 年来，分子生物学研究在畜禽疾病防治方面取得了重大进展，科学家们已经分离、克隆和研究了在免疫学上发生作用的许多基因，许多基因工程技术获得应用，如核酸探针技术、单克隆抗体技术、基因工程疫苗等。可以说，兽用生物制品领域一直是基因工程产品的最早受益者，如细菌基因工程疫苗、病毒基因工程疫苗等。

利用基因工程技术与胚胎移植技术，能将外源抗病基因插入到家禽的基因组中，培育出对某种疾病具有遗传抵抗力的转基因动物。这是常规选择交配法所做不到的。

 能力拓展

试管动物：指将体外授精后的受精卵移植到受体动物后所产生的后代。

胚胎分割：使用显微操作将胚胎进行分割的一种技术，可以使胚胎数量成倍增加，培育出相同遗传特性的同卵孪生动物，这有利于良种扩群，为药物学、医学、生物学研究和生产提供理想的优质动物。这一技术已经在绵羊、牛、小鼠、猪等动物上获得成功，并用于畜牧业生产。

3. 在医药卫生中的应用

生物技术在基因工程药品、疾病诊断与治疗中的应用，后面有专门的叙述。

4. 在食品、化工中的应用

生物技术的发展，为传统化学工艺的改进提供了新的途径。例如，利用微生物发酵和生化酶反应，可一步法生产许多传统化学工艺难以获得的产品，在技术和经济上有巨大的实用价值。例如，利用腈水合酶将丙烯腈水解生产丙烯酰胺，是目前最先进的丙烯酰胺生产技术；利用发酵法从农作物中获得生物量和能量，来替代石油、煤炭等矿产资源，成为当前"绿色工业"的发展方向。

目前，利用生物技术生产的化工产品主要集中在较昂贵的医药和精细化工产品方面，如甾体类转化、抗生素合成、生物碱及有机酸合成、氨基酸合成、核酸合成等。

利用生物技术开发单细胞蛋白，是解决全球蛋白质缺乏的一条重要途径。单细胞蛋白指从酵母或细菌等微生物菌体中获得的蛋白质。单细胞蛋白的氨基酸组成不亚于动物蛋白质。生产单细胞蛋白质的原料来源极为广泛，可以是糖质原料、石油化工原料、氢气或碳酸气，以及植物原料等。单细胞蛋白可应用于饲料业和食品加工业。

传统制糖业的原料为甘蔗、甜菜等。生物技术可应用于淀粉糖的生产。利用葡萄糖异构体酶，将来源充足、价格低廉的淀粉加工成高果糖浆，以及饴糖、麦芽糖、麦芽糊精等各类淀粉糖制品，以替代蔗糖，广泛应用于各类食品和饮料中。

例如，L-苹果酸、L-谷氨酸钠、鸟苷酸、肌苷酸等重要的食品添加剂，以及食品加工过程中所需要的各种酶，目前都已经采用发酵法生产。

5. 在环境保护中的应用

生物技术是环境保护的理想工具，因为其最终的转化产物大都是无毒无害、稳定的物质。利用新型吸附材料和曝气、絮凝等方法，增强微生物氧化能力，从而获得高浓度活性污泥的生化处理方法，可以处理多数工业和生活污水，实现达标排放。利用生物学方法处理废气和净化空气，是空气污染控制的新技术，主要有生物过滤法、生物洗涤法和生物吸收法，尤其适用于处理多组分复合恶臭气体。

●●●●●● ● 思考与练习 ● ●●●●●●●●●●●●●●●●●●●●●●●●●●●●●●●●●●●●

1. 生物技术是一门综合性应用学科，对此应如何理解？
2. 为什么从某种意义上说，基因工程和细胞工程是生物技术的核心基础？
3. 伴随基因工程技术的快速发展，基因工程药物的内涵出现了哪些变化？
4. 现代生物技术诞生的标志是（　　　　）。
   A. 建立青霉素发酵工业　　　　　B. 建立细胞学说与孟德尔遗传定律
   C. 建立DNA双螺旋结构模型　　　D. 建立重组DNA和淋巴细胞杂交瘤技术
5. DNA测序技术是哪一年开发成功的？其大规模应用的前提是什么？

第二节 生物制药技术的发展趋势

一、什么是生物制药技术

顾名思义，生物制药技术就是生物药物的生产技术。那么，什么是生物药物？

1. 生物药物

生物药物是利用生物体、生物组织或其成分，综合应用生物学、生物化学、微生物学、免疫学、生物化工技术和药学的原理与方法进行加工、制造而成的一大类预防、诊断、治疗疾病的物质。

广义的生物药物包括从动物、植物、微生物等生物体中制取的各种天然生物活性物质，以及人工合成或半合成的天然物质类似物。抗生素、生化药物与生物制品都属于生物药物的范畴。

抗生素是微生物的次级代谢产物，是利用发酵工程等技术生产的一类主要用于治疗感染性疾病的药物。生化药物指从生物体中分离纯化所得的一类具有调节人体生理功能、达到预防和治疗疾病目的的物质。生物制品是利用病原生物体及其代谢产物，依据免疫学原理制成的用于人类免疫性疾病的预防、诊断和治疗的一类制品，包括从人血浆中获得的血液制品。

如前所述，随着生物技术的发展变化，生物药物的内涵也在发生着变化。如利用基因工程技术、细胞工程技术制成的药物，被称之为生物技术药物或基因工程药物；从天然生物材料中获取的活性成分而开发所得的药物，被称为天然药物。

近年来，诊断试剂的产业化发展很快。尤其是随着基因工程技术、细胞工程技术、单克隆抗体技术以及微电子技术、光电技术等的飞速发展，诊断试剂也经历了化学、酶、免疫和技术4次革命，每次都跨上一个新的技术台阶，灵敏度、特异性有了极大提高，应用范围迅速扩大。如今，诊断试剂已经发展成为年增长达3％～5％、拥有200亿美元市场份额的朝阳产业，在疾病预防、疗效和愈后判断、治疗药物筛选检测、健康状况评价以及遗传性预测等领域，发挥着越来越大的作用。

简言之，现代生物技术发展中的生物药物，既包括传统意义的生化药物、发酵药物、疫苗和血液制品，还包括现代技术条件下产生的天然药物、基因工程药物，以及基因治疗产品、分子诊断试剂在内的各类新型诊断试剂等。

2. 生物制药技术

生物制药技术就是以生物体为主体，应用生物技术，生产加工生物药物的技术。

生物药物是综合应用多个学科的知识和方法来加工生产的药物，生物制药技术不是一门单独的技术。同生物技术的发展相对应，一般认为，生物制药技术包括了基因工程技术、细胞工程技术、发酵工程技术、酶工程技术。尽管如此，在如何将生物制药技术进行分类方面，依然存在着多个的角度和方法。有的依据材料的来源，将生物制药分成天然的动植物制药、微生物制药、海洋生物制药和人工设计改造的细胞工程制药、组织工程制药；有的按照药物的化学本质分为生化药物和生物制品，分别包括了氨基酸药物、多肽药物、酶类药物、疫苗和血液制品等；也有的按照药物的治疗对象进行分类。造成这种情况的一个重要原因就是生物制药技术的综合性与复杂性。正确理解生物制药技术的内涵，有助于全面了解生物制药的技术体系，完整地把握生物制药领域的各种技术特征，学好本课程的内容。

生物制药技术是一门多学科相互渗透与集合的综合技术领域。在这个综合领域中，生物体是核心，一切生物制药技术都围绕生物体来进行。生物制药技术的核心特征是生物反应。

生物反应，指细胞内的一系列生化代谢反应（包括使用生物酶进行的生化单元反应）和细胞内生化物质的提取分离。如果把前者称之为生化反应，后者称之为生化提取，则复杂的生物制药技术体系可以用两条反应主线进行描述（图1-2）。

一条是将化学材料和动植物材料，通过一系列细胞生化代谢反应后，获得生物药物的原料。这些生化反应包括微生物发酵、动植物细胞培养及酶反

课堂互动

想一想：为什么基因药物的制备离不开微生物发酵或细胞培养？

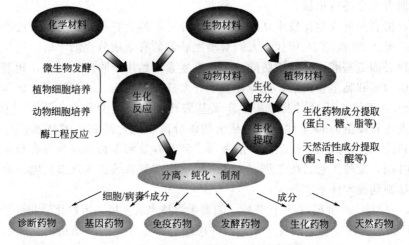

图1-2　生物制药技术体系

应等。从传统的生物技术角度看，包括分子诊断试剂在内，基因药物制备技术的实质就是将经过上游基因操作技术获得的可表达新产物的微生物、动植物细胞或组织进行培养/发酵，来获得可用于原料药的产品，因此可认为是属于这条反应主线。

另一条是将动物、植物等生物材料，不经过细胞内的生化代谢反应，而是通过提取组织或细胞内的生化物质而获得生物药物的原料。从这一角度来看，传统的生化分离技术产品、血液制品和天然活性成分产品，尽管其材料来源和药物性质、作用机理都不相同，但都具有相同的加工生产技术特征，都属于这条反应主线。

由上述两条反应主线获得的初级产物，都需要经过下游的生物化工过程进行分离、纯化和精制，才能获得由细胞/病毒、生化成分或其混合物组成的用于制备各种生物药物的原料产品，这些原料产品再经过制剂工程的加工，成为各类生物药物制剂，包括传统的生化药物、发酵药物、基因药物等。如疫苗、抗体等传统的生物制品，因其利用了免疫学原理，早已成为独立的体系，这里可称之为免疫药物。此外，由天然生物材料的活性成分开发的药物以及利用免疫技术、酶工程技术与基因工程技术开发的各类诊断试剂，也可分别作为天然药物和诊断药物列入生物药物的范畴。

二、生物制药技术的发展历程

人类应用生物药物的历史由来已久，我国人民很早就开始使用生物药物。公元前597年就有"麹（qu）"（类似植物淀粉酶制剂）的使用。公元4世纪有用海藻酒治疗"瘿（ying）"病（地方性甲状腺肿）的记载。11世纪沈括所著的《沈存中良方》中，记载有用秋石治病的事例。秋石是从男性尿中沉淀出的物质。这是最早从尿中分离类固醇激素的方法记载，比西方在20世纪30年代创立的方法早了900多年。"种牛痘"的方法在10世纪时就在我国民间广为流行，而直到1796年，英国人琴纳才使用同样的方法。可以说，中国人最早使用生物材料来制备调节生理功能的药物产品，最早应用免疫原理来预防传染病。生物制药技术发展到今天，大体上经历了如下三代变化。

第一代，从远古到20世纪中叶，使用天然活性物质加工的制剂。由于有效成分不明确，且多数来自动物脏器，因此曾有脏器制剂之称，如胎盘制剂、眼制剂、骨制剂，以及胰酶、胃酶、肝注射液等。这些产品未经分离、纯化，制造工艺简便，确有一定疗效，所以在欧亚地区的很多地方至今还有市场。

第二代，指利用近代生化技术从生物材料中分离、纯化获得的具有针对性治疗作用的生物活性物质。进入20世纪20年代，人们对动物脏器的有效成分逐渐了解，纯化胰岛素、甲状腺素、各种必需氨基酸、必需脂肪酸、各种维生素开始用于临床。后来，相继发现和提纯了肾上腺皮质激素和脑垂体激素，逐步建立了狂犬病、黄热病、乙型脑炎、斑疹伤寒等疫苗的技术。40~50年代，开始用发酵法生产氨基酸药物、抗生素药物，研制成功小儿麻痹、麻疹、腮腺炎等新疫苗。60年代以后，从生物体分离、纯化酶制剂的技术日趋成熟，各种酶类药物得到应用，尿激酶、链激酶、溶菌酶、激肽释放酶等相继成为具有独特疗效的常规药物。这段时期，发酵工程、酶工程、生化工程、疫苗制备等技术逐渐成熟，形成了目前普遍使用的生物制药技术体系。

第三代，大约从20世纪80年代开始，随着生物技术的发展，生物化学和分子生物学的最新研究成果日益渗透到生物学的各个领域，并应用到微生物发酵、动植物细胞培养、基因操作、干细胞与组织的全能性培育等，使得生物技术产生巨大变革，进入了基因工程、蛋白质工程和动植物克隆的时代。另一方面，化学工程、光电学和微电子学等工程技术也获得长足发展，与传统的生物技术紧密结合，发酵/培养工艺控制、提取分离纯化、检测分析诊断、细胞融合改造等新工艺新技术相继出现，推动着抗生素、生化药物以及中草药这类传统的生物药物体系发生改变，无论是药物的来源还是药物的概念都发生了很大变化，产生了许多新的领域。例如，运用基因工程技术，只需要培养重组大肠杆菌，即可获得以往只能从动物原料中获得的人生长激素；利用重组酵母菌，可以大规模生产核酸疫苗；将植物细胞进行发酵培养，可以获取更多的天然植物活性成分；通过转基因技术，可以使牛羊等家畜变成"制药工厂"等。

 知识链接

应用转基因动物/乳腺生物反应器生产药用蛋白是药物生产的一种全新模式，投资成本低、药物开发周期短和经济效益高，将成为21世纪最具有巨额经济利润的新型医药产业。上海交通大学医学遗传研究所创立了以"整合胚移植"为基础的转基因家畜研制的新技术路线，应用这一技术，成功地研制和培育出我国首例乳汁中含人凝血因子IX的转基因山羊（图1-3）和携带人血清白蛋白基因的转基因试管牛，为建立"动物药厂"迈出了重大的一步，在人凝血因子IX和人血清白蛋白的转基因动物/乳腺生物反应器制备领域，居国际领先水平。

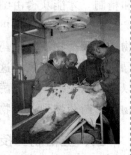

图1-3 转基因山羊实验在进行中

三、生物制药技术的发展趋势

1. 基因工程技术是现代生物制药技术发展的基础与核心

1953年发现DNA双螺旋结构，奠定了现代分子生物学的基础。遗传信息传递中心法则和DNA重组技术的建立，使人们对生命本质的认识进入到分子水平，推动生物制药技术进入新的发展阶段。

（1）重组DNA技术推动了基因药物的诞生和发展 20世纪70年代发现的限制性内切酶，为基因工程的发展提供了有力的工具，也开辟了用基因工程技术制备药物的新领域。自

1982 年第一个基因工程药物——重组人胰岛素在美国投放市场后，基因药物快速发展。迄今为止，我国已有人干扰素、人白细胞介素-2、人集落刺激因子、重组人乙型肝炎疫苗、基因工程幼畜腹泻疫苗等多种基因药物品种。目前，世界各地尚有几百种基因药物及其他基因工程产品在研制中，成为当今医药业发展的重要方向。

基因诊断和基因治疗是医药领域的新兴重要领域。1990 年，美国成功实现世界首例遗传性腺苷脱氢酶 ADA 基因缺陷症的基因治疗，我国也在 1994 年用导入人凝血因子Ⅸ基因的方法成功实现乙型血友病的治疗。2004 年，世界上第一个抗肿瘤基因治疗药物——重组人 p53 腺病毒注射液在我国被批准上市。近年来，我国的诊断试剂产业发展很快，使用的基因诊断试剂盒已经有近百种，诸如艾滋病、禽流感、人甲型（H1N1）流感等重大传染性疾病，均成功开发了特异性诊断试剂。

（2）基因组研究推进重大疾病的治疗和特效药物的开发　现今，分子生物学已经从研究单个基因发展到研究基因组的结构与功能。人们在完成了λ噬菌体、乙型肝炎病毒、艾滋病毒及大肠杆菌等基因组全序列测定后，于 1990 年启动了人类基因组计划，这是生命科学领域有史以来最庞大的全球性研究计划。

 能力拓展

基因组：指一个物种中所有基因的整体组成。

人类基因组计划："人类基因组计划"是利用基因组测序技术，对构成人类基因组的 30 多亿个碱基进行精确测序，以便破译人类的全部遗传信息。该计划于 1990 年启动，有美国、英国、法国、德国、日本和中国科学家共同参与，耗资达 30 亿美元。2001 年，人类基因组序列框架图正式发表，人类第一次在分子水平上全面地认识了自我。在此基础上，人们开始了功能基因组研究，全面探索基因表达、调控和不同基因相互作用等生命活动的基本规律。

2007 年 10 月，我国科学家成功绘制完成第一个完整的中国人基因组图谱（又称"炎黄一号"），这也是第一个亚洲人全基因序列图谱。这对于中国乃至亚洲人的 DNA、隐形疾病基因、流行病预测等领域的研究具有重要作用，也意味着不久的将来，人们能够安全地享受先进的基因治疗。

在完成大量的基因组测序工作之后，人们又转入功能基因组的研究，围绕重要功能基因的分离、克隆、调控等，国际上展开了日趋激烈的竞争。功能基因组学已经衍生出了许多新的分支学科，如药物基因组学、病理基因组学等。药物基因组学是利用基因组学和生物信息研究获得的有关病人和疾病的详细信息，针对某种疾病的特定人群，建立特定的诊断方法，设计开发最有效的药物，使疾病的治疗更有效、安全。

自 1997 年起，我国先后在国家人类基因组南方和北方研究中心及上海、北京等多家研究机构开展了人类新基因和重大疾病相关基因的克隆鉴定，发现了一批高血压、细胞凋亡、胚胎期中枢神经发育等相关基因，为特效药物开发和特异性治疗提供了新的有效途径。

此外，单克隆抗体制备技术、反义 RNA 技术、基因表达调控技术及细胞信号传导的研究等，也是生物新药开发的前沿技术领域。而新型膜分离材料、新型化工分离工艺在发酵/培养液的产物分离、天然活性成分提取方面的应用，以及基因工程技术引导下的天然生物材料发酵/培养技术等，则是当前生物制药技术的开发重点。

2. 我国生物制药技术的发展方向

2007 年 4 月，我国政府正式发布了《生物产业发展"十一五"规划》，提出要把握历史机遇，加速发展生物产业。《生物产业发展"十一五"规划》根据我国生物产业发展基础和比较优势，提出将生物医药、生物农业、生物能源、生物制造、生物环保等行业作为"十一五"期间生物产业发展的重点，组织实施 9 大专项，集中力量，加快发展，尽快形成我国生物产业的群体优势和局部强势。按照这 9 大专项，我国生物制药技术的发展动向将集中在以下几个方面。

① 疫苗与诊断试剂　在这方面我国已经有一定基础。未来将以提高重大传染病预防能力为目标，重点开发基因工程疫苗和单克隆抗体、诊断试剂，加快预防性疫苗、治疗性疫苗的研制和产业化发展，形成一批临床治疗癌症及其他疾病的新药、新型病原体诊断试剂并实现产业化。

② 创新药物　提高自主创新能力，大力推动具有自主知识产权和广阔市场前景的生物药物和小分子药物的开发和产业化。这方面的重点将集中在活性蛋白与多肽类药物、靶向药物方面，基因药物和天然药物是关注的热点，如干扰素、生长激素、反义 RNA 药物等抗肿瘤靶向药物。1998 年投放市场的紫杉醇注射液，就属于该类抗肿瘤药物。

③ 微生物制造工艺　以新型生物反应过程为核心，加快微生物制造技术的改造。例如，采用基因工程/细胞工程技术和发酵工程技术相互结合的方法，选育优良菌种，改进抗生素生产工艺；应用微生物转化法与酶固定化技术，发展氨基酸工业和开发甾体激素制备工艺；提高纤维素酶、半纤维素酶、生物色素、生物香料等生物医药相关产品的规模化生产和应用水平。

④ 天然药物制备技术的开发　充分结合细胞工程、发酵工程和生化分离工程的最新进展，发挥我国中草药资源优势和中医药的独特理论与技术，应用植物细胞的培养和分离技术，获得天然材料中的有效活性成分，开发新型天然药物。

⑤ 生物基材料　推进淀粉基可生物降解塑料、糖工程产品和新型炭质吸附材料的关键技术突破和产业化示范，加快规模化发展，并由此推动药物生产新工艺的开发，降低生产成本。

⑥ 生物医学工程　加快发展生物医学材料、生物人工器官、临床诊断治疗设备，加强自主创新，在一批关键技术或部件上实现重点突破，实现产业化。

●┈● 思考与练习 ●┈┈┈┈┈┈┈┈┈┈┈┈┈┈┈┈┈┈┈┈┈

1. 生物制药技术的核心特征是什么？如何理解现代生物技术发展中的生物制药技术体系？

2. 与以往相比，现代生物制药技术有哪些主要的不同和发展，请简述之。

3. 20 世纪 70 年代发现的（　　　），为基因工程的发展提供了有力的工具。

　　A. DNA 双螺旋结构模型　　　　　　B. 限制性内切酶

　　C. 遗传信息中心法则　　　　　　　D. 重组人胰岛素

4. 世界上第一个抗肿瘤基因治疗药物是（　　　）。

　　A. 腺苷脱氢酶 ADA　　　　　　　　B. 重组人胰岛素

　　C. 重组人 p53 腺病毒注射液　　　　D. 人集落刺激因子

5. 当前我国生物制药技术的发展重点方向是什么？

第三节　生物药物的来源与分类

生物药物的分类，可以有多方面的依据，例如原料来源的不同、药物的化学性质和临床应用的不同、制备技术的不同等。从制药技术的角度，来认识生物药物的来源和各种分类方法，有助于对各种生物药物制备技术的学习和理解。

一、按原料来源分类

1. 人体组织来源

由人体组织提供的原料制成的生物药物，品种多、疗效好，无副作用。但由于人体组织材料受到法律或伦理方面的制约，难以实现批量生产。现在投入批量生产的主要品种有人血液制品、胎盘制品和尿液制品等，其他品种的大规模制备，只能依赖于生物制药技术，由其他原料来源获得。

2. 动物组织来源

该类药物包括由动物体各种组织、脏器制备的药物。近年来，尽管从植物、微生物来源的生物药物逐年增加，但动物来源的药物仍占较大比重。尤其是我国，家畜（猪、马、牛、羊等）、家禽（鸡、鸭等）和海洋生物资源丰富，有着较为悠久的开发历史，民间也有很多的传统应用方式。

动物原料来源丰富，价格低廉，可以批量生产。但由于不同动物种属间的差异性，其药物产品要进行严格的药理毒性实验。

3. 植物来源

我国药用植物的资源极为丰富。过去在研究药用植物时，往往忽视了其所含有的生化成分，常常把植物中的生物大分子物质当做杂质除去而未能利用。近年来，对植物中的蛋白质、多糖、脂类和核酸类等生物大分子的研究和利用已引起重视，出现了许多新的生物药物资源。

4. 微生物来源

微生物及其代谢资源丰富，有巨大的开发潜力。而且微生物繁殖快、产量高，易于廉价培养，不受原料运输、储存和资源供应等因素的影响，便于大规模工业生产。

利用微生物体内的生化代谢反应，不仅可以制取多种生物药物，获得传统化学工艺无法合成的药物前体，更可以应用基因工程技术，获得重组工程菌，生产基因药物。

微生物获得的生物药物有很多种类。抗生素的发酵生产最为典型，已经形成了独立的体系；氨基酸、核酸及其降解物、酶和辅酶等的生产规模也很大；多肽、蛋白质、糖、脂、维生素、激素及有机酸的生产规模也较大，有不少的产品。

5. 化学合成

诸如氨基酸、多肽、核酸降解物及其衍生物、维生素和某些激素等这一类小分子的生物药物，已经能够用化合成法获得；蛋白质结构学的发展，已经能够通过分子结构的解析来改造生物大分子，以获得药物活性，或者通过修饰来改变其特性。

6. 现代生物技术产品

现代生物技术的发展，已经难以用传统的动植物、微生物的方法进行分类。许多产品是由几种原料来源相结合产生的。如胚胎干细胞技术的发展，导致克隆人体组织用于医学研究、药物生产成为可能，这已经不是单纯的人体组织材料来源药物了，涉及克隆技术、动物细胞培养、胚胎组织繁殖等；有些氨基酸和维生素 C 是化学合成与微生物发酵相结合的产物。另外，利用转基因技术生产的重组活性多肽、活性蛋白质类药物、基因工程疫苗、单克隆抗体及多种细胞生长因子；利用转基因动、植物生产的生物药物；利用蛋白质工程技术改造天然蛋白质，创造自然界没有的但功能上更优良的蛋白质类生物药物等。

> **知识链接**
>
> 多肽合成：指多肽的化学合成，按照事先设计的氨基酸顺序，通过定向形成酰胺键的方法得到目标多肽分子。定向形成酰胺键，指对暂时不参与形成酰胺键的氨基、羧基以及侧链活性基团进行保护，并同时对羧基进行活化。固相多肽合成是多肽合成技术建立的基础，目前较成熟的合成方案是：以树脂作为反
>
>
>
> (a) 微波型　　　(b) 生产/中试型　　(c)六通道型
> 图1-4　多肽合成仪
>
> 应体系的固相载体，按照设计好的程序完成一系列反应。基本的程序化工艺包括：树脂溶胀、脱保护、偶联、再脱保护、再偶联……目前，基于这种基本原理，已经开发了多种全自动多肽合成仪（图1-4），如微波型多肽合成仪、多通道型多肽合成仪。

二、按化学结构和特性分类

这是根据生物药物的化学结构特点进行分类，简单且直观，有利于同类药物性质的相互比较，或者从其物理和生化特性的角度比较同类药物的提取、分离、纯化和制剂工艺，以及其检测方法的研究。

1. 氨基酸类药物

目前，全世界氨基酸的年产量已经超过百万吨，主要品种有谷氨酸、蛋氨酸、赖氨酸、天冬氨酸、精氨酸、半胱氨酸、苯丙氨酸、苏氨酸和色氨酸等。谷氨酸的产量最大，约占氨基酸总产量的80％，其次为赖氨酸和蛋氨酸。氨基酸除用于医药外，还用于食品、饲料及化学工业。

氨基酸类药物包括天然氨基酸、氨基酸混合物和氨基酸衍生物，现已有百种之多，其剂型有单一氨基酸制剂和复方氨基酸制剂两类。

2. 多肽和蛋白质类药物

这一类药物主要包括多肽、蛋白质类激素和细胞生长因子。

多肽对机体生理功能的调节起非常重要的作用。目前，已发现和分离出 100 多种存在于人体的肽，这些已知的活性多肽主要是从内分泌腺、组织器官和体液中分离出来的，几乎都用于新药的开发。

> **课堂互动**
>
> 想一想：我们经常使用的板蓝根冲剂是属于哪一种药物呢？

多肽类药物可分为：多肽激素，如垂体激素、甲状腺素、胸腺素等；多肽类细胞生长因子，如表皮生长因子、转移因子、新生血管抑制因子等；含多肽成分的其他生化药物，如胎盘提取物、肝水解物等。多肽还用于医用蛋白质芯

片（肽芯片）的开发，在医学临床检测引发了一场技术革命。

蛋白质类药物有单纯蛋白质与结合蛋白质。单纯蛋白质药物有人白蛋白、丙种球蛋白、血纤维蛋白、抗血友病球蛋白、鱼精蛋白、胰岛素、生长素、催乳素、明胶等。结合蛋白质药物包括糖蛋白、胆蛋白、色蛋白等，主要有胃膜素、促黄体激素、促卵泡激素、促甲状腺激素、干扰素等。

细胞生长因子指在体内对组织细胞的生长有调节作用，并在靶细胞上具有特异受体的一类物质，如神经生长因子、表皮生长因子、血小板生长因子等。

3. 酶类药物

早期的酶类药物主要用于治疗消化道疾病。随着分离、提取工艺的改进和酶品种的增多，现在已经被广泛用于疾病的诊断和治疗。根据其药理功能的不同，酶类药物又可分为不同的类别。例如，促进消化的胃蛋白酶、胰酶、纤维素酶；用于消炎的溶菌酶、糜蛋白酶、菠萝蛋白酶；可用于心血管病治疗的尿激酶、链激酶、蛇毒溶栓酶；抗肿瘤的谷氨酰胺酶、组氨酸酶、酪氨酸氧化酶；还有如辅酶Ⅰ、辅酶Ⅱ、细胞色素 C 等辅酶类；以及超氧化物歧化酶、青霉素酶等。

4. 核酸及其降解物和衍生物

核酸类药物指具有药用价值的核酸、核苷酸、碱基，以及其类似物、衍生物或这些类似物的聚合物。如从猪、牛提取的 RNA 制品，常用于治疗慢性肝炎、肝硬化和改善肝癌症状；从小牛胸腺或鱼精中提取的 DNA 制剂，可用于治疗精神迟缓、虚弱和抗辐射；6-巯基嘌呤、6-硫代鸟嘌呤、2-脱氧核苷、呋喃氟尿嘧啶、阿糖腺苷、阿糖胞苷、5-氟环胞苷等，可用于肿瘤治疗和抗病毒等。

5. 糖类药物

这类药物以多糖为主，其特点是具有多糖结构，多个单糖通过糖苷键相互连接。多糖的种类繁多，药理功能各异，广泛存在于动物、植物、微生物和海洋生物中，在抗凝血、降血脂、抗病毒、抗肿瘤、增强免疫功能与抗衰老等方面有较强的药理作用。例如，胎盘脂多糖是一种促 β-淋巴细胞分裂剂，能增强免疫力；取自海洋生物的刺参多糖有抗肿瘤、抗病毒和促进细胞吞噬的作用；壳多糖（几丁质）及其降解产物脱乙酰甲壳素、D-氨基葡萄糖等具有提高机体的非特异性免疫功能、抗肿瘤作用及治疗胃溃疡、抗凝血作用等，并能制造人造皮肤、手术缝合线等医学材料和缓释药物的辅料等。来源于许多真菌的多糖也具有抗肿瘤、增强免疫功能和抗辐射作用，这些常见的多糖有银耳多糖、香菇多糖、蘑菇多糖、灵芝多糖、人参多糖和黄芪多糖等。

6. 脂类药物

脂类药物包括许多非水溶性的、可溶于有机溶剂的小分子生理活性物质，包括磷脂类、不饱和脂肪酸、胆酸类、固醇类和卟啉类。例如，脑磷脂、卵磷脂用于肝病、冠心病、神经衰弱等的治疗；油酸、亚麻酸、花生四烯酸等必需脂肪酸有降血脂、降血压和抗脂肪肝的作用；前列腺素是一类不饱和脂肪酸，重要的天然前列腺素有 PGE_1、PGE_2、$PGF_{2\alpha}$ 和 PGI_2，其中 PGE_1、PGE_2、$PGF_{2\alpha}$ 已经成功用于催产和中期引产，PGI_2 则在抗血栓和防止动脉粥样硬化方面有较好的应用前景。

7. 生物制品

生物制品是指从微生物、原虫、人体或动物材料直接制备或用现代生物技术等方法制成，作为预防、治疗、诊断特定传染病或其他疾病的制剂的统称。传统上，生物制品主要指各类疫苗、类毒素，特异性免疫球蛋白等血液制品也包括在其中。随着生物技术的发展，免疫诊断试剂、基因重组疫苗、从血液中分离的各种细胞因子等也都被列入生物制品的范畴。

按照制造原料的不同，疫苗又分为菌苗（如卡介苗、霍乱菌苗、百日咳菌苗、鼠疫菌苗等）和疫苗（如乙肝疫苗、流感疫苗、乙型脑炎疫苗、狂犬疫苗、斑疹伤寒疫苗等）。

近年来，非典型肺炎、H5N1流感、甲型H1N1流感等高致病性传染病对社会生活和健康构成了严重威胁，新型疫苗的开发被寄予了厚望。与此同时，相关的诊断试剂成为生物制品开发中最为活跃的领域。有关疾病诊断、病原体鉴别、机体代谢分析等各种单克隆抗体诊断试剂大量上市，成为生物制品的重要组成部分。

三、按临床用途分类

生物药物作为医疗用品，在临床应用上包括了预防、诊断和治疗等各个方面。

1. 治疗药物

治疗性生物药物的种类很多，通常按照药理作用分为：内分泌障碍治疗（如胰岛素、生长素、甲状腺素），维生素类，中枢神经系统药物（如人工牛黄、脑啡肽），血液和造血药物（如血红素、肝素、尿激酶、凝血因子），呼吸系统药物（如前列腺素、肾上腺素、蛇胆），心血管系统药物（如激肽释放酶），消化系统药物（如胰酶、胃蛋白酶），抗病毒药物（如阿糖腺苷、异丙肌苷、干扰素），抗肿瘤药物（如天冬酰胺酶、香菇多糖PSK、白介素-2、干扰素、集落细胞刺激因子），抗辐射药物（如超氧化物歧化酶），计划生育用药（如前列腺素及其类似物）和生物制品（如各种人血免疫球蛋白）。

2. 预防药物

以预防为主是我国医疗卫生工作的一项重要方针。对于许多疾病，尤其是传染病（如细菌性和病毒性传染病），预防比治疗更为重要。如近年来出现的H5N1流感和甲型H1N1流感，具有很强变异性和高传染性，使用预防性疫苗是目前控制病毒传播的最主要方式。常见的预防药物有菌苗、疫苗、类毒素和冠心病防治药物等。

3. 诊断试剂

近年来，体外诊断试剂获得了快速发展。目前的大多数体外诊断试剂都被列入药品管辖的范畴，是生物药物的又一个突出而独特的临床用途。体外诊断试剂具有速度快、灵敏度高、特异性强的特点，其使用途径主要有体内（注射）和体外（试管）两种。现已成功使用的有免疫诊断试剂、单克隆抗体诊断试剂、酶诊断试剂、放射诊断试剂、分子诊断试剂等。

4. 其他生物医药用品

包括生化试剂、生物医学材料、保健品、化妆品和日用化工材料等。

●●●●●● **思考与练习** ●●●

1. 生物药物原料的来源有哪些？为什么说现代生物药物往往是几种原料来源的相互结合？

2. 按照化学特性区分，氨基酸类药物可分为哪几类？按照药物剂型区分，则又分为哪几类？

3. 糖类药物的特点是具有（　　）。

A. 肽链结构　　　　B. 多糖结构　　　C. 核苷结构　　　D. 醇基和羧基结构

4. 按照制造原料的不同，疫苗又分为（　　）。

A. 菌苗和疫苗　　　　　　　　　B 类毒素和免疫球蛋白

C 基因重组疫苗和细胞因子　　　D 预防性疫苗和诊断试剂

 技能要点

广义上，生物技术是运用现代生物科学、工程学和其他基础学科的知识，对生物进行控制和改造或模拟生物及其功能，用来进行产品加工生产和社会服务的新兴技术领域；狭义上，生物技术是利用生物有机体（包括微生物和高等动、植物）或者其组成部分（包括器官、组织、细胞或细胞器等）发展新产品或新工艺的一种技术体系。现代生物技术，包括了基因工程、细胞工程、酶工程、发酵工程、生化分离工程、蛋白质工程、天然生物材料加工和分子诊断等技术内容。生物技术在农牧业、医药卫生、食品化工及环保等领域中有着广泛的应用。

生物制药技术就是生物药物的生产技术，包括从动物、植物、微生物等生物体中制取的各种天然生物活性物质，以及人工合成或半合成的天然物质类似物，既有传统的生化药物、发酵药物、疫苗和血液制品，还有近年来快速发展的天然药物、基因工程药物，以及基因治疗产品、分子诊断试剂等。生物反应是生物制药技术的核心。围绕生物反应，生物制药技术体系可分为：需要有胞内生化代谢参与的生化反应和不需要有胞内生化代谢反应参与的生化提取。

生物药物的原料来源主要有：人体组织、动植物体、微生物体、化学材料，以及上述材料的综合运用。许多现代生物药物都是由几种原料来源相结合产生的。

模块二 生物提取制药

第二章 生化分离技术与血液制品

 学习目标

【学习目的】 学习现代生化分离技术、血液制品的制备方法。
【知识要求】 掌握生化分离技术的工艺原理，熟悉血液制品的制备工艺原理。
【能力要求】 掌握生化分离技术的一般工艺，熟悉血液制品的制备工艺及血液制品的分类与应用，了解血液检测试剂的制备与应用。

第一节 生化分离技术

生化分离，是指采用适宜的分离、提取、纯化技术，将目标成分从复杂的生物材料（细胞）中分离出来，并获得高纯度的产品的过程。生化分离技术是生物制药技术体系中的重要组成部分。

生物技术产品产自细胞内，一般来说，目标成分（产品）在细胞或反应液中的含量都不高，性质往往不够稳定，且含有较多的杂质，不少杂质的性质与目标成分相近，因此产物的分离、提取和精制（纯化）的要求比较高，技术复杂。从工程的角度看，在生物技术产品的生产成本中，用于这部分的成本占总成本的70%左右，可见生化分离技术及工程在生物技术产品生产过程中的重要性。

习惯中，"生化分离"常常指的是生化分离工程，即从发酵液/酶反应液/动植物细胞培养液中分离、纯化生物产品的过程，是生化工程学中描述生物产品分离过程原理和方法的一个术语，又称为生物技术下游加工过程。第一章已经叙述，在生物制药的技术体系中，生化分离技术是其中的一条重要技术路线。这里侧重的是组成生化药物成分的蛋白质、核酸、糖、脂等的分离工艺，关注工艺方法和技术特征，与侧重于工程学内容的"生化分离"不同，也不仅局限于发酵/培养液的分离。

生化药物成分主要包括蛋白质/多肽类、糖类、核酸/核苷酸类及脂类等，这类成分多由细胞产生于胞内或者分泌于胞外。不同的生物体、不同的组织细胞、不同的产品类型，其分离、提取和纯化的方法可以有不同的选择。一般来说，生化分离遵循图2-1所示的基本工艺框架。

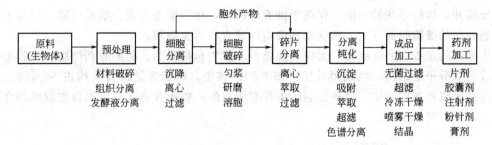

图 2-1 生化分离技术的一般过程和阶段单元操作

生化药物成分一般都具有生物活性，对热、酸、碱、重金属及 pH 变化和各种理化因素都较敏感，分离过程中必须注意保护这些化合物的生理活性。因此，生化药物成分在提取、分离时，不仅要考虑高产率、低成本，还应注意尽可能减少操作步骤、合理安排各步骤的操作次序、选择合适的纯化方法、明确产品的形式和稳定性等方面的因素。

本节着重介绍目前现代生物制药中所涉及的较为成熟且适用于产业化和规模化生产的生化分离单元操作技术。

一、生物体的结构组成

在谈及生化分离之前，先来回顾一下生物体的结构组成。

1. 生物体的元素组成

组成生物体的化学元素种类有限，常见的主要有 20 多种。不同的生物体，其元素的组成大致相同，但含量却相差很大。生物体内的元素可按含量不同分成两大类。

① 大量元素　如 C、H、O、N、P、S、K、Ca、Mg 等，是构成原生质的主要元素，是蛋白质、核酸、糖类、脂类这些生命活动的基础物质。

② 微量元素　如 Fe、Mn、Zn、Cu、B、Mo、Si 等，是生命活动所必需但需要量却很少的一类元素，能够影响生物体的生命活动。

2. 重要的生物大分子

生物大分子指一类具有生物功能、分子量较大、结构复杂的有机化合物，是形成生命有机体形态结构和生理功能的物质基础，主要有蛋白质、核酸、多糖及复合脂等。

3. 细胞

细胞具有一套完整的代谢、调节和遗传体系，以及自我复制的能力和发育的全能性。从结构上来说，细胞是由细胞膜包裹的原生质团，通过细胞膜与周围环境进行物质和信息的交流。

细胞膜又称为质膜，是包围在细胞质外周的一层界膜，主要由膜脂和膜蛋白组成，维持细胞的完整，并摄取营养和能源、排泄、繁殖及运动等。细

> **课堂互动**
>
> 想一想：细胞中都包含哪些细胞器？这些细胞器都有哪些功能？

胞质基质约占细胞质的一半体积，内含水、无机离子、酶、可溶性大分子和代谢产物。细胞核由核膜、核质、核仁组成。核仁的主要成分是染色体，而染色体则是由 DNA 和蛋白质组成的四级空间结构。

4. 细胞膜与细胞壁

（1）细胞膜　细胞内的细胞器或细胞结构均由膜围绕而成，这些膜将各细胞器与细胞质

基质分隔开，执行不同的功能。存在于细胞内的膜，称为细胞内膜。细胞内膜是相对于包围在细胞外面的细胞膜而言的。细胞膜和细胞内膜合称为生物膜。

生物膜的组成主要有脂类、蛋白质和糖类。脂类包括磷脂、胆固醇和糖脂，在膜上排列成连续的双分子层结构，组成膜骨架（图2-2）。其中，磷脂含量最高，约占50%以上；胆固醇存在于真核细胞膜中，原核细胞膜内没有胆固醇；糖脂普遍存在于原核细胞膜和真核细胞膜上，如神经节苷脂。

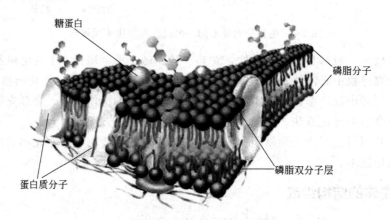

图 2-2　细胞膜的典型结构

生物膜所含的蛋白质称为膜蛋白，分内、外两种。外膜蛋白分布在膜的表面，占膜蛋白的20%～30%，一般为水溶性蛋白，结合力较弱，用改变溶液的离子强度或浓度等较温和的方法，即可将它们从膜上分离下来。内膜蛋白占膜蛋白的70%～80%，可不同程度地嵌入或贯穿脂双层分子，两端暴露于膜的内外表面。内膜蛋白与膜的结合非常紧密，只有用去垢剂处理，将膜崩解，才能分离出来。

所有真核细胞的表面都有糖类，占膜重量的1%～10%。膜糖通常以寡多糖链共价结合于膜蛋白或膜脂分子上，形成糖蛋白或糖脂，均分布在生物膜的表面，参与膜的许多重要功能。

此外，生物膜上还含有水、无机盐和少量的金属离子。

（2）细胞壁　细胞壁是细胞膜外的一种保护性结构。植物、藻类细胞和大多数微生物（细菌、真菌）细胞都有细胞壁，动物细胞不具有细胞壁。细胞壁化学组成复杂，主要有肽聚糖、磷壁酸、脂多糖、脂质和蛋白质等。不同的细胞类型、同一细胞的不同生理阶段，其细胞壁的组成、结构都有差异。

由于含有多糖聚合物，细胞壁比较坚韧，有较高的机械强度。多糖聚合物是构成各类细胞壁的主要成分。这些聚合物由各个高分子通过共价键相互连接，形成机械性较强的多层网状结构，脂质分子、各类蛋白等嵌入其中。细胞类型不同，多糖聚合物的类型和含量各不相同。以细菌为例，革兰阳性细菌细胞壁较厚（20～80nm），主要成分是肽聚糖（黏肽），含量较高（40%～90%），其余由脂多糖、磷壁酸、蛋白质组成，合成肽聚糖是原核生物特有的能力；革兰阴性细菌细胞壁较薄（10～20nm），肽聚糖的含量较低（仅5%～10%），脂多糖含量较高（11%～22%），含较多的脂类、膜蛋白等。

真菌的细胞壁较厚（100～300nm），不含肽聚糖，但含有较多的葡聚糖、甘露聚糖、几丁质、纤维素等，以及脂类和蛋白质。

植物细胞壁主要成分是纤维素和果胶。

细胞壁与细胞膜一起完成细胞内外的物质交换，起吸收营养的作用并具有抗原性。

知识链接

　　细胞壁除具有维持细胞形状、物质运输与信息传递等功能外，还有防御与抗性、参与细胞壁高分子合成、转移与水解等功能。例如，植物细胞壁中有一些寡糖片段（寡糖素），能诱导植保素的形成，还能对其他生理过程有调节作用。有的作为蛋白酶抑制剂诱导因子，在植物抵抗病虫害中起作用；有的可使植物产生过敏性死亡，使得病原物不能进一步扩散；还有的参与调控植物的形态。细胞壁还能参与异种细胞间的相互识别作用。如植物与根瘤菌共生固氮的相互识别；在砧木和接穗嫁接中，可能有细胞壁多聚半乳糖醛酸酶和凝集素的参与。应当指出的是，并非所有细胞的细胞壁都具有上述功能，每一类细胞的细胞壁功能都是由其特定的组成和结构决定的。

二、细胞破碎

　　产生于细胞内的各种生物活性成分，或者分泌于胞内或者分泌于胞外。对于胞外产品，分离细胞后即可获得粗品；而对于胞内产品，则必须首先破碎细胞，使其释放出来，且不丢失生物活性，再进行提取、分离和纯化。

　　细胞破碎，就是用物理方法、化学方法或生物学方法来破坏细胞壁或细胞膜，使胞内产物得到最大程度的释放。其中，细胞壁的破碎最为关键。

1. 细胞破碎的评价

　　通过细胞破碎，可以释放出胞内产物，但并不是破碎程度越大越好。应依据破碎的目的和待破碎细胞的类型确定细胞的破碎程度。细胞的破碎程度常用破碎率来评价。

　　破碎率指被破碎细胞数量与原始细胞数量的百分比，即：$Y=(N_0-N)/N_0\times100\%$。其中，N_0（原始细胞数量）和 N（操作后保留下来的未损害完整细胞数量）可以通过细胞显微镜直接计数或测定细胞破碎后释放出的内含物量的间接计数法获得。

2. 细胞破碎方法

　　细胞破碎前，组织材料常需要预处理，如动物材料要除去结缔组织、脂肪组织和血污等，植物种子需要除壳，微生物材料需要将菌体和发酵液分离等。对于不同的处理规模、材料和处理要求，使用的破碎方法和条件各不相同。细胞破碎的方法可分成物理法、化学法和生物法三大类。

> **课堂互动**
>
> 　　想一想：小麦粒磨成面粉是哪一种细胞破碎的过程？破碎中会有哪些成分被释放出来？

　　（1）物理法　通过各种物理因素使组织细胞破碎。常用的有反复冻融法、超声波破碎法、研磨、组织捣碎法、高压匀浆破碎法等。

　　① 研磨　即使用研钵或匀浆器，将剪碎的动物组织与少量石英砂混合，研磨或匀浆，将细胞破碎，这种方法比较温和，适宜实验室使用。细菌和植物细胞的破碎也可用此法。

　　② 珠磨　实际上是放大了的研磨法，主要设备是珠磨机，使用钢珠或小玻璃珠，在高速旋转中依靠碰撞与摩擦使细胞破碎。可以间歇或连续操作。破碎过程会产生大量的热量，所以同时还需要降温。该法适用于大多数真菌菌丝和藻类等微生物细胞的破碎。

　　③ 匀浆　这种方法比较剧烈。在小规模生产中，可先将组织打碎，再用匀浆机将细胞打碎，为了防止发热和升温过高，通常用短时间（10～20s）间歇运行的方式。在大规模生

产中，常使用高压均质器（也称为高压匀浆机），方法是：细胞悬浮液在高压（如 50～70MPa）下高速通过针形阀，在特制的撞击环之间多次撞击，使细胞破碎。此法适用于酵母菌、大肠杆菌、巨大芽孢杆菌和黑曲霉等细胞的破碎，不适用于含菌丝细胞。

④ 超声波破碎　借助超声波的振动力破碎细胞。在超声波作用下，液体发生空化作用，空穴的形成、增大和闭合产生极大的冲击波和剪切力，使细胞破碎。该方法适用于多数微生物的破碎，但是破碎过程会产生大量的热，同时会生成自由基，对某些活性分子带来破坏性影响，故不易放大，目前多用于实验室规模的细胞破碎。

⑤ 胶体磨　使细胞悬浮液在离心力的作用下，强制通过高速相对运动的定齿与动齿之间，在剪切力、摩擦力、高频振动和高速旋涡等复杂力作用下将细胞破碎。

⑥ 压榨　在 $1.0 \times 10^5 \sim 2.0 \times 10^5 kPa$ 高压下，使细胞悬液通过小孔后再突然释放至常压，细胞膨胀破碎。这是一种温和的、较理想的破碎细胞的方法，但仪器费用较高。

⑦ 反复冻融　将待破碎的细胞冷冻至 $-20 \sim -15℃$，再于室温（或40℃）下迅速融化，反复冻融多次，细胞内形成的冰晶粒引起细胞膨胀而破碎。该法适用于比较脆弱的细胞，蛋白质释放量较少。

⑧ 渗透压冲击　将细胞置于高渗透压的介质中，使之脱水收缩达到平衡，再将介质突然稀释，或将细胞转置于低渗透压的水或缓冲溶液中，在渗透压的作用下，外界的水向细胞内渗透，使细胞肿胀而破裂，释放内含物。这种方法适用于无细胞壁或细胞壁强度较弱细胞的破碎。

⑨ 冷热交替　该方法是在 90℃左右维持数分钟，立即放入冰浴中使之冷却，如此反复多次，绝大部分细胞可以被破碎。从细菌或病毒中提取蛋白质和核酸时可用此技术。

物理法破碎细胞也存在一些缺点：需要较高的能量，所产生的高温和高的剪切力易使产品变性失活，破碎的对象是非专一的，会产生较大分布范围的碎片微粒，给分离带来困难。

（2）化学法　化学法是用某些化学试剂溶解细胞壁或抽提细胞中某些组分，改变细胞壁或膜的通透性，使细胞内含物有选择性地渗透出来，起到细胞破碎的效果，又称为化学渗透法。化学试剂常使用稀酸、稀碱、浓盐及表面活性剂等。

① 酸碱　用来调节溶液的 pH 值，改变细胞所处的环境，从而改变蛋白质的电荷性质，使蛋白质之间或蛋白质与其他物质之间的作用力降低，易于溶解到液相中去，便于后面的提取。

② 有机溶剂　有机溶剂被细胞壁脂质层吸收后会导致胞壁膨胀，通透性增大直至胞壁破裂，胞内的产物被释放。常用的溶剂是甲苯，可处理的菌体有无色杆菌、芽孢杆菌、梭菌、假单胞杆菌等菌体。甲苯具有致癌性，也可选用具有与胞壁脂质类似的溶解度参数的溶剂，作为细胞破碎用的溶剂。

③ 表面活性剂　表面活性剂分子中同时有亲水和疏水基团，可在适当的 pH 值和离子强度下凝集成微胶束。微胶束的疏水基团聚集在胶束内部，将溶解的脂蛋白包在中心，而亲水基团则朝向外层，改变膜脂的通透性或使之溶解。该法特别适用于膜结合酶的溶解。表面活性剂有天然的和合成的两类。天然的如胆酸盐及磷脂；合成的有离子型（如阴离子型的十二烷基磺酸钠、阳离子型的十六烷基三甲基溴化铵）和非离子型（如吐温）。一般来说离子型的比非离子型更有效，但也容易使蛋白质变性。

（3）生物法　生物法包括自溶法和酶解法。

① 自溶法　利用组织细胞内自身的酶系统，在一定 pH 和适当的温度下，将细胞破碎。这种方法的成本较低，在一定程度上可用于工业化生产。但该方法时间长，对外界条件要求

较苛刻。

②　酶解法　利用各种水解酶分解细胞壁上特殊的化学键，使细胞壁溶解，细胞壁被部分或完全破坏后，再利用渗透压冲击等方法破坏细胞膜，释放细胞内含物。常用的水解酶有溶菌酶、纤维素酶、蜗牛酶等。这种方法的优点在于操作温和，选择性强，酶能快速地破坏细胞壁，而不影响细胞内含物的质量；但成本较高，限制了在大规模生产中的应用。

三、沉淀分离

沉淀分离是一个广泛应用于生物产品（特别是蛋白质）加工过程的单元操作，能够起到浓缩与分离的双重作用，其化学实质是通过调整溶液的理化参数来改变溶剂和溶质的能量平衡，产生沉淀，从而将生化成分从溶液中分离。

常用的沉淀方法有：盐析沉淀、等电点沉淀、有机溶剂沉淀等。这些方法的共同特性，都是利用了蛋白质溶解度之间的差异来实现分离。例如从天然原料如血浆、微生物抽提液、植物浸出液和基因重组菌中分离、纯化蛋白质产品。有些蛋白质的纯化工艺中，沉淀法可能是唯一的分离方法；而有些蛋白质因在溶液中所占比例较小或产品要求纯度很高，需要将沉淀法与其他分离技术结合使用。

1. 蛋白质的溶解特性

蛋白质的溶解特性由其组成、构象以及分子周围的环境所决定。在蛋白质分子的四级空间结构里，其亲水基团大多分布在分子表面，疏水基团则多集中在分子内部（图 2-3）。亲水和疏水区域的分布和程度决定了蛋白质在水相环境中的溶解程度，而这又取决于蛋白质空间结构中各个氨基酸的性质。一般来说，带电荷的和极性的氨基酸疏水性弱（亲水性强）。如常见的 20 种氨基酸中，苯丙氨酸的疏水性最强，精氨酸的亲水性最强。当这些可离子化的基团和水分子在蛋白质表面同时存在时，其带电特征增强了这些基团的溶剂化，

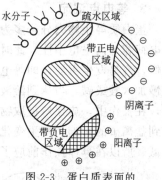

图 2-3　蛋白质表面的疏水区域和带电区域

促进蛋白质的溶解。而在等离子 pH 值（等电点）下，蛋白质表面的正负电荷量相等，此时的蛋白质溶解度最弱。

影响蛋白质溶解度的因素有很多（表 2-1），常用改变溶液性质的方法来调控蛋白质的溶解。

表 2-1　影响蛋白质溶解度的因素

蛋白质分子大小	极性/非极性残基分布	溶液性质
氨基酸组成	氨基酸残基的化学性质	溶剂可利用度（如水）
氨基酸序列	蛋白质结构	pH 值
可离子化的残基数	蛋白质电性	离子强度
极性与非极性残基的比率	化学键性质	温度

2. 盐析

在蛋白质溶液中加入中性盐，随着盐浓度的升高，蛋白质溶解度逐渐降低，最后形成沉淀，从溶液中析出，此种现象称为盐析。早在 1859 年，盐析就被用于从血液中分离蛋白质，随后又在尿蛋白、血浆蛋白等的分离和分级中使用，均得到了比较满意的结果。

盐析沉淀技术成本低，操作简单，并且能保证目的产物的生物活性，所以在工业生产中

应用广泛。尤其适用于蛋白质和酶的分离纯化，也可用于多糖与核酸等的分离纯化。

实际操作中常用分级盐析的方式，即逐步改变（强化）环境条件，逐次析出蛋白质。在去除沉淀的蛋白质后，再改变上清液的环境条件，使蛋白质继续析出。逐步强化环境条件，可得到分段沉淀的蛋白质。分级盐析的操作有两种方式：一种是在一定的 pH 值和温度下，逐步改变盐的浓度（离子强度）；另一种是在一定的离子强度下，逐步改变溶液的 pH 值和温度。

常用的盐析剂有硫酸铵、硫酸钠、硫酸镁、氯化钠、磷酸二氢钠等，最常用的是硫酸铵。硫酸铵在水中溶解度高，受温度的影响很大（表 2-2）。

表 2-2　不同温度下饱和硫酸铵溶液的溶解度及相关数据

项　目	温度/℃				
	0	10	20	25	30
溶解度/g	70.68	73.05	75.58	76.68	77.75
质量分数/%	41.42	42.22	43.09	43.47	43.85
每升饱和溶液中所含硫酸铵质量/g	514.8	525.2	536.5	541.2	545.9
饱和硫酸铵溶液的浓度/(mol/L)	3.90	3.97	4.06	4.10	4.13

3. 等电点沉淀

蛋白质等生物大分子多为两性电解质，当溶液在某个 pH 值时，这些大分子因所带的正负电荷相等而呈电中性，此时的 pH 值称为等电点（pI）。生物大分子在等电点时的溶解度最低，容易发生沉淀，即等电点沉淀（图 2-4）。操作时，根据提取物质的 pI 值，在溶液中缓慢加入酸或碱，当达到溶液的 pI 值时，沉淀析出，即达到分离纯化的目的。需要注意的是，在操作中，应保持提取物质的生物活性，一般都在低温下进行。生物大分子的等电点易受到盐离子的影响而发生变化，如蛋白质分子结合阳离子，pI 值升高；结合阴离子，pI 值降低。所以在具体操作前应了解溶液的离子浓度。

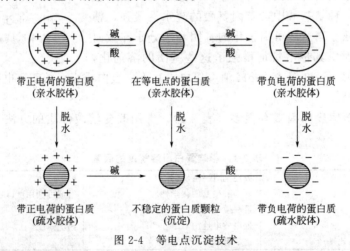

图 2-4　等电点沉淀技术

在工业生产中，等电点沉淀往往与盐析、有机溶剂沉淀等其他方法混合使用。等电点沉淀还可以作为除去溶液中蛋白质等杂质的方法。

4. 有机溶剂沉淀

许多能与水互溶的有机溶剂（如乙醇、丙酮、甲醇和乙腈）溶液中，随着有机溶剂浓度的上升，溶质的溶解度会逐渐下降。利用这一原理，在含有溶质的水溶液中加入一定量的亲水有机溶剂，可以降低蛋白质的溶解度，使其沉淀析出。

乙醇是最常用的有机溶剂沉淀剂。第二次世界大战期间，利用乙醇在低温下分级沉淀人血浆制备的白蛋白溶液，成功地救治了许多人的生命。免疫球蛋白、血纤维蛋白原等都是利用这种方法获得的。

有机溶剂沉淀过程中，应该控制好以下参数。

①　温度　乙醇与水混合会稀释放热，对不耐热的蛋白质影响较大。生产上常用搅拌、少量多次加入的办法，来避免温度的骤然升高；另一方面温度还会影响有机溶剂的沉淀能力，一般来说温度越低，沉淀越完全。乙醇沉淀人血浆蛋白时，温度控制在－10℃以下。

②　浓度　通常，随着有机溶剂（乙醇）浓度的提高，蛋白质溶解度会下降。例如，血纤维蛋白原的最大溶解度在乙醇浓度为8%时达到最大，而当乙醇浓度为40%时为最小。

③　pH值　不同蛋白质的等电点不同。可以调节pH值，选择性不同等电点来沉淀不同的蛋白质。

④　蛋白质浓度　蛋白质通常在高浓度下比较稳定，所以应避免使用很稀的浓度。

某些蛋白质沉淀的浓度范围较宽，采用有机溶剂沉淀可获得较高纯度的产品，从产品中去除有机溶剂也很方便。有机溶剂本身可部分地作为蛋白质的杀菌剂。有机溶剂的消耗量比较大，其来源、储存比较麻烦，沉淀操作需在低温下进行，这些使得该方法有一定的使用局限性，收率也比盐析法低。

四、萃取分离

萃取，通常是指液-液萃取，利用物质在两个互不相溶的液相（料液和萃取剂）之间分配特性不同来进行分离的过程。一般的操作流程是：萃取剂和含有目标成分的料液混合接触（萃取）→分离互不相溶的两相并回收溶剂→萃余液（残液）脱除溶剂。其中，离开萃取器的萃取剂相称为萃取液，经萃取剂相接触后离开的料液相称为萃余液（残液）。

传统的制药行业中，萃取技术主要有溶剂萃取技术和双水相萃取技术。溶剂萃取技术可用于醇类、脂肪族羧酸、氨基酸、抗生素、维生素等生物小分子的分离与纯化；双水相萃取可分离蛋白质和多肽，包括许多酶的分离纯化。

20世纪70年代末，超临界流体萃取技术开始应用于生物活性成分的精制分离。超临界流体萃取可用于生物体中纤维素的水解、细胞破碎、药物目标成分的分离纯化、去除杂质、催化作用、结晶和超细颗粒（纳米级）的制备及中药成分的分离等。

1. 溶剂萃取

溶剂萃取技术是利用目的物在两种互不相溶的溶液中的溶解度不同，使其从一种溶液转移到另一种溶液中，以达到浓缩和提纯的目的。在溶剂萃取中，被提取的溶液称为料液，其中所含的被提取的物质称为溶质，用来进行萃取的溶剂称为萃取剂。萃取剂和料液经混合分离后，料液中的大部分溶质就转移到萃取液中，得到的溶液称为萃取液，而溶质已被萃取出的料液称为萃余液。

例如，青霉素游离酸在醋酸戊酯中的溶解度比在水中大45倍（pH值＝2.5），而青霉素G钠盐在水中的溶解度大于20mg/mL，在醋酸戊酯中只有0.22mg/mL；又如红霉素在富含乙二醇溶液中的溶解度，比在富含K_2HPO_4溶液中溶解度高10倍以上。所以上述两种抗生素都能用溶剂萃取法分离并得到浓缩。

● 能力拓展 ●

　　溶质的分配定律是溶剂萃取的依据，即在一定温度、压力下，溶质分布在两个互不相溶的溶剂里，达到平衡时两相内的溶质浓度之比为一个常数，这个常数称为分配系数K。K值取决于温度、溶剂和被萃取物的性质，而与组分的最初浓度、组分与溶剂的质量无关。K值大，表示被萃取成分在萃取相的浓度较高（即被萃取成分在萃取剂中的溶解度大），萃取剂用量少，容易实现萃取分离。

　　萃取过程的分离效果主要表现为被分离物质的萃取率，萃取率为萃取剂中被萃取成分与原溶液中该成分的溶质的量之比。萃取率越高表明萃取分离的效果越好。萃取分离的影响因素主要有：萃取剂、分配系数、在萃取过程中两相之间的接触情况。在一定条件下，被萃取物质的分离效果主要决定于萃取剂的选择和萃取次数。

　　选择合适的溶剂是溶剂萃取分离的关键。溶剂的选择应遵循以下原则：与水溶液不互溶，对目标成分有高的分配系数，溶剂本身低黏度，与水有较大的密度差；消毒过程中热稳定性好；对生物活性成分、细胞无毒性，对人员无毒性，低成本，能大批量供应，不易燃。

　　工业上的萃取操作，有单级萃取和多级萃取两种方式。

　　① 单级萃取　这是萃取操作的基本方式。将原料液和萃取剂加入混合器中，充分搅拌混合；再将混合液引入分离器，分离为萃取相和萃余相两层；分别将两相引入回收设备，获得萃取液和萃余液。

　　② 多级萃取　将多个单级萃取单元串接起来，可连续操作。按照萃取剂和原料液的接触方式不同，主要有错流和逆流两种形式（图2-5）。

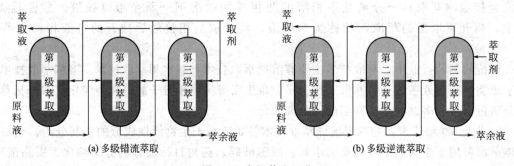

图2-5　多级萃取工艺

　　多级错流萃取指料液经过萃取后，萃余液再与新鲜的萃取剂接触，经过多级萃取后达到较高的萃取收率。这种工艺的溶质收率较高，但溶剂耗量较大，溶剂回收负荷增加，设备投资高。多级逆流萃取指原料液和萃取剂分别从流程的两端加入，互为逆向流动接触，这种方法萃取效率最高，在工业生产中应用最为广泛。

2. 双水相萃取

　　将两种不同水溶性的聚合物/盐或者聚合物/聚合物系统混合，当各自的浓度达到一定值时，溶液体系会分成互不相溶的两个水相，即双水相现象。这一现象最早是在1896年Beijerinck在琼脂与可溶性淀粉或明胶混合时发现的，称为聚合物的"不相容性"。至20世纪60年代，出现了"双水相萃取"的概念，又称水溶液两相分配技术。随后，人们将这一技术应用于从细胞匀浆液中提取酶和蛋白质，大大改善了胞内酶的提取效果，逐步发展成为极有前途的新型分离技术。

水相溶液有利于生物活性成分的溶解且保持稳定。不同的水相体系溶解度存在着差异。利用生物活性成分在两个水相中不同的分配程度，可以达到分离的目的。能产生双水相现象的溶液体系称为双水相体系。目前已经发现的双水相体系基本上可分为两大类：高聚物/高聚物体系，高聚物/低分子物质体系（表2-3）。其中，常用于生物分离的双水相体系主要有：聚乙二醇（PEG）/葡聚糖（Dx）、PEG/葡聚糖硫酸盐、PEG/硫酸盐、PEG/磷酸盐。

表2-3　常见的双水相体系

聚合物 A	聚合物 B	聚合物 A	聚合物 B
聚乙二醇（PEG）	聚乙烯醇（PVA） 葡聚糖（Dx） 聚蔗糖 硫酸铵 磷酸钾	甲基纤维素	羟丙基葡聚糖 葡聚糖
聚乙烯醇	甲基纤维素 葡聚糖	葡聚糖硫酸钠（DSS）	聚乙二醇/NaCl 葡聚糖/NaCl 羧甲基纤维素钠
聚丙二醇	聚乙二醇 葡聚糖 甘油	葡聚糖	乙二醇二丁醚 丙醇

双水相萃取在最近几年的应用研究比较突出，尤其是在蛋白质的分离和纯化方面。

① 酶的提取和纯化　双水相的应用始于酶的提取。由于PEG/葡聚糖体系比较昂贵，目前研究和应用较多是PEG/盐体系。如过氧化氢酶的分离。

② 核酸的分离及纯化　用PEG6000 4%/Dx 5%（质量分数）体系萃取核酸，通过多级逆流分配可以将有活性和无活性的核酸完全分离开。

③ 人生长激素的提取　用PEG4000 6.6%/磷酸盐14%体系从 $E.coli$ 碎片中提取人生长激素（hGH），平衡后hGH分配在PEG相，经三级错流萃取，总收率达81%。

④ 干扰素-β（IFN-β）的提取　干扰素不稳定，在超滤或沉淀时易失活，特别适合用双水相萃取分离。使用PEG磷酸酯/盐体系，在 1×10^9 U 干扰素-β 的回收中，收率达97%，干扰素特异活性 $\geqslant 1 \times 10^6$ U/mg 蛋白。该方法与色谱纯化技术结合联合流程，已成功用于工业生产。

⑤ 病毒的分离和纯化　当病毒进入双水相体系后，在两相间也会发生选择性分配（表2-4）。控制NaCl浓度，调整病毒在两相中的分配比例，能实现多种病毒的提取、纯化。例如，用PEG6000（0.5%）、DSS（0.2%）及NaCl（0.3mol/L）组成的体系，使脊髓灰质盐浓缩80倍，活性收率 $\geqslant 90\%$。对某些病毒，若一次萃取后浓度或纯度达不到要求，也可采用多次萃取工艺。

表2-4　一些病毒在PEG/DSS/NaCl体系中的分配

体系			分配系数		
PEG6000/%（质量分数）	DSS/%（质量分数）	NaCl/(mol/L)	ECHO[①]	腺病毒	噬菌体 T_2
1.4	4.8	1.0	$10^{2.6}$	$10^{0.2}$	
2.0	3.0	1.0	$10^{0.4 \sim 0.6}$	$10^{1.2}$	$10^{2.75}$
3.0	3.0	0.5	$10^{-0.4}$	$10^{1.2}$	$10^{0.8}$
4.0	4.0	0.3	$10^{-2.0}$	$10^{0 \sim 0.6}$	
7.0	6.0	0.15	$10^{-2.2}$	$10^{-2.6}$	$10^{-2.45}$

① 仿病毒。

⑥ 生物活性成分的分析检测　利用双水相萃取技术分析某种生物分子，常需要另一种与其定量复合的分子，只要复合物和反应物之一在双水相体系中具有不同的分配系数并分配在不同相中，就能进行分析。双水相萃取分析技术已成功地应用于免疫分析、生物分子间相互作用的测定和细胞数的测定。如强心药物异羟基毛地黄毒苷（简称黄毒苷）的免疫测定，用放射性标记的黄毒苷的血清样品，加入一定量的抗体，保温后，用双水相体系（PEG4000 7.5%/ $MgSO_4$ 22.5%，质量分数）分相后，测定 PEG 相的放射性即可测定免疫效果。

虽然双水相技术在应用方面取得了很大的进展，但几乎都是建立在实验基础上，至今还没有一套比较完善的理论来解释生物大分子在体系中的分配机理。截至目前，该方法的工业化例子尚不多见。双水相萃取中，原材料成本占了总成本的 85% 以上，并且总成本会随生产规模的扩大而大幅度增加，较高的成本，削弱了其技术上的优势。降低原材料成本、合成价格低廉并具有良好分配性能的聚合物，以及在后续的操作过程中回收原材料，是双水相萃取技术研究中的一个主要方向。

 能力拓展

反胶束萃取是指利用表面活性剂的两性分子在一定条件下聚集成极性基团朝内、非极性基团朝外的聚集体（反胶束）来提取蛋白质等生物活性成分的一种方法。影响反胶束萃取的主要因素有：表面活性剂的种类、浓度，溶剂的种类和浓度，溶液 pH 值，蛋白质性质、浓度、等电点，系统温度与压力等。近年来，反胶束萃取的应用研究非常活跃，先后被用来分离蛋白质混合物、浓缩 α-淀粉酶、从发酵液中提取酶、直接从发酵液中提取胞内酶，以及蛋白质的复性等。随着研究的深入，反胶束萃取技术极有可能成为生化分离的一种重要方法。

3. 超临界流体萃取

超临界流体（SCF）是指热力学状态处于临界点的流体。当流体达到气液临界点时，液体的饱和蒸气浓度与气体浓度相等，气、液界面消失，流体处于气态与液态之间的一种特殊状态。此时的流体具有十分独特的理化性质：黏度接近于气体、密度接近于液体、扩散系数介于气体和液体之间，既像气体一样容易扩散，又像液体一样有很强的溶解能力，兼有气体和液体的优点。这种流体特性，仅限于在临界点的特定压力和温度下。此时体系温度和压力的微小变化，都会使流体密度发生改变，从而导致其溶解能力发生几个数量级的突变。

超临界流体萃取就是利用 SCF 的特性，通过改变临界压力或临界温度来提取和分离各种化合物。

许多物质都具有 SCF 的特性，但并不是具有 SCF 特性的流体都可以用来做超临界流体萃取。作为萃取溶剂的超临界流体必须具备以下条件：具有化学稳定性，对设备没有腐蚀性；临界温度不能太低或太高，最好在室温附近或操作温度附近；操作温度应低于被萃取溶质的分解温度或变性温度；临界压力不能太高，以便节约压缩动力费；有较好的选择性，容易得到高纯度制品；有较高的溶解度，以减少溶剂用量；萃取溶剂容易获取，价格便宜。还有最重要的一点：萃取溶剂必须对人体没有任何毒性。由表 2-5 可见，CO_2 是用于生物活性成分超临界流体萃取分离的理想溶剂。

超临界流体在萃取中，SCF 的溶解能力受其密度控制，而 SCF 的密度可以通过临界温度或临界压力的微小变化来改变，据此，超临界流体萃取可分为三种典型流程（图 2-6）。

表 2-5　常用的超临界流体

流体名称	临界压力/bar[①]	临界温度/℃	临界密度/(g/cm³)
二氧化碳	72.9	31.2	0.433
水	217.6	374.2	0.332
氨	112.5	132.4	0.235
乙烷	48.1	32.2	0.203
丙烷	41.9	96.6	0.217
丁烷	37.5	135.0	0.228

① 1bar＝10^5Pa。

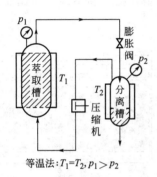
等温法：$T_1=T_2$，$p_1>p_2$

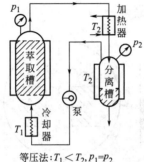
等压法：$T_1<T_2$，$p_1=p_2$

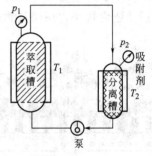
吸附法：$T_1=T_2$，$p_1=p_2$

图 2-6　超临界流体萃取典型流程图

① 等温法　萃取过程中温度不变。流体在萃取罐中因加压而成为 SCF，溶解目标成分；在分离罐中因减压而变成普通气体，释放溶解成分，实现目标成分的萃取分离。

② 等压法　萃取过程中压力不变。流体在萃取罐中因降温而成为 SCF，溶解目标成分；在分离罐中因升温而变成普通气体，释放溶解成分，实现目标成分的萃取分离。

③ 吸附法　萃取过程中温度、压力均保持不变，SCF 萃取出的目标成分在分离罐中被吸附剂吸附，SCF 返回萃取罐重复利用。

课堂互动

想一想：超临界流体萃取中，是否有化学反应发生呢？为什么说 CO_2 是超临界流体萃取生物活性成分的理想溶剂？

在实际应用中，等温法、等压法流程主要用于萃取的溶质是需要精制的目标成分；而吸附法流程则适用于萃取的溶质是需要除去的有害成分，目标成分包含在萃余液中。

五、过滤与离心

生化分离的目标产品，一般存在于微生物发酵液、动植物细胞培养液、酶反应液或各种提取液中，形成由固相（固形物）与液相组成的悬浮液。悬浮液的固-液分离是生化产品生产过程中的重要操作之一，其分离方法主要是过滤和离心。

1. 过滤

这是生化分离技术中应用最广泛、最为频繁的分离技术之一。过滤指利用多孔过滤介质阻留固体颗粒而让液体通过，使固-液两相悬浮液得以分离的过程，属于传统的化工单元操作，是目前工业生产中用于分离细胞和不溶性物质的主要方法。过滤操作所处理的悬浮液称为滤浆，所用的多孔物质称为过滤介质，通过介质孔道的液体称为滤液，被截留的物质称为滤饼或滤渣。

过滤介质具有多孔性、耐腐蚀性及足够的机械强度，起着通过滤液，截留固体颗粒并支撑滤饼的作用。工业上常用的过滤介质有：织物介质（如各种丝网、滤布等）、多孔性固体粒状介质（如陶瓷滤材、硅藻土、膨润土、活性炭等）、各种膜（如微孔膜、超滤、半透膜等）等。

过滤有滤饼过滤和深层过滤两种典型机理。固体颗粒堆积在滤材上并架桥形成饼层的过滤方式称为滤饼过滤，颗粒沉积在床层内部的孔道壁上但并不形成滤饼的过滤方式称为深层过滤（图 2-7）。两种过滤方式在过滤的速度、效果、动力消耗、介质寿命等方面有很大的不同。前者容易再生，过滤介质可多次重复使用；后者不容易再生，通常过滤介质都是一次性使用。在实际过滤中，两种过滤方式并不是截然分开的，只是程度上的不同。相比而言，滤饼过滤速度较快，深层过滤速度较慢。

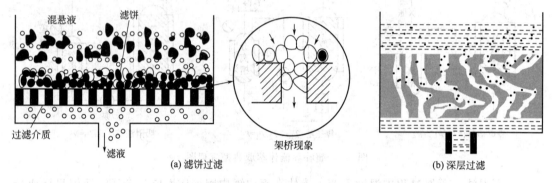

图 2-7 两种典型过滤机理示意图

影响过滤速度的因素还有悬浮颗粒的物理性质，如颗粒坚硬程度等。过滤较坚硬的颗粒时，颗粒不易变形，颗粒之间的空隙不会被压缩，形成不可压缩滤饼，不会使过滤速度减小；过滤较软的颗粒时，颗粒容易发生较大的变形，颗粒之间的空隙缩小，形成可压缩性滤饼，过滤速度减小甚至停止。

过滤时向滤液中添加助滤剂，可改变滤饼结构，提高滤饼的刚性和颗粒之间的空隙率。助滤剂是有一定刚性的颗粒状或纤维状固体，有稳定的化学性质，不与混合体系发生任何化学反应，不溶解于溶液相中，在正常压力范围内形成不可压缩的固体。常用的助滤剂有硅藻土、活性炭、珍珠岩粉等。

过滤分离的动力主要是压力、离心力（见后述）以及电能。过滤压力施加于滤浆上，在过滤介质的前后形成压力差。通常有常压过滤、加压过滤、减压过滤等操作方式，如果压力差保持不变则称为恒压过滤。工业上的过滤操作一般都是连续的、恒压过滤。

采用微孔膜、超滤膜等膜介质作为过滤介质的过滤操作，称为膜过滤。按照膜透过粒子大小的不同，又常分为微滤（UF，粒径 $0.02 \sim 10 \mu m$）、超滤（MF，粒径 $0.02 \sim 10 \mu m$）、纳滤/反渗透（NF/RO，粒径 $\leqslant 1 nm$）。这类膜通常是由多种聚合物制成的，属于选择性透过性薄膜（半透膜），如聚丙烯、硝酸纤维、醋酸纤维、丙烯腈共聚物、聚醚、聚酰胺、聚氨基葡萄糖等。近年来还发展了以氧化锆为代表的无机膜，又称陶瓷膜。

过滤介质在使用中，需要安装或固定在某种支撑物上，形成过滤组件。如颗粒状介质需堆积在支撑物上，组成过滤床层，如活性炭过滤器的床层；丝、网、布、膜这类介质安装在板框或各种支撑框上，组成过滤单元，如板框过滤机的板框组、各种膜组件等。膜组件的种类比较多，常见的有平板式、螺旋卷式、管式、毛细管式、中空纤维式等。

图 2-8 描述了中空纤维式膜组件的结构，实际使用中，常常把若干个膜组件串联或者并

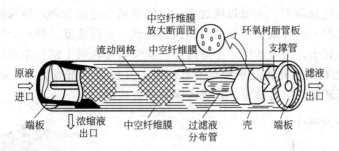

图 2-8 中空纤维式膜组件结构示意

联组合成中空纤维过滤器使用。陶瓷膜材料有足够的强度，在加工时就形成膜介质与支撑物的一体化结构（图 2-9）。陶瓷膜具有机械强度高、耐高温、耐强酸/碱、孔径分布窄（2～50nm）、渗透量大等特点，抗菌性好、可清洗、寿命长，应用越来越广泛。近年来，膜过滤技术发展很快，除生化分离外，还广泛应用于空气净化、制水、发酵液预处理、天然药物分离等多个领域。

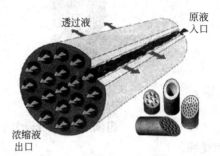

图 2-9 陶瓷滤膜工作原理示意

2. 离心

离心分离是另一种固-液分离的重要方法。固体颗粒在连续流动的悬浮液中受到重力、浮力和惯性离心力的多重作用。不同密度、大小及形状的颗粒，其重力沉降加速度、惯性离心加速度均不相同，从而在液相中沉降或移动的距离不同。这种利用惯性离心力实现不同颗粒分离的操作称为离心分离。

重力沉降是离心分离的基础。当液相处于静置状态时，固体颗粒的沉降速度与重力、固体和液体的密度差有关；而当液相处于旋转状态时，颗粒的沉降速度与旋转角速度的二次方成正比关系，所产生的惯性离心沉降速度远远大于重力沉降速度。离心加速度与重力加速度之比定义为离心分离因数 F_r，用来定量评价离心力的强度。F_r 越大，越有利于分离。在实践中，常按照 F_r 的大小对离心机分类：$F_r < 3000$，为常速离心机；$F_r = 3000 \sim 5000$，为中速离心机；$F_r \geqslant 50000$，为高速离心机；$F_r = 2 \times 10^4 \sim 10^6$，为超速离心机。

对于固体颗粒很小或液体黏度很大，过滤速度很慢，甚至难以过滤的悬浮液，以及忌用助滤剂或助滤剂使用无效的悬浮液，离心分离十分有效。离心分离得到的一般都是密度较大的浆状物。

离心分离可用于悬浮液中固体颗粒的直接回收、两种互不相溶液体的分离、悬浮液中不同密度相液体的分离，因此可作为液-液萃取、细胞破碎、沉淀分离等工艺的后续操作单元。离心分离可分为以下几种形式。

> **课堂互动**
>
> 想一想：如果从基因工程大肠杆菌中分离收集病毒，应该使用哪一种离心方法？

（1）离心沉降　利用固-液两相的相对密度差，在离心机的无孔转鼓或管子中进行悬浮液的分离操作。常用的离心设备有实验室用瓶式离心机、三足离心机、碟片式离心机（图 2-10）、管式离心机及旋风分离器等。

（2）离心过滤　这种方法兼有离心和过滤的双重作用，在有孔转鼓中同时设置过滤介质，通过离心产生过滤动力，完成过滤过程。以间歇离心过滤为例，料液在进入装有过滤介质（滤网或有孔套筒）的转鼓中，被离心加速到转鼓的旋转速度，颗粒受离心力而向鼓壁沉降，过滤介质截留粒子，形成滤饼，而滤液经过滤介质和转鼓上的孔流出，完成分离。如果将图 2-11 三足离心机的无孔转鼓更换成有孔转鼓，并设置滤布或滤网，就成为三足过滤离心机。此外，还有转鼓真空过滤机、过滤式螺旋离心机等。

图 2-10 碟片式离心机

图 2-11 三足离心机

（3）超离心 超离心指应用较大的惯性离心力将混合物相中的各个组分进行分离、浓缩和提纯。

根据球形颗粒在离心力场中沉降理论推算，在均匀流体相中，同为球形的颗粒沉降相同距离所需要的时间与颗粒直径的平方、颗粒相的密度和悬浮介质的密度之差成正比，与介质的黏度成反比，即沉降相同距离所需要的时间与颗粒直径和颗粒密度有关，或者说在同样的时间内，不同密度与大小的颗粒沉降在悬浮相中的不同位置上。超离心就是利用球形颗粒在悬浮液相中分布的差异，分离不同相对密度液体的操作。按照处理要求和规模又分为制备型超离心和分析型超离心。其中，制备型超离心又有以下三种方法。

① 差速离心 采用逐渐增加离心速度或低速和高速交替进行离心，使沉降颗粒在不同离心速度及不同离心时间下分批分离。例如，取均匀悬浮液，控制离心力及时间进行离心，使最大的颗粒先沉降，而上清液中不再含有这种颗粒；取出上清液，增加离心力再分离较小的颗粒，如此逐级分离。差速离心一般用于分离沉降系数相差较大的颗粒，如细胞匀浆液中细胞器的分离。

② 速率密度梯度离心 也称分组区带离心，把样品铺放在一个连续的液体密度梯度上，然后离心，并控制离心的时间，使得颗粒完全沉降之前，在液体梯度中移动而形成不连续分离区带。该法仅用于分离有一定沉降系数差的颗粒，与颗粒密度无关。如 RNA-DNA 混合物、核蛋白体亚单位和其他细胞成分的分离。但大小相同、密度不同的颗粒（如线粒体、溶酶体、过氧物酶体）不能用此法分离。

③ 等密度梯度离心 当不同颗粒存在密度差时，在离心力场作用下，颗粒向外或向内移动到与它们密度恰好相等的位置上（即等密度点）并形成区带，即等密度梯度离心法。位于等密度点上的颗粒没有运动，区带的形状和位置都不受离心时间的影响，体系处于动态平衡。等密度梯度离心的有效分离仅取决于粒子的密度差，与粒子的大小和形状无关。密度差越大，分离效果越好。

超离心在生物化学、分子生物学及细胞生物学、遗传工程学、酶工程学等的发展中起着非常重要的作用，已经成功应用于各种细胞器如线粒体、微粒体、溶酶体及肿瘤病毒等的分离。

六、色谱（层析）分离

1. 色谱分离的概念

利用不同物质在两相介质中具有不同的分配系数，通过两相介质的相对运动实现物质分离的一类方法，统称为色谱法。根据操作方式和目的的不同，色谱法可分为分析型色谱和制备型色谱两类。分析型色谱的目的是分析样品的组成信息，制备型色谱的目的是制备、纯化产品。制备型色谱是一种分离技术，称为色谱分离，又称为层析分离。

色谱分离的实质是利用混合物中各组分的物化性质（分子形状、大小、极性、吸附力、分子亲和力、分配系数等）的差异，使各组分在两相介质中进行多次的分配，原来各组分间的微小差异在多次分配中被不断放大，从而分离得到目标成分。

在色谱分离中，其中的一相介质是不动的，称为固定相，另一相介质携带含目标成分的原料，呈流体（气体或液体）状流经固定相，称为流动相。当流动相流过固定相时，原料中的各组分以不同的速度移动，从而达到分离的目的。一个完整的色谱分离过程如下。

① 加试样　将需要分离的混合物置于填充柱（薄层或其他形式的固定床）上面。

② 展开　用移动相将通过固定相的渗滤液带出，混合物中各组分展开形成色带（或色区或点），并随流经的距离或时间的增加，色带逐渐变宽，逐步得到分离。

③ 收集　把柱底流出的液体按一定的计量方式，如滴数、容量、质量等，分步收集，各组分会在不同的时间间隔里离开填充柱，进入自动部分收集器。通过测定与溶质浓度相关的物理性质（如紫外吸收、电导率、pH 值、折射率等）来分析这些色带的成分组成。

色谱分离技术的分离效率高，能将各种性质相似的组分彼此分离，具有设备简单、操作方便等特点。对于大多数蛋白质产品纯化工艺而言，色谱分离通常是产品包装前的最后纯化工艺。随着生物制药工艺的发展，该技术越来越凸显其重要性。

目前，工业上常用到的色谱分离技术包括凝胶过滤色谱法、离子交换色谱法、反相和疏水作用色谱法以及亲和色谱法等。

2. 凝胶过滤色谱

凝胶过滤色谱是以凝胶作为固定相，利用不同组分具有不同的分子大小这一物理性质进行分离纯化的，因此又称为分子筛色谱、凝胶排阻色谱、凝胶渗透色谱等。

凝胶色谱的固定相是具有立体网状结构的凝胶，当含有不同分子大小的组分的溶液作为流动相注入凝胶色谱柱后，较小的分子可以渗透浸入凝胶内部，较大的分子被排除在凝胶外部，沿凝胶颗粒外部向下移动。因此，在流动相流经固定相的过程中，大分子组分流程短，移动速度快；小分子组分的流程长，移动速度慢。由于移动速度的差异，各个组分按分子从大到小的顺序依次流出固定相，实现分离目的（图 2-12）。

凝胶色谱分离具有工艺简单、操作方便、分离回收率高、实验重复性好等特点，适用于水溶性高分子物质的分离。尤其是不会改变样品生物活性，特别适合蛋白质

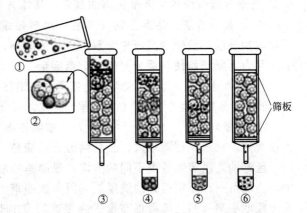

图 2-12　凝胶过滤色谱法工作原理
①样本；②凝胶；③加样；④⑤⑥收集不同组分

（酶）、核酸、激素、多糖等的分离纯化，同时还可应用于蛋白质的分子量测定、脱盐、样品浓缩等。凝胶色谱分离的样品用量很少，常在浓缩操作（如超滤、离子交换等）流程后使用。

在进行凝胶过滤色谱法分离纯化操作时，凝胶过滤介质的选择非常重要。良好的凝胶过滤介质要求亲水性高，表面惰性，稳定性强，具有一定的孔径分布范围，机械强度高等。目前工业上常用的凝胶主要有交联葡聚糖凝胶、聚丙烯酰胺凝胶、琼脂糖凝胶、聚丙乙烯凝胶等。实际操作中应根据料液的性质、目标成分的分子大小和形状、分离目的、凝胶颗粒的大小（影响流速和分离效果）等选择合适的凝胶。

3. 离子交换色谱

离子交换色谱是以离子交换剂为固定相，以适当的溶剂为流动相，使原料中的各个组分（溶质）按它们的离子交换亲和力（静电引力）的不同而得到分离。这是目前各种色谱中应用最为广泛的技术。随着工业化大生产及高压液相色谱对压力和流速的要求不断增加，新的离子交换介质不断出现，应用也越来越广泛。

离子交换色谱所用的固定相为离子交换剂，是人工合成的多孔高分子物质，其主要成分为苯乙烯和二乙烯苯的共聚物（树脂），不溶于水，一般也不溶于酸、碱或有机溶剂。共聚物含具有阳离子或阴离子交换特性的活性基团，可解离出离子。含有酸性基团的离子交换剂离解出的是阳离子，能和阳离子发生交换，称为阳离子交换剂；反之，为阴离子交换剂。

生化分离常用的离子交换剂有两大类，即疏水结构与亲水结构离子交换剂。疏水结构离子交换剂适合于提取小分子物质，如抗生素、有机酸、氨基酸等物质；亲水结构离子交换剂包括葡聚糖凝胶、琼脂糖凝胶等，主要用于蛋白质的纯化，是主要的纯化手段。工业上常见的离子交换介质见表 2-6。

表 2-6 工业上常见的离子交换介质

介质类别	代 表 种 类
纤维素类离子交换介质	DE23、DE52、DEAE-Sephacel
葡聚糖类离子交换介质	DEAE-SephadexA-25、CM-SephadexC-25
琼脂糖类离子交换介质	DEAE-Sepharose CL-6B、CM-Sepharose CL-6B、DEAEBio-Gel A、CM Bio-Gel A
高效离子交换介质	Mono Q、Mono S、DEAE-5-PW、SP-5-PW、DEAE Si 500、TEAP Si 100

 能力拓展

色谱分离过程的关键是色谱的展开，具体方法如下。

① 洗脱分析法 将混合物（样品）尽量浓缩，减少上样体积后引入色谱柱上部，再用溶剂洗脱，洗脱剂用原来溶解混合物的溶剂，或者用另外的溶剂，但应对固定相没有亲和力。此法能使各组分分层且分离完全。

② 前流分析法 将混合物溶液连续通过色谱柱，吸附力最弱的组分以纯品状态首先流出，但不能分离其他各组分。色谱图呈阶梯式，在分析吸附平衡和确定等温线时很有用。

③ 顶替分析法 利用一种吸附力比被吸附各组分都强的物质来洗脱，这种物质称为顶替剂。此法处理量较大，且各组分分层清楚，但不能将组分完全分离。

色谱的洗脱可以选用不同的方案，最简单的是无梯度洗脱，即在整个色谱分离过程中，均使用一种恒定组分的洗脱液（恒定洗脱能力）。然而洗脱剂的洗脱能力可以连续或分段地提高（例如可用提高离子强度或改变 pH 值来达到），分别形成梯度洗脱或阶梯式洗脱。

4. 亲和色谱分离

许多生物活性物质具有与其他某些物质可逆结合的性质，生物物质的这种结合能力称为亲和力。生物亲和力具有高度的特异性，如抗原-抗体、酶-底物或抑制剂、激素-受体等之间的相互作用。利用这一性质，把具有亲和吸附作用的物质分子偶联在固体介质上作为固定相，进行分离纯化目标成分的方法即亲和色谱分离。

亲和色谱分离技术利用固定相的配基与生物分子间特殊的亲和力，专一性很强，因此，亲和色谱具有高度的选择性，操作条件温和，广泛用于酶、抗体、核酸、激素等生物大分子及细胞、细胞器、病毒等超分子物质的分离与纯化。尤其是对混合物中含量少而又不稳定的物质的分离非常有效，一步亲和色谱即可提纯几百至几千倍，并可维持生物活性的高回收率。

除上面所介绍的广泛应用于工业生产中的色谱技术外，随着科技的发展，近年来又出现了一些新型的色谱分离技术。如压力液相色谱、制备型超临界流体色谱、模拟移动床色谱、高速逆流色谱等。目前，生产中往往采用几种色谱技术综合一起使用，可以克服单一技术的不足，提高产品纯度。

七、干燥技术

干燥的最终目的是减少产品中的含水量使其达到所需要的程度，通常是生化分离的最后一步。生物活性成分大多对热敏感，因此一般要求干燥时间短，湿度不能过高。工业上从生物培养液或提取反应液中去除大部分的水分，主要有两个方法：机械法和加热法。机械法干燥时不发生相的变化，通过过滤、离心等除去悬浮液中大部分水分；加热法是用热交换来改变水的状态，通过相的变化使液态/固态的水成为气态水而除去。蒸发和干燥都属于加热法。蒸发与机械方法的脱水一样，不可能得到干态的最终产品。因此，加热干燥是制取干粉形式生化产品的主要工业方法。

1. 生化产品中的水分

加热干燥方法的选择取决于原料的性质，包括含水率、热稳定性、化学组分和结构等，其中物料的含水率是主要因素。湿物料中的水分，与物料本身有不同的结合方式。一般来说可简单地分成两类：结合水分和非结合水分。结合水分属于物料的组成部分，如细胞壁内的水分、物料内部毛细管中的水分和物料组成的化学结合水分等。结合水分与物料的结合力强，其中的化学结合水分甚至不属于干燥去除的对象。非结合水分包括物料表面的吸附水分、溶胀水分等，这部分水分的平衡蒸汽压等于或低于同温度下纯水的蒸汽压，理论上能够被干燥除去。根据能否用加热干燥法除去，物料中含有的水分还可分为平衡水分和自由水分。事实上，实际的干燥状态是相对的，干燥后的物料内仍然含有少量的水分，只是物料表面所产生的水蒸气压与空气的水汽分压达到了平衡，此时物料含有的水分称为平衡水分，而能够用一般干燥法去除的水分则称为自由水分。

2. 干燥的过程

湿物料的干燥可分为两个阶段：第一阶段，湿物料表面受热，温度升高，表面的水分蒸发；第二阶段，热量向物料内部传递，内部的水分向表面扩散。在干燥过程中，单位时间内单位面积上汽化的水分量叫干燥速率。一般情况下干燥速率随湿物料与水分结合情况不同而变化。当干燥在恒定的条件下进行时，干燥过程可用四个阶段来描述：预热阶段、恒速干燥阶段、第一降速阶段和第二降速阶段（图 2-13），不同阶段干燥速率的变化各不相同。

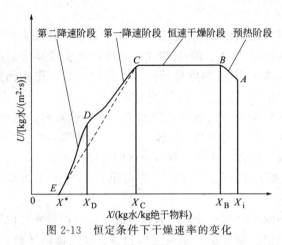

图 2-13 恒定条件下干燥速率的变化

干燥的过程也是加热的过程。按照加热方式的不同，干燥分为接触、对流和辐射等几种主要类型。

① 接触干燥 热量通过加热表面（金属板等）与物料的接触传递热量（导热），水分被蒸发。常用的设备有厢式干燥器等。

② 对流干燥 用干燥的气体作为热载体和介质，传递热量，同时将蒸发的水汽带走。此法应用广泛，主要的设备有气流干燥器、空气喷射干燥器、喷雾干燥器和沸腾床干燥器等。

③ 辐射干燥 热量以辐射的形式传递，如红外干燥器、冷冻干燥器等。

此外，还有微波干燥等。在实际的干燥中，常常是几种干燥类型组合使用，例如，升华干燥就是利用热传导和热辐射两种方式的组合。另外，真空有利于干燥的进行。

3. 喷雾干燥

喷雾干燥是对流干燥的典型应用方式。被干燥的液体通过雾化器分散成微细的雾状液滴，在干燥室内与一定流速的干燥介质（通常为热空气，＞100℃）混合，由于雾化液滴有着巨大的比表面积，可与周围的热空气发生快速的热交换，使雾滴中水分在极短的时间内蒸发，得到干燥的微细颗粒制品。喷雾干燥器结构原理见图 2-14。

喷雾干燥工艺的关键环节是获得雾化液滴。液体雾化的方法主要有气流式、压力式和离心式。雾化器是喷雾干燥设备的核心部件。依据不同的雾化器，喷雾干燥也分成多种不同的形式。雾化器产生的雾滴粒径是喷雾干燥工艺中最大的影响因素。喷雾干燥的其他工艺参数还有喷雾压力（进料量、进料速率）、液体黏度和含水率、热空气温度等。喷雾干燥的应用越来越广泛，工艺操作技术也在不断改进，有研究发现，高温、高频振荡气流下的喷雾干燥能显著提高蒸发速率。喷雾干燥的特点如下。

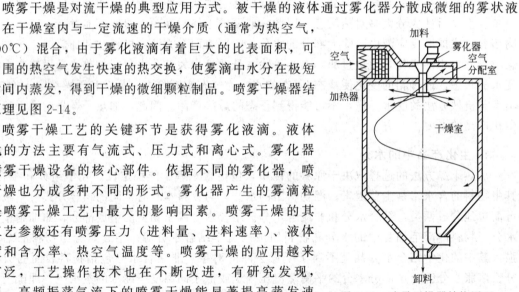

图 2-14 喷雾干燥器结构原理

① 干燥时间短 由于雾化液滴的巨大比表面积（$200\sim5000m^2/m^3$），水分极易汽化而达到干燥。

② 干燥温度低 虽然热空气的温度比较高（150～300℃），但由于雾滴中含有大量水分，且水分的蒸发会带走较多的热量，所以雾滴表面的温度并不高（50～60℃），而且物料在干燥室内的停留时间短（3～30s），所以物料的实际温度不高，非常适合于热敏性生化产品如抗生素、酵母粉和酶制剂等物料干燥。

③ 产品质量好，易溶解 雾化液滴干燥后产生的微细颗粒具有良好的分散性和溶解性，特别适合于抗生素、酶制剂这类粉针剂药用原料的加工；而且干燥过程在密闭系统中完成，不受污染，产品卫生状况好，其干燥质量基本上能接近真空下干燥的标准。

4. 冷冻干燥

冷冻干燥（又称升华干燥，简称冻干）是利用冰的固态升华原理，将湿物料在一定的真空环境下冷冻，使冻结的冰晶体升华，达到低温脱水的目的（图 2-15）。

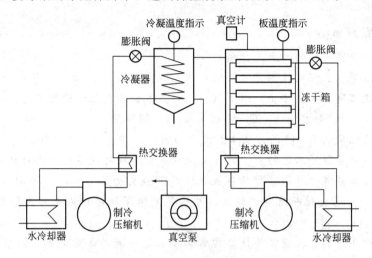

图 2-15　真空冷冻干燥的工艺流程

在冻结状态下，固体湿物料中的水分因冰晶体升华而呈现多孔结构，并保持体积不变，加水后极易溶解而复原。由于在低温下（一般低于 −25℃）升华，尤其适合酶、激素、核酸、血液和免疫制品等的干燥，且干燥过程是在真空环境中进行，不易氧化。针对部分生化药物的化学、物理、生物的不稳定性，实践证明冻干是一种非常有效的手段。冻干过程包括四个步骤。

① 冻结　又称为预冻，为后续的升华过程准备样品。冻结的速度直接影响形成冰晶体的大小。速冻时（10～50℃/min）形成细晶；慢冻时（1℃/min）形成粗晶。粗晶可以提高冻干的效率，但细晶更有利于保护细胞，且容易再溶解。实际操作中有两种预冻方式：一种是物料与干燥环境同时制冷，相当于慢冻；另一种是先使干燥环境降温（如 −40℃），再放入物料，这种方式介于速冻和慢冻之间，常被采用。在冻干含细胞的生化产品时，往往还加入甘油、蔗糖、聚乙烯吡咯烷酮等保护剂。

② 升华干燥　预冻结束后，通过减压形成真空，使物料中的水分蒸发，冰晶体升华而不融化。升华的必需条件是在一定的真空环境下，使冰的饱和蒸气压大于环境的水蒸气分压，水分子离开固体冰，升华为水蒸气进入干燥室，被真空泵抽吸至冷凝器表面结成冰霜，以维持空间内的真空度；同时，由于升华是吸热过程，为保证升华能持续进行，需要向物料供给热量，以保持待升华物质（物料）与冷凝器之间的温度差，确保升华水蒸气的流向不变。

③ 再干燥阶段　经过升华阶段，90％的可脱除水被蒸发，但仍然有 10％左右的残余水分。这部分残余水分可以通过加热法除去。由于生化产品的热敏感性，这个阶段加热温度不能过高，通常控制在 30℃左右，并保持恒定。实践表明，这个阶段的干燥时间与大量升华的时间几乎相等甚至更长。实践中，常先用一定的升温速度将放置物料的搁板温度（板温）升至允许的最高温度，直至冻干结束。

④ 冻后处理　通过充惰性气体、压盖、排气等后处理，对干燥好的制品进行密封保存。合理而有效地缩短冻干的周期在工业生产上具有明显的经济价值。现在国内许多生物制

品企业都是用冷冻干燥技术加工药物，如各种抗生素、疫苗、酶制剂、血浆、抗生素以及一些需呈固体而临用前溶解的注射剂多用此法制备。随着生化药物与生物制剂的迅速发展，冻干技术将越来越显示其重要性和优越性。

●●●● 思考与练习 ●●●●

1. 生化制药分离纯化的特点是什么？

2. 如何通过等电点沉淀技术提取目的产物？

3. 破碎细胞都有哪几类方法？以下（　　）不适合含菌丝细胞的破碎。

A. 珠磨法　　　B. 匀浆法　　　C. 酸碱法　　　D. 酶解法

4. 为什么可以用调节 pH 的方法来沉淀蛋白质？

5. 请简述多级萃取的工艺特点？为什么说双水相萃取特别适用于蛋白质的分离？

6. 什么是超临界流体萃取？超临界流体的溶解能力受其（　　）控制，可以通过临界（　　）或（　　）的变化而改变，据此，超临界流体萃取可分为三种典型类型：（　　）、（　　）和（　　）。

7. 过滤有哪几种典型机理？为什么常常需要在过滤时添加助滤剂，请从过滤机理上说明之。

8. 制备型超离心有几种方法？分离 RNA-DNA 混合物时应该用哪种方法，为什么？

9. 简述冷冻干燥的过程。

第二节　血 液 制 品

血液制品是指由健康人的血液、血浆或特异免疫人血浆分离、提纯或由重组 DNA 技术制成的血浆蛋白组分或血细胞组分制品。如人血白蛋白、人免疫球蛋白、人凝血因子（天然的或重组的）、红细胞浓缩物等，用于诊断、治疗或被动免疫预防。

一、血液制品的种类及应用

血液制品是在输血疗法的基础上发展起来的，至今已有 70 年的历史。1900～1902 年发现 ABO 血型系统，1914 年开始用枸橼酸钠和葡萄糖作抗凝剂使临床可以常规输血。此时的血液制品主要是全血，但是全血不易大量储备和运输，其有效组分也未分离使用。1941～1946 年，Cohn 等发明用冷乙醇法由人血浆分离白蛋白、免疫球蛋白、凝血因子Ⅷ等血液组分制品用于临床。20 世纪 60 年代后，又先后出现特异免疫球蛋白、静注免疫球蛋白、各种凝血因子等制剂，各种血细胞制剂（包括浓缩红细胞、浓缩血小板）、人白细胞干扰素（粗制）、转移因子等也广泛用于临床。20 世纪 90 年代后，基因重组人凝血因子Ⅷ、Ⅺ及重组人白蛋白等先后问世。血液制品在医疗急救、战伤抢救以及某些特定疾病的预防和治疗上有着其他药品不可替代的作用。

血液制品按其组成成分可分为全血、血液成分制品、血浆蛋白制品等。

1. 全血

全血使用不同的抗凝剂，采血后于 2～8℃保存。酸性柠檬酸盐-葡萄糖溶液（ACD）抗凝血保存 21 天，柠檬酸盐-磷酸盐-葡萄糖溶液（CPD）抗凝血可使血液保存 35 天。随着保存时间的延长，血液中各种有效成分的功能逐渐丧失。

全血输注主要适用于同时需要补充红细胞和血容量（血浆）的患者，如各种原因引起的失血量超过全身总血量的40％的患者；全血置换，特别是新生儿溶血病，经过换血后可除去胆红素、抗体及抗体致敏的红细胞。

目前，全血在医疗行业用得越来越少。这是因为全血容易带来一些副作用，如4℃保存72h以内的全血易传播梅毒（梅毒螺旋体在4℃时可存活48～72h）。现代输血不主张使用新鲜全血，而是提倡成分输血。20世纪70年代成分输血已成为输血的主流，目前在发达国家成分输血占全部输血比例的95％以上。

> **课堂互动**
>
> 想一想：我们在献血的时候，为什么要不停地轻轻摇动血浆采集袋？

2. 血液成分制品

成分输血，就是将血液中的有效成分分离出来，分别制成高纯度、高浓度的血液制品，然后根据患者情况，需要什么成分就给输注什么成分的输血方法。成分输血有很大的优越性，如提高疗效、减少全血输注的不良反应、减少血源性疾病的传播、提高血液的利用率、提高输血效果等。临床上常用的血液成分制品包括红细胞制剂、白细胞制剂、血小板制剂和血浆制剂。

（1）红细胞制剂

① 红细胞悬液　这是一种从全血中经过离心分离，挤出血浆后，添加红细胞保存液后制备出的高浓度的红细胞。在临床上适用于各种慢性贫血患者，外伤导致大出血、大手术者。

② 去白红细胞悬液　采集后的全血通过白细胞过滤器将血液内95％的白细胞滤除后，而制备的红细胞悬液称为去白红细胞悬液。在临床上应用于多次输血的患者；多次输血后已产生白细胞抗体或血小板抗体引起的非溶血性发热的患者；反复输血的患者等，减少过量白细胞对机体的伤害。

③ 洗涤红细胞　取已经制备好的红细胞悬液，经离心后，将上清液挤出，加入生理盐水，反复洗涤2～3次，洗去80％的白细胞及90％血浆后的红细胞，然后加入少量生理盐水后即制备成洗涤红细胞。此类红细胞制剂可减少血浆内白蛋白及白细胞对患者的不良影响。

④ 冰冻红细胞　取全血离心后挤出血浆及上清液，将去血浆及上清液红细胞加入甘油冷冻剂后，在-80℃保存的红细胞，为冰冻红细胞。临床需要时，在37℃水浴箱中解冻，用高渗盐水洗涤一次后，再用生理盐水反复洗涤3～6次，直至肉眼不见溶血为止。冷冻红细胞可保存较长时间，主要用于稀有血型的患者。

（2）白细胞制剂　临床上白细胞制剂主要是浓缩白细胞。浓缩白细胞的输注实际上是应用其中的中性粒细胞，发挥其细胞吞噬作用和杀菌能力，提高机体的抗感染能力。

（3）血小板制剂　常见的血小板制剂包括机采血小板和冰冻血小板。

机采血小板是采用血细胞分离机及其配套的一次性管路，经过几次血液循环采集出高浓度的血小板，然后将红细胞及其血浆回输给献血者。此血小板不含有红细胞，血小板纯度高、浓度高，应用时不需配血，只要同型输注即可。冰冻血小板是将采集后的血小板，在净化间无菌条件下缓慢加入适量冰冻剂，装在冰冻盒内，放入-80℃的低温冰柜内保存，如有急需输注血小板，来不及采集者，可取出冰冻的血小板，放入37℃水浴箱内融化后输注。

临床上血小板输注是针对血小板数量减少或血小板功能异常者实施的临时性替代措施，以达到止血或预防出血的目的，适用于血小板生成障碍所致的血小板减少性疾病、急性血小板减少、血小板功能障碍性疾病、大手术前预防性输注血小板。

（4）血浆制剂 血浆制剂的分类方法和名称很多，中国卫生部 2000 年颁布的《临床输血规范》中列有 4 种血浆制剂，即新鲜冷冻血浆、普通冷冻血浆、新鲜液体血浆和冷沉淀。

① 新鲜冷冻血浆 采集的全血经离心分离，制备出的血浆在 6h 内不低于−50℃下速冻后，置于−20℃低温冰柜中保存。新鲜血浆内含有全血的全部凝血因子。新鲜冷冻血浆可在许多临床疾病中应用，包括先天性或获得性凝血因子缺乏症、免疫球蛋白缺乏症等。

② 普通冷冻血浆 普通冷冻血浆又称冷冻血浆，与新鲜冷冻血浆的区别是其来源不同。制备普通冷冻血浆的来源是不超过 5 天保存期的抗凝全血或保存期满 1 年的新鲜冷冻血浆。制备方法同新鲜冷冻血浆。该制品中含有全部稳定的凝血因子，但缺乏不稳定的凝血因子 V 和凝血因子 Ⅷ。临床上用于扩充血容量，补充各种稳定的凝血因子。

③ 新鲜液体血浆 保存期内的抗凝全血在（4＋2）℃条件下经离心后分出血浆，24h 内输注，即为新鲜液体血浆。含有新鲜血液中全部凝血因子。临床上用于扩充血容量，补充凝血因子。

④ 冷沉淀 从新鲜全血中分离的新鲜血浆中提取，新鲜血浆在 4℃ 水浴条件下融化，形成的没溶解的白色的沉淀物，含有丰富的凝血因子凝血因子 Ⅷ 和凝血因子 ⅩⅢ 及纤维蛋白原等，用于补充凝血因子 Ⅷ、纤维蛋白原、凝血因子 ⅩⅢ 等。分离出沉淀后的血浆称"去冷沉淀新鲜冷冻血浆"，这种血浆中凝血因子 Ⅷ 和纤维蛋白原含量较低，可作为普通冷冻血浆使用。

3. 血浆蛋白制品

血浆蛋白制品是指从人血浆中分离制备的有明确临床疗效的应用意义的蛋白制品的总称，国际上将这部分制品称为血浆衍生物。血浆蛋白成分中主要是白蛋白和免疫球蛋白，此外还有百余种小量和微量的蛋白质、多肽成分。尽管已知血浆蛋白成分不下 200 余种，已经分离纯化的有百余种，研究较多的有 70 多种，但实际上常规生产、上市并用于临床的不过 20 余种，包括天然的（由人血浆衍生的）和重组的。我国目前能够生产并正式获准使用的只有白蛋白、免疫球蛋白、凝血因子 Ⅷ、纤维蛋白原、凝血酶原复合物等数种产品。

（1）白蛋白类制品 常见的有白蛋白注射液，白蛋白约占血浆蛋白的 50%，相对分子质量为 70000，白蛋白分子中含有 20 种必需氨基酸，在维持胶体渗透压方面有很好的作用。为了使用方便将白蛋白制成 10%～20% 浓度，或用冰冻干燥方法制成粉剂。白蛋白是较稳定的制品，在室温条件下，保存 5 年不变。白蛋白的重要用途是：调节血浆胶体渗透压，扩充和维持血容量；提高血浆白蛋白水平；维持血液中金属离子的结合运输。临床上白蛋白制剂主要用于烧伤、失血性休克、水肿及低蛋白血症的治疗。

（2）免疫球蛋白制品 免疫球蛋白根据其结构不同，分为 IgA、IgD、IgE、IgG 和 IgM 五种。这类蛋白构成了机体防御感染的体液免疫系统，它和细胞免疫系统一起，对机体抵抗外来病原物的侵袭发挥了重要的作用。

免疫球蛋白制剂包括肌内注射免疫球蛋白、静脉注射免疫球蛋白和特异性免疫球蛋白制剂三类。如丙种球蛋白，可通过盐析法或低温乙醇法制备，其中含有多种抗体成分，可给受者补充免疫抗体，以增强机体的体液免疫，临床效果主要取决于制剂中所含抗体的种类及其生物学效价。丙种球蛋白能否符合静脉输注要求，关键在于降低其抗体活性。在静脉注射时，先用无菌生理盐水稀释到蛋白浓度的 1% 左右滴注，每分钟 20～30 滴，15min 后调整到 50～60 滴/min，并且要及时观察病人情况。

（3）凝血系统蛋白制品 血浆中的凝血系统蛋白在维持机体的正常凝血机制、保护血管渗漏方面起着重要作用。这类蛋白包括与凝血有关的蛋白质、酶或因子等，如凝血因子Ⅷ、凝血因子Ⅸ、纤维蛋白原、凝血酶原、纤溶酶原等。凝血因子制剂因其适应证范围较窄，目前临床使用不够广泛。

① 纤维蛋白原注射剂 为白色或灰白色薄壳状固体，加入注射用水后在20min溶解成澄明溶液，可用于治疗先天性及后天性低纤原血症而大出血病人。

② 凝血酶 凝血酶原在钙离子和凝血活素的作用下，可制成有活性的凝血酶，为了保存时不降低活性，须经冰冻干燥处理。凝血酶为黄色粉末，易溶于盐溶液。这种凝血酶溶液与纤维蛋白原互相作用时，可使纤维蛋白原变成不溶性纤维蛋白。通常凝血酶与人体纤维蛋白联合使用，效果较好。

 知识链接

血液制品及疫苗等属于特殊管理行业，与麻醉药品、精神类药品、毒品、放射性药品并列为一类，是国家重点监管的对象。近年来，国家通过治理整顿，坚决打击非法采供血行为，保证血液制品上游原材料的安全。

我国人口众多，血液制品行业有广阔的发展前景。国内社会、经济快速发展，医疗保障福利日渐完善，医疗水平不断提高，促进了该行业的持续增长。目前，国内共有33家生产企业，市场总容量为40亿元左右。同时也应该看到，我国的血液制品生产工艺、产量和种类还非常有限。例如，随着外科技术，尤其是器官移植技术的发展，凝血因子的需求量越来越多、种类也越来越细化、工艺要求也越来越严格。这都需要投入更大科研力量，加强安全性监管，提高全社会的健康保障服务水平。

二、血液制品的生产技术

血液制品是生物制品范畴内的一种特殊药品，主要是以健康人血浆为原料，采用生物工程技术或分离纯化技术制备的有生物活性的制品，具有纯度高、稳定性好、效果明显和使用方便等特点。

不同类的血液制品有其特有的制备工艺。例如，血液成分制品主要采用离心、过滤等手段，除去其中其他成分，在制备过程中需注意原料来源、操作条件符合要求、检测方法符合药典规定。

下面以人血白蛋白为例介绍血浆蛋白制剂的制备方法。血浆蛋白制剂的一般生产工艺是：将原料血浆融化后进行目标蛋白分离，再经过超滤脱醇、脱铝及浓缩，形成半成品，再进行病毒灭活、灭菌、包装，经鉴定合格后才能够上市。

血浆中蛋白种类较多，在不同的制备工艺中，其组成的分类也有所差异。目前国内外最常见的血浆白蛋白的制备方法是低温乙醇沉淀法（图2-16）制备人血白蛋白，该方法的不同阶段可获得不同的蛋白组成（表2-7）：8％乙醇沉淀组分FⅠ、离心分离组分FⅠ；19％乙醇沉淀组分FⅡ＋Ⅲ、离心分离组分FⅡ＋Ⅲ；40％乙醇沉淀组分FⅣ、离心分离组分FⅣ；40％乙醇沉淀组分FⅤ、离心分离组分FⅤ。

血浆（融浆）→19％乙醇沉淀FⅠ＋Ⅱ＋Ⅲ→压滤FⅠ＋Ⅱ＋Ⅲ沉淀→40％乙醇沉淀FⅣ→压滤FⅣ沉淀→40％乙醇沉淀FⅤ→压滤FⅤ沉淀→FⅤ沉淀溶解→纯化白蛋白→超滤脱醇、脱铝、浓缩→半成品配制→病毒灭活→澄清、除菌→无菌分装→检定、灯检→包装→中检所检定→签发合格证→市场销售

图2-16 人血白蛋白工艺制备流程图

表 2-7　低温乙醇沉淀法不同阶段沉淀的蛋白种类

不同阶段	成　分
组分Ⅰ	纤维蛋白原、凝血因子Ⅸ、冷不溶性球蛋白
组分Ⅱ	丙种球蛋白、甲种球蛋白、乙种球蛋白、白蛋白
组分Ⅲ	甲种球蛋白、乙种球蛋白、纤溶酶原、铜蓝蛋白、凝血因子Ⅱ、凝血因子Ⅶ、凝血因子Ⅸ、凝血因子Ⅹ
组分Ⅳ	甲种球蛋白、乙种球蛋白、转铁蛋白、转钴蛋白、铜蓝蛋白、白蛋白
组分Ⅴ	白蛋白、甲种球蛋白、乙种球蛋白、垂体性腺激素等

1. 原料血浆的采集及准备

为了保证血浆蛋白制品的安全,我国在《中国生物制品规程》中对"血液制品原料血浆"作出了明确操作规程,包括如何确定供血浆者和供血浆者的健康状况要求、体检标准、免疫要求、供浆频度、设备用具、血浆检验结果等。

原料血浆的献血者需经乙肝疫苗免疫,产生抗体后方可献血浆;通过询问病史、体检、血液检查,确定供血浆者;献浆员采浆前抽血检查 HBsAg、抗 HCV、抗 HIV1＋2、ALT 和梅毒,检查合格后,允许单采血浆一次不得多于 580mL(含抗凝剂不超过600g),采浆间隔不得短于 2 周。每个供血浆者的采浆量每年应少于 12000mL,每月应少于 1200mL。

生产厂家对采集后每袋血浆再逐一复检 HBsAg、抗 HCV、抗 HIV1＋2、ALT 和梅毒及蛋白质含量等,符合规定后允许使用。并且检测方法有标准化的规定。

2. 原料血浆的储存和运输

血浆采集后应在 6h 内冻结,−20℃以下保存。冻结后的血浆应在−15℃以下运输。低温冷冻保存血浆最长不应超过 2 年。

3. 生产用水和化学药品

生产用原水应符合国家饮用水标准,直接用于制品的水应符合注射用水标准。所用各种化学药品应符合《中华人民共和国药典》(2010 年版)规定。

4. 分离人血白蛋白

(1)融化血浆　生产企业接收的人冷冻血浆应保存在−20℃以下。将冷冻血浆外袋清洗、消毒后,去除外袋,去掉外袋的冷冻血浆通常放在夹层罐中融化,夹层中通入 40℃以下温水,融化时间越快越好。融化后的血浆进入下一个工序,进行分离。

(2)分离蛋白　根据蛋白溶解度不同可将目标蛋白与血浆中的其他蛋白分离开,同时确保蛋白生物活性不受损失或尽量少受损失。分离蛋白时,逐级降低溶液的酸度,使要提取的目的蛋白分子表面所带的净电荷为零,然后逐级提高乙醇浓度,同时逐级降低温度,破坏蛋白质分子周围的水化膜,促使蛋白分子相互碰撞、沉淀。各种蛋白在不同的条件下,以各个组分(粗制品)的形式分步从溶液中析出,通过离心或过滤进行分离。

影响沉淀蛋白效果的因素有:酸碱度、温度、乙醇浓度、蛋白浓度、溶液离子强度。

① 酸碱度:溶液中的有机溶剂会使蛋白质成分的等电点有所偏离。为了达到好的沉淀效果,通常选择溶液中各种蛋白成分的等电点来沉淀蛋白。

② 温度:温度降低时,可以防止蛋白"变性";会减少蛋白分子的溶解度,促进蛋白沉淀;可减少乙醇的挥发,提高安全性。因此分离蛋白选择较低的温度。

③ 乙醇浓度：随着溶液中乙醇浓度的增加，蛋白的溶解度会在乙醇某浓度阶段出现急剧降低的现象，从而沉淀析出。因此在操作过程中要严格控制乙醇浓度，以达到分离不同蛋白的目的。

采用低温乙醇沉淀法沉淀蛋白时，控制条件见表 2-8。

表 2-8 低温乙醇沉淀法沉淀蛋白的控制条件

主要控制点	控 制 项 目	
	厂 房	控 制 条 件
19％乙醇沉淀组分	−5～5℃	pH5.95±0.05,乙醇 19％,制品温度−5.0～−4.5℃
40％乙醇沉淀组分Ⅳ	−5～5℃	pH5.95±0.05,乙醇 40％,制品温度−5.5～−5.0℃
40％乙醇沉淀组分Ⅴ	−5～5℃	pH4.77±0.02,乙醇 40％,制品温度−10～−9℃

低温乙醇沉淀技术生产的白蛋白较安全，是目前血浆白蛋白制品生产的首选工艺。这是因为：生产过程中潜在污染病毒相对集中到往往被废弃或经进一步处理而灭活的其他组分中；乙醇对多种已知病毒杀灭作用；制备中的冻融过程对病毒有杀灭或破坏作用。这种方法同时也有许多优点：沉淀剂乙醇的化学性质稳定，不易与蛋白发生化学反应，毒性低，污染小，价格低廉，能抑制细菌生长，控制热原，对病毒有极强的杀灭作用。

用低温乙醇沉淀法生产血浆蛋白需要相当规模的厂房，并需要具备较大面积的低温操作车间，还要有连续冷冻离心机等设备，投资规模较大。另外操作人员在较低温度下工作，条件比较艰苦。现在已有新的低温乙醇沉淀法生产技术，如用加压过滤代替冷冻连续离心来分离沉淀。这种方法在人血白蛋白质量、安全性等方面没有明显的差异，但有效地简化了生产步骤，提高了血浆的综合利用率，提高了产品质量，缩短了生产时间，改善了岗位操作的劳动强度和安全度。

5. 色谱法精制人血白蛋白

色谱法常用于蛋白分析和分离，20 世纪 90 年代大容量的色谱设备问世后，色谱法逐步用于血浆白蛋白制品的生产，主要用来对低温乙醇沉淀法产生的一些组分进行进一步加工精制，特别适用于产量少而价值高的蛋白制品。色谱法包括离子交换色谱、凝胶过滤和亲和色谱。色谱法的生产步骤比较简单，耗能低，产品纯度高，但是色谱设备以及色谱介质——凝胶（树脂）的初期投资较大。

6. 超滤脱醇、浓缩、除铝

采用低温乙醇沉淀法分离血浆蛋白后，还要进行脱醇，去除蛋白中的乙醇。去除乙醇的方法有多种，如透析、冻干及超滤等。综合考虑各种因素，目前，人血白蛋白的生产中，脱醇一般采用超滤法。例如人血白蛋白脱醇可选用截留相对分子质量为 8000 或 10000 的超滤膜，这是因为乙醇的相对分子质量为 46.07，而人血白蛋白的相对分子质量为 66000。超滤膜的形式有多种，如中空纤维膜、平板膜及卷式膜等。完成脱醇过程后，继续超滤将蛋白溶液浓缩到需要的浓度，形成原液。

人血白蛋白中 Al^{3+} 含量过高可能具有引发骨软化病、低血色素性贫血、老年性痴呆和慢性肾功能损害的潜在危险性。在产品制备过程中可以通过加大透析时用水量、控制来源（如原始血浆中的 Al^{3+}）减少 Al^{3+} 含量。

7. 半成品配制

对已经纯化的蛋白溶液中要加入适量的稳定剂，以防止制品在制备、储存、运输过程中发生蛋白变性、失活、解离或聚合。制备白蛋白所加的稳定剂为辛酸钠（也可为辛酸钠和乙酰色氨酸钠共用）。

8. 病毒灭活

为确保血液制品安全，国家卫生行政部门发布：1997 年 7 月 1 日以后，所有生产血液制品都必须在生产工艺中加入病毒灭活措施，其工艺中所加指示病毒 VSV、Sindbis 经中国药品生物制品检定所验证，HIV 病毒经中国人民解放军艾滋病检测中心验证，合格后才准予生产。目前常用的病毒灭活方法如下。

① 湿热灭活法　1948 年起，已将 60℃、10h 的巴氏灭活法成功地用于人血白蛋白，简称"巴氏法"。但该法对某些血浆蛋白，特别是对热不稳定蛋白有一定损伤作用，可以灭活潜在的脂膜和非脂膜病毒（包括 HAV）。

② 干热灭活法　80℃、72h 干热灭活能保证某些血液制品临床使用的病毒安全性，但对制品本身的生物活性损伤较大，故采用时应持慎重态度

③ 化学灭活法　有机溶剂/表面活性剂法能有效灭活病毒而不损伤制品中的蛋白结构和功能。

其他如低 pH 法、色谱法、二氮杂菲法、硫代二苯胺/可见光法、β-丙内酯/紫外光法和过滤法等也可起到病毒灭活的目的。

9. 除菌过滤

澄清及除菌过滤应按严格的无菌操作方法进行。目前生产中用于澄清、过滤的主要是微孔滤膜，微粒和细菌因大于滤膜孔径而滞留在滤膜表面，蛋白分子则能透过滤膜，从而起到澄清和除菌的作用。常用于澄清过滤的滤膜孔径为 $5\mu m$、$3\mu m$、$1.2\mu m$、$0.65\mu m$、$0.45\mu m$；用于除菌过滤的滤膜孔径为 $0.22\mu m$、$0.2\mu m$。

10. 成品分批、分装及冻干

冻干制品应在过滤除菌后按照"生物制品分装和冻干规程"及时进行分装、冻干。

11. 成品的质量鉴定

每批成品应抽样作全面质量检定。各项检定应按照《中华人民共和国药典》（2010 年版）三部附录各项要求进行，检定结果应符合各品种规定。

12. 包装

按照"生物制品包装规程"规定进行包装。

13. 制品保存

制品需于 2～8℃ 避光保存和运输。自分装之日起按批准的有效期执行。

 能力拓展

人血白蛋白是一种重要的临床药物，人源血浆白蛋白可能会传染病原体将逐步被重组白蛋白所代替。使用巴斯德毕赤酵母可生产重组人血清白蛋白，通过其表达系统进行发酵生产，然后分离纯化可获得重组白蛋白。

免疫球蛋白是由 B 淋巴细胞合成、分泌的一组糖蛋白，主要存在于循环系统中，主要功能是抵抗各种病原微生物对人体的感染。

免疫球蛋白的制备工艺与白蛋白相似，也是用低温乙醇沉淀法进行制备，采用超滤法除去其中的乙醇，所不同的是其中的工艺控制点有所区别，这里不再赘述。

目前临床的凝血因子制剂主要有 3 类：

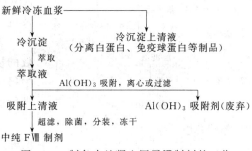

图 2-17　制备中纯凝血因子Ⅷ制剂的工艺

凝血因子Ⅷ、凝血因子Ⅸ、纤维蛋白（原）制剂。制备凝血因子制剂的方法主要有色谱法及基因工程重组的方法。图 2-17 是一种制备凝血因子Ⅷ（FⅧ）的工艺。以冷沉淀为原料，用化学方法进一步纯化的 FⅧ制剂，按比活性划分，主要包括中纯、高纯、超高纯 3 种。

三、血液检测试剂

血液流经人体的各个组织与器官，在生理状态下，人体的各组织、器官之间的相互作用、相互影响是通过神经、体液的调节及平衡来实现的，这种平衡反映在血液的各种物理参数、生理参数等方面。所以，通过血液检测，可以及时了解疾病的发病原因、疾病程度、病情进展及预后判断等，从而可以为疾病的各方面提供信息。

目前，对血液进行检测的种类很多，如血细胞检验、血液病检验、血型血清学与输血检验等。涉及的检测试剂种类繁多。采用生物制药生产技术的药物包括部分抗凝剂、部分酶制剂及抗体血清等。

1. 抗凝剂

抗凝剂的种类很多，性质各异。因此，必须根据检验目的适当选择，才能获得预期的结果。实验室常使用的检验试剂如下。

① 枸橼酸钠　枸橼酸钠能与血液中的钙离子结合形成可溶性螯合物，从而阻止血液凝固。常用于红细胞沉降率的测定，也可用于凝血因子的检测。因为其毒性小，也可用于输血保养液中。

② 二乙胺四乙酸盐　是血液细胞分析仪最适合的抗凝剂。

③ 肝素　肝素广泛存在于肺、肝、脾等几乎所有组织的血管周围肥大细胞和嗜碱性粒细胞的颗粒中。通常作为血细胞比积和红细胞渗透脆性试验较理想的抗凝剂。

④ 草酸钠　目前较少使用。

2. 工具酶

血液检测试剂中，工具酶是非常重要的，并且常见，在不同疾病的诊断中发挥着重要的作用。常见的工具酶包括葡萄糖氧化酶、己糖激酶、过氧化物酶、脲酶、谷氨酸脱氢酶、乳酸脱氢酶、脂蛋白脂肪酶等。这些工具酶通常是酶试剂系统的核心，目前，可用于 200 多个临床生化检测项目。

临床生化酶试剂中的工具酶主要来自动植物组织提取及微生物发酵工程。目前，除脲酶、过氧化物酶和乳酸脱氢酶等分别由种子、辣根和心肌提取外，工具酶主要依赖微生物发酵工程获得。

3. 抗体血清

常用于血型血清学与输血检验。如抗 A 血清、抗 B 血清及抗 AB 血清，可用于检测

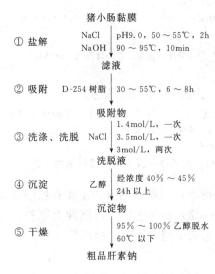

①　盐解　　NaCl｜pH9.0，50～55℃，2h
　　　　　　NaOH｜90～95℃，10min
　　　　　　滤液

②　吸附　　D-254树脂｜30～55℃，6～8h
　　　　　　吸附物

③　洗涤、洗脱　NaCl｜1.4mol/L，一次
　　　　　　　　　　 3.5mol/L，一次
　　　　　　　　　　 3mol/L，两次
　　　　　　洗脱液

④　沉淀　　乙醇｜经浓度40%～45%
　　　　　　　　 24h以上
　　　　　　沉淀物

⑤　干燥　　95%～100%乙醇脱水
　　　　　　60℃以下
　　　　　　粗品肝素钠

图2-18　盐解法生产肝素工艺流程

ABO血型。抗D血清可用于Rh血型的鉴定。抗M及抗N血清可鉴定MN血型和P血型。

现以肝素为例介绍其制备工艺。肝素是一种有效的抗凝血药物，常用于血液检测。因最早从肝脏中得到，故名肝素。现在，肝素多从猪、牛、羊等动物的肠黏膜中提取，制成钠盐形式。

目前，肝素的生产主要有盐解法生产和酶解法生产两种。盐解法生产肝素工艺流程见图2-18。

①　盐解　肠黏膜放入盐解锅中，按总体积的4%加入氯化钠，用氢氧化钠调pH至9.0，升温至50～55℃，保温2h，然后尽快升温至90～95℃，保持10min。趁热用40～60目滤网过滤，滤液放至吸附池中。本步骤也可采用酶解法，用猪胰浆代替氯化钠，进行酶解。

②　吸附　滤液自然冷至55℃，按13～15kg/100副肠子放入树脂，缓缓搅拌吸附6～8h，在吸附池底部的放水口处套一滤袋，收集树脂。液体再加一半量的树脂吸附一次，可提高收率10%～15%。

③　洗涤、洗脱　先用清水将树脂漂洗干净、滤干。用2倍树脂体积的1.4mol/L NaCl搅拌洗涤2h，滤干。用1.5倍的3.5mol/L NaCl搅拌洗脱4h（第一次洗下80%以上的肝素）。再分别用1倍的3.0mol/L NaCl洗脱两次（第二次洗下12%～17%，第三次洗下3%～5%），各2h。最后一次洗脱液调NaCl浓度至3.5mol/L，留作下一次树脂的第一次洗脱用。

④　沉淀　合并第一、二次的洗脱液，边搅拌边加入70%以上的乙醇至终浓度45%，静置沉淀24h以上。

⑤　干燥　用2倍量的95%以上的乙醇脱水两次，或再用丙酮脱水一次，滤干，60℃以下烤箱中慢慢干燥。或采用喷雾干燥或冷冻干燥的方法，效果更好。

●●●●● 思考与练习 ●●●●●●●●●●●●●●●●●●●●●●●●●●●●●●●●●●

1. 什么是血液检测试剂？

2. 简单描述人血白蛋白的制备工艺。

3. 肝素生产的工艺过程及注意事项是什么？

4. 血浆蛋白成分中主要是（　　）和（　　），此外还有百余种小量和微量的蛋白质、多肽成分。

5. 血液成分制品包括有（　　）。

A. 红细胞制剂　　　B. 白细胞制剂　　　C. 血小板制剂　　　D. 血浆制剂

实践一　牛奶中酪蛋白和乳蛋白素粗品的制备

一、实验目的

学习从牛乳中制备酪蛋白和粗乳蛋白素的方法；

掌握等电点沉淀技术的原理与操作。

二、实验原理

乳蛋白素是一种广泛存在于乳品中、合成乳糖所需要的重要蛋白质。牛乳中主要含有酪蛋白，其含量占了牛乳蛋白质的 80%。酪蛋白是白色、无味的物质，不溶于水、乙醇及有机溶剂，但溶于碱溶液。牛乳在 pH4.8 左右时酪蛋白会沉淀析出，乳蛋白素在 pH3.0 左右才会沉淀，利用等电点时溶解度最低的原理，将牛乳的 pH 调至 4.8 左右，或是在加热至 40℃的牛奶中加入硫酸钠，将粗酪蛋白沉淀出来。用乙醇洗涤沉淀物，除去脂类杂质后便可得到纯的酪蛋白。酪蛋白的含量约为 35g/L。将去掉酪蛋白的滤液 pH 调至 3.0 左右时，乳蛋白素沉淀析出，部分杂质即可随澄清液除去。再经过一次 pH 沉淀后，即可得到粗乳蛋白素。

三、实验用品

1. 仪器与材料

烧杯、玻璃棒、量筒、离心机、离心管、布氏漏斗、pH 计、水浴锅。

2. 试剂

牛奶，95% 乙醇，0.2mol/L pH4.8 醋酸-醋酸钠缓冲液，无水硫酸钠，浓盐酸，0.1mol/L 盐酸，0.1mol/L 氢氧化钠。

0.2mol/L pH4.8 醋酸-醋酸钠缓冲液的配制过程如下。

① A 液：0.2mol/L 醋酸钠溶液（称量 $NaAc \cdot H_2O$ 5.44g 溶至 200mL）。

② B 液：0.2mol/L 醋酸溶液（称量醋酸 2.4g 定容至 200mL）。

③ 取 A 液 59.0mL、B 液 41.0mL，即得 pH4.8 醋酸-醋酸钠缓冲液 100mL。

四、实验步骤

1. 盐析或等电点沉淀制备酪蛋白

① 量取 40℃左右的牛奶 50mL，倒入 250mL 烧杯中，于 40℃水浴中保温并搅拌。

② 搅拌条件下缓慢加入 40℃左右的 0.2mol/L pH4.8 醋酸-醋酸钠缓冲液约 50mL。将溶液冷却至室温，放置 5min（或在上述烧杯中约 10min 内分次缓慢加入 10g 无水硫酸钠，再继续搅拌 10min）。

③ 将溶液用细布过滤，分别收集沉淀和滤液。

④ 在沉淀中加入 30mL 乙醇，搅拌片刻。将全部的悬浊液转移至布氏漏斗中抽滤。将沉淀从布氏漏斗中移出，在表面皿上摊开以除去乙醇，干燥后得到的便是酪蛋白。

2. 等电点沉淀法制备乳蛋白素

① 将制备酪蛋白步骤③中所得滤液收集于 100mL 烧杯中，一边搅拌，一边加入浓盐酸，调整 pH3.0 左右。

② 将溶液倒入离心管中，6000r/min 离心 15min，弃去上清液。

③ 在离心管中加入 10mL 去离子水，振荡均匀。以 0.1mol/L 氢氧化钠溶液调整 pH 至 8.5~9.0，此时大部分蛋白质均会溶解。

④ 将上述溶液 6000r/min 离心 10min，上层溶液倒入 50mL 烧杯中。

⑤ 将烧杯溶液加热，一边搅拌，一边利用 pH 计以 0.1mol/L 盐酸调整 pH 至 3.0 左右。

⑥ 将上述溶液以 6000r/min 离心 10min，倒掉上层溶液。取出沉淀，即为粗乳蛋白素，干燥后称重。

五、结果与讨论

① 称量出所获得的酪蛋白数量，求出实际获得率。

② 称量出所获得的粗乳蛋白素数量，计算牛乳中乳蛋白素的含量。

③ 填写实践报告及分析。

实践二 RNA 的制备及纯度测定

一、实验目的

掌握稀碱法提取 RNA 的方法；

了解 RNA 提取的基本原理。

二、实验原理

由于 RNA 的来源和种类很多，因而提取制备方法也各异。一般有苯酚法、去污剂法和盐酸胍法。其中苯酚法又是实验室最常用的。组织匀浆用苯酚处理并离心后，RNA 即溶于上层被酚饱和的水相中，DNA 和蛋白质则留在酚层中。向水层加入乙醇后，RNA 即以白色絮状沉淀析出，此法能较好地除去 DNA 和蛋白质。上述方法提取的 RNA 具有生物活性。

工业上常用稀碱法和浓盐法提取 RNA，用这两种方法所提取的核酸均为变性的 RNA，主要用作制备核苷酸的原料，其工艺比较简单。浓盐法使用 10% 左右氯化钠溶液，90℃ 提取 3～4h，迅速冷却，提取液经离心后，上清液用乙醇沉淀 RNA。稀碱法使用稀碱使酵母细胞裂解，然后用酸中和，除去蛋白质和菌体后的上清液用乙醇沉淀 RNA 或调 pH2.5 利用等电点沉淀。本实践环节用稀碱法提取 RNA。

酵母含 RNA 达 2.67%～10.0%，而 DNA 含量仅为 0.03%～0.516%，为此，提取 RNA 多以酵母为原料。

三、实验用品

1. 仪器与材料

容量瓶、吸量管、量筒、水浴锅、离心机、布氏漏斗、抽滤瓶、石蕊试纸等。

2. 试剂

干酵母粉，0.2% NaOH 溶液，乙酸，95% 乙醇，无水乙醚，标准 RNA 母液，标准 RNA 溶液。试剂的配制过程如下。

① 标准 RNA 母液：准确称取 RNA 10.0mg，用少量 0.2% NaOH 溶液湿透，用玻璃棒研磨至呈糊状的混浊液，加入少量双蒸水混匀并调 pH7.0，再用双蒸水定容至 10mL，此溶液 RNA 的含量为 1g/L。

② 标准 RNA 溶液：取标准 RNA 母液 1.0mL 至 10mL 容量瓶中，用双蒸水稀释至 10mL。此溶液 RNA 含量为 100mg/L。

四、实验步骤

1. 酵母 RNA 的提取

称 4g 干酵母粉置 100mL 烧杯中，加入 40mL 0.2% NaOH 溶液，沸水浴上加热 30min，搅拌，然后加入数滴乙酸溶液使提取液呈酸性（用石蕊试纸检查），以 4000r/min 离心 10～15min。取上清液，加入 30mL 95% 乙醇，边加边搅拌。静置，待 RNA 沉淀完全后，用布氏漏斗抽滤。滤渣先用 10mL 95% 乙醇洗涤 2 次，再用 10mL 无水乙醚洗涤 2 次，洗涤时可用细玻棒小心搅拌沉淀，用布氏漏斗抽滤。沉淀在空气中干燥，即得 RNA 粗品。

2. RNA 纯度的测试

纯 RNA 溶液的 A_{260}/A_{280} 值为 2.0，样品中若含有蛋白质，则 A_{260}/A_{280} 值下降，因为蛋白质的最大吸收峰在 280nm。

五、结果与讨论
① 计算 RNA 得率，并分析其纯度。
② 分析影响得率和纯度的原因。
③ 填写实践报告及分析。

实践三 卵磷脂的制备与鉴定

一、实验目的
加深了解磷脂类物质的结构和性质；
掌握卵磷脂的乙醇-丙酮萃取法提取鉴定的原理和方法。

二、实验原理
磷脂是生物体组织细胞的重要成分，主要存在于大豆等植物组织以及动物的肝、脑、脾、心等组织中，尤其在蛋黄中含量较多（10％左右）。本实验从卵黄中提取卵磷脂。

利用卵磷脂可溶于乙醇的性质，将卵黄溶于乙醇，卵磷脂从卵黄中转移到乙醇溶液中，但同时其他脂类物质如甘油三酯、甾醇等也转移到乙醇溶液中。利用卵磷脂不溶于丙酮的性质，用丙酮从粗卵磷脂溶液中沉淀卵磷脂，能使卵磷脂与其他脂质和胆固醇分离开来。

卵磷脂的鉴定可采用液相色谱法检测。

三、实验用品
1. 仪器与材料

烧杯、容量瓶、布氏漏斗、离心机、旋转蒸发仪、真空干燥仪、高效液相色谱、紫外分光光度计。

2. 试剂

鸡蛋黄，95％乙醇，无水乙醇，氯化锌，10％氢氧化钠溶液，丙酮，石油醚，卵磷脂标准品。

四、实验步骤
1. 粗卵磷脂的提取
① 室温条件下，烧杯中加入蛋黄。
② 在烧杯中加入 2 倍于卵黄体积的 95％乙醇，混合搅拌。
③ 将溶液加入离心管中，3000r/min 离心 5min。将沉淀物重复提取三次，回收上清液。
④ 使用旋转蒸发仪，45℃下减压蒸馏至近干，用少量石油醚洗下贴壁的黄色油状物质。
⑤ 加入丙酮，抽滤，分离出沉淀物，真空干燥（40℃，30min），得到淡黄色的粗卵磷脂制品。

2. 卵磷脂粗品的精制
① 取卵磷脂粗品，用无水乙醇溶解，得到约 10％的乙醇粗提液。
② 加入相当于卵磷脂质量 10％的氯化锌水溶液，室温搅拌 0.5h。
③ 分离沉淀物，加入适量冰丙酮（4℃）洗涤，搅拌 1h，再用丙酮反复洗涤，直到丙酮洗液近无色为止，得到白色蜡状的精制卵磷脂。

3. 卵磷脂纯度的鉴定

采用高效液相色谱分析法。

① 卵磷脂 HPLC 条件：色谱柱为 Lichrosorb Si 60 柱（4.6mm×150mm，5μm）；流动相为甲醇-乙腈-水（60∶30∶10）；流速为 1.0mL/min；柱温 40℃；检测波长 206nm。

② 卵磷脂标准工作曲线的绘制：精密称取卵磷脂标准品 10.0mg，置 10mL 容量瓶中，加甲醇溶解并稀释至刻度，摇匀，得对照品溶液（1mg/mL）。将对照品溶液在紫外可见分光光度计下进行波谱扫描，记录其特征峰值（206nm）。用微量进样器分别吸取不同体积（1μL、2μL、3μL、4μL、5μL、6μL）的标准品溶液进样，以进样量为横坐标、峰面积为纵坐标绘制卵磷脂标准工作曲线。

③ 精密称取卵磷脂样品 50.0mg，置 10mL 容量瓶中，加甲醇溶解并稀释至刻度，摇匀，得样品检测溶液（5mg/mL）。将此溶液超声 15min，3000r/min 离心 10min，取上清液，经 0.45μm 滤膜过滤。滤液进行卵磷脂含量测定。

五、结果与讨论

① 称量卵磷脂的数量，计算卵磷脂得率，并对影响卵磷脂得率的因素进行分析。

② 根据高效液相色谱法图谱，分析所得卵磷脂的纯度。

③ 填写实践报告及分析。

技能要点

现代生物制药技术中，生物药物成分的提取纯化是一个重要的组成部分，是获取药物成分的关键工序。生物药物成分都是由细胞分泌产生的，相当多的成分是细胞内产物，需先破碎细胞使其释放出来，且不丢失生物活性。细胞破碎方法包括高压匀浆破碎法、酶解法等。从细胞液中分离药物成分的方法有沉淀分离、萃取分离、过滤分离、离心、超滤以及色谱分离等。其中，盐析、等电点沉淀、有机溶剂沉淀、溶剂萃取、双水相萃取、超临界萃取、超离心、离子交换、凝胶色谱等都是生化分离中的主要技术。干燥是生化分离的最后一步，常用的有喷雾干燥和冷冻干燥。

血液制品是指由健康人的血液、血浆或特异免疫人血浆分离、提纯或由重组 DNA 技术制成的血浆蛋白组分或血细胞组分制品。血液检测试剂指的是在血液检测过程中所用到的制剂。血液制品和血液检测试剂的种类很多，其中有许多是通过生物制药技术制备的。

人血白蛋白的制备工艺主要过程为：酒精沉淀后进行超滤，进一步脱醇后进行病毒灭活及除菌的工作，最后进行无菌包装形成产品。

肝素的主要制备工艺包括盐解法和酶解法两种。从猪、牛、羊等动物的肠黏膜中提取。经过盐解或酶解后，通过树脂吸附、除杂、洗脱、酒精沉淀等步骤，进行干燥及精制步骤，得到最终成品。

第三章 天然生物材料与天然药物

 学习目标

【学习目的】 学习从天然生物材料中提取分离生物活性成分的方法，认识动植物材料中典型的药物活性成分，以及海洋生物材料中有哪些药物成分。

【知识要求】 掌握提取分离生物活性成分的常见方法，掌握动、植物和海洋生物材料中典型的活性成分，熟悉这些活性成分的药用价值。

【能力要求】 掌握主要的生物活性成分及其提取分离方法，掌握甘露醇的制备、鉴定和应用。

第一节 生物活性成分的提取分离

天然药物是指动物、植物和矿物等自然界中存在的有药理活性的天然产物，即由天然生物材料中提取分离得到具有生理活性的成分，一般是指从天然的植物、动物、矿物中得到的单一有效成分、有效部位或植物、动物、矿物成分的半合成品，包括动植物的浸出物或提取物。天然药物不等同于中药或中草药。随着社会发展，化学品给人类健康及生活环境带来的负面影响越来越引起人们的关注；同时人们对生物活性成分药用价值的认识也越来越深入，在世界范围内掀起了对天然生物材料中活性成分研究的热潮，如何高效地将这些活性成分提取并分离纯化，已成为天然药物研究的重点和热点。

一、天然生物材料的活性成分

天然生物材料中存在着各类极为复杂的成分（表3-1），并非所有的成分都有生物活性。通常，把具有生理活性，能用分子式和结构式表示并具有一定的物理常数（如熔点、沸点、旋光度、溶解度等）的单体化合物，称为有效成分；把尚未提纯为单体化合物而含有效成分的混合物，称为有效部分或有效部位；而与有效成分共存的其他化学成分，则视为无效成分。

表3-1 天然生物材料中的主要活性成分

类　别	举　例
蛋白质/多肽、氨基酸	精氨酸、海人草酸、天冬素、胰岛素、麦芽糖酶
糖类	果糖、水苏糖、菊糖、甲壳素、透明质酸
有机酸类	水杨酸、抗坏血酸、绿原酸
树脂	松油脂、松香酸、琥珀脂醇
油脂和甾醇	蓖麻油、薏苡仁酯、二十二碳六烯酸(DHA)、胆甾醇
苯丙素类	桂皮酸、咖啡酸、香豆素、木脂素、异紫杉木脂素
苷类	鼠李糖苷、蒽醌苷、香豆素苷、皂苷、苦杏仁苷
甾体及其苷类	C_{21}甾体、强心苷、薯蓣皂苷元、螺旋甾烷、剑麻皂苷元
黄酮类	大豆素、异甘草素、儿茶素、黄素、黄芩素、木犀草素、银杏素
醌类	辅酶Q、对苯醌、紫草素、邻菲醌、大黄素、金丝桃素
植物色素	叶绿素、胡萝卜素
鞣质	没食子酸鞣质、儿茶素

类　别	举　例
萜类	芫花酯甲、穿心莲内酯、葫芦素、青蒿素、乳香酸、山楂酸
挥发油	松节油、山苍子油、樟脑油、薄荷油、麻黄油、大蒜油
生物碱	盐酸小檗碱、秋水仙碱、蟾蜍碱、吗啡、长春碱、利血平
大环内酯与聚醚类	刺尾鱼毒素、岩沙海葵毒素、短裸甲藻毒素、bryostatin、brevetocin B

二、天然生物材料活性成分提取技术

可以说，生物药物中几乎所有的活性成分均来自于天然生物材料，包括前面所说的蛋白质/多肽、糖类、核酸/核苷酸类及脂类等，习惯上将这些归于生化类药物。而其他类的活性成分，则归结为天然药物学或者天然药物化学范畴，也有的将其列为中药现代化的研究范畴。中药现代化的实质，就是中医药理论与包括生物技术在内的现代科学技术的紧密结合。从这个角度来看，从天然生物材料中开发药物，是生物制药的重要组成部分，其制备技术与中药的现代化生产技术有很大的相同性。

开发、制备天然药物的首要条件，就是将这些成分从天然生物材料中提取、分离出来。提取是指从天然生物材料中将所需要的活性成分提出的过程。通常所得到的提取物仍然是含有多种成分的混合物，需要进一步处理。而将提取物中所含的各种成分逐一分开，得到单体并加以精制纯化的过程，称为分离。前述的生化分离技术通常也可以适用于天然生物材料中活性成分的提取分离，但由于目标活性成分的不同，在具体的单元操作技术上也有所不同。

1. 溶剂提取

溶剂提取法是根据天然药物中各种成分在不同溶剂中的溶解度不同，选择对有效成分溶解度大而对其他成分溶解度小的溶剂，将有效成分从天然生物材料中溶解出来的一种方法。其原理是：利用溶剂的渗透、扩散作用，使溶剂渗入到细胞内部，溶解胞内可溶性成分，在渗透压的驱动下，胞内可溶性成分向外扩散至达到平衡。将此溶液倾出过滤，再加入新溶剂形成新的渗透压，再次溶出胞内可溶性成分，如此反复数次，可达到提取的目的。

> **课堂互动**
>
> 想一想：天然生物材料活性成分的溶剂提取和生化分离中的萃取分离在溶剂选择上什么不同？

溶剂提取法的关键是根据所需成分的特性，遵循"相似相溶"的原则，选择合适的溶剂，同时还应考虑用适当的方法、溶剂的价格、安全性等因素。溶剂通常可分为水、亲水性有机溶剂及亲脂性有机溶剂三类。

水是一种价廉、安全、易得的强极性溶剂，可溶解糖类、鞣质、氨基酸、蛋白质、有机酸盐、无机盐、生物碱盐及多数苷类成分等，缺点是提取液易霉变，不容易过滤和浓缩；乙醇、甲醇、丙酮等是一类极性较大能与水混溶的亲水性有机溶剂，对植物细胞有较强的穿透能力，既能用于提取亲水性成分，也可以提取某些亲脂性成分，提取液黏度小、沸点低、来源方便、不易霉变、易于过滤和回收，但是易燃、价格相对较高；而石油醚、苯、氯仿、乙醚、醋酸乙酯等属于亲脂性有机溶剂，与水不能混溶，具有较强选择性，可用来提取如挥发油、油脂、叶绿素、树脂、内酯、游离生物碱等亲脂溶性成分，具有沸点低、过滤和回收方便，但易燃、毒性大、价格高、对药材组织细胞穿透能力较差。

在提取前，通常先将材料粉碎成粗粉，再根据被提取成分的理化性质和所用溶剂的特性，选择适当的提取方法。溶剂提取法常分为以下几种。

（1）浸渍　将药材粒粉装入容器，加适量的提取溶剂后在室温或温热状态下浸泡一定时间，以溶解其中所需的成分。常用的溶剂为水或稀醇。此法适用于有效成分遇热易破坏，以及含较多淀粉、树胶、果胶、黏液质等材料的提取。浸泡药酒就属于这种方法。此法操作方便、简单易行，但提取时间长，提取率较低，特别是用水做溶剂时提取液易霉变，必要时须加适量的防腐剂。

（2）渗漉　将用溶剂湿润后的材料粗粉装入渗漉筒（图3-1）中，加入适量的提取溶剂浸没药材粗粉，待浸渍一定时间后，从渗漉筒下口缓缓放出浸渍液，同时不断添加新溶剂，浸出所需成分。常用的溶剂为水或不同浓度的乙醇。此法适用于遇热易破坏的成分的提取。由于在渗漉过程中不断加入新的溶剂，能保持良好的浓度差，故提取效率较高，但溶剂用量大、提取时间长。

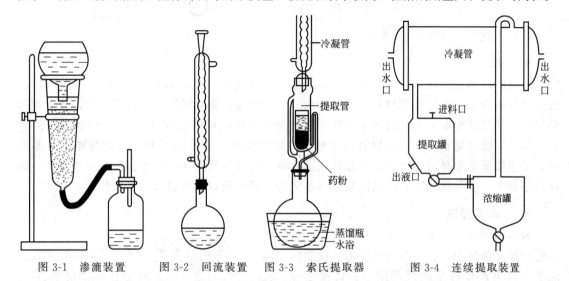

图 3-1　渗漉装置　　图 3-2　回流装置　　图 3-3　索氏提取器　　图 3-4　连续提取装置

（3）煎熬　将材料粗粉加水，加热煮沸一定时间使有效成分溶解出来，如煎中药。此法操作简单，提取效率较高。适用于能溶于水且遇热不被破坏的成分的提取。但不适用于多糖类成分含量丰富、煎煮后料液黏稠不易过滤的材料。

（4）回流提取　用有机溶剂加热提取时，为防止溶剂挥发损失，须采用回流装置（图3-2）。常用的溶剂为低沸点有机溶剂。此法提取效率高，适宜于受热不被破坏的成分的提取，但受热时间长，设备要求高。还可以在此基础上，用少量溶剂进行连续循环回流提取，在保持较高提取效率的同时，进一步减少溶剂用量，但同时对设备的要求也更高。

实验室或小规模制备中常使用索氏提取器（图3-3，又称脂肪提取器）。使用中，烧瓶内的溶剂因加热汽化，冷凝后滴入提取器内；溶剂边滴入边浸泡，过多的浸泡溶剂（即提取液）在虹吸作用下被吸入烧瓶，完成一次的浸泡提取；烧瓶内的溶剂可再次被加热汽化。如此反复多次，材料中的可提取成分被充分浸出。大型生产时，常采用可自动更换溶剂、溶剂用量小的连续提取装置（图3-4）。

影响溶剂提取的工艺因素主要有：提取溶剂和提取方法的选择、材料的粉碎度、溶剂浸泡的时间、浸泡温度和浸泡次数。

2. 水蒸气蒸馏

该方法适用于不溶于水且能随水蒸气蒸馏而不被破坏的挥发性成分（如挥发油、某些小分子生物碱）等的提取。其基本原理是：根据分压定律，当挥发性成分与水蒸气的总蒸气压等于外界大气压时，混合物开始沸腾并被蒸馏出来。整个体系的总蒸气压为各组分蒸气压之和，即系统内的总蒸气压为水蒸气分压与挥发性成分蒸气分压之和。图3-5为实验室水蒸气蒸馏装置。

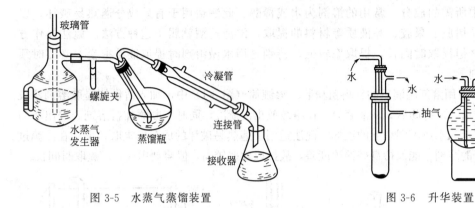

图 3-5　水蒸气蒸馏装置　　　　　　　　图 3-6　升华装置

3. 升华

某些固体物质加热至一定温度时，不经过液体而直接汽化，遇后又凝固为固体化合物，这一过程叫升华。天然生物材料中的某些成分（如樟脑、咖啡因等）具有升华性，故可利用升华的方法直接提取出来。例如从茶叶中提取咖啡因时，可将茶叶放于大小适宜的烧杯中，上面用圆底烧瓶盛水冷却，然后直接加热到一定温度时，咖啡因可凝结于烧瓶底部（图 3-6）。升华法虽简单易行，但因直接加热，温度高，药材炭化后往往产生挥发性焦油状物，附在升华物上，不易精制除去；其次是升华不完全，产率低，部分成分易受热分解。

4. 超声波提取

利用超声波可以破碎细胞。超声提取法就是利用超声波来破坏细胞，使溶剂易于渗入细胞内，同时超声波可产生许多次级作用，如机械运动、乳化、扩散、热效应及化学效应等，加速细胞内有效成分的扩散、释放和溶解，促进提取的快速进行。此法与常规提取法相比，具有提取速度快、方法简

> **课堂互动**
>
> 想一想：天然生物材料活性成分的升华提取和生化分离中的升华干燥在工艺上有什么异同点？

单、产率高、无须加热、适用于各种溶剂等优点，尤其适合一些遇热不稳定成分的提取。

超声波提取有着明显的优势，但目前还只局限于实验室及小规模开发，而且对装置的要求比较高。

5. 半仿生提取（简称 SBE）

这是依据仿生学原理，从生物药剂学的角度，模仿口服药物在胃肠道的转运过程，采用一定 pH 值的酸碱水对天然生物材料进行生理模仿提取的一种新型方法。由于此种提取方法的工艺条件要适合工业化生产的实际，不可能完全与人体条件相同，仅"半仿生"而已，故称"半仿生提取法"。半仿生提取方法一方面符合口服药物在胃肠道转运吸收的原理，另一方面在具体提取工艺上充分兼顾了活性混合体和单体成分，减少了有效成分的损失，缩短了生产周期，显现出较大的技术优势。

6. 超微粉碎提取

超微粉碎技术是近年来国际上迅速发展起来的一项新技术。所谓超微粉碎，是指利用机械和流体动力学理论，采用现代超微粉加工技术，将材料颗粒粉碎成微米至纳米级的微粉或超微粉。传统粉碎工艺得到的粒子中心粒径一般为 $75\mu m$ 以下，而超微粉碎工艺得到的粒子中心粒径可达到 $5\sim10\mu m$ 以下，在该细度条件下，一般材料的细胞破壁率≥95%。纳米级

的微细粒子的中心粒径甚至能达到 $0.1\sim100nm$，破壁率更高。生物材料被超微粉碎后，绝大多数细胞的细胞壁破裂，细胞内的有效成分不需通过细胞壁屏障而直接暴露出来，比表面积大，极易溶出和被人体吸收。

值得一起的是，在许多传统中药方剂的现代化开发中，超微粉碎技术既保留了处方全组分及其药效学的物质基础，又体现了中医药辨证施治、整体治疗的特点，能通过多环节、多层次、多靶点对机体进行整合调节作用，以适应机体病变的多样性和复杂性，大大提高了药物疗效。不失为中药现代化开发的一条卓有成效的方式。

三、天然生物材料活性成分分离技术

1. 溶剂萃取

如前所述，溶剂萃取分离遵循"相似相溶"的原则。在同样的温度和压力下，被萃取成分的分离效果主要决定于溶剂的选择和萃取次数。

（1）溶剂的选择 与生化分离相比，天然生物材料的活性成分更加复杂，因而溶剂的选择也更加广泛。之前简述了溶剂选择所应遵循的准则，这里再详细叙述。

① 分配系数 这是选择溶剂应首先考虑的问题，可以根据被分离物质在萃取剂和原溶液中的溶解度做大致判断。分配系数 K 值越大，表明溶剂的萃取能力越强。

② 密度 在萃取过程中，两液相之间应保持一定的密度差，以利于两相的分层。

③ 界面张力 萃取体系的界面张力较大时，细小的液滴比较容易聚集，有利于两相的分离，但界面张力过大，液体不易分散，两相间的混合又比较困难；界面张力过小时，液体容易分散，两相间容易混合，但产生的乳化现象又使两相难以分离。因此，从界面张力对两相混合与分层的影响综合考虑，一般不宜选择界面张力过小的萃取剂。

④ 黏度 溶剂的黏度低，有别于两相的混合与分层，所以选择黏度低的溶剂对萃取有利。

⑤ 其他 溶剂应有很好的化学稳定性，不易分解和聚合。一般选择低沸点溶剂，以利于分离和回收，且毒性应尽可能低。此外，价格、易燃易爆性等都应加以考虑。

溶剂通常分为三类：水、亲水性有机溶剂和亲脂性有机溶剂。其中，常用于萃取的主要有石油醚、二氯甲烷、氯仿、四氯化碳、乙醚及正丁醇等。如果在水溶液中的有效成分是不溶于水的亲脂性物质，一般多用亲脂性有机溶剂作萃取剂，如苯、石油醚；较易溶于水的甾体、黄酮等物质用氯仿、乙醚、二氯甲烷等进行萃取；偏亲水性的物质，在亲脂性溶剂中难溶解，可用弱亲脂性的溶剂作萃取剂，如醋酸乙酯、丁醇、水饱和的正丁醇等。常用的萃取溶剂见表 3-2。

表 3-2 常用的萃取溶剂

极 性		成 分 类 型	适 用 溶 剂
强亲脂性(极性小)		挥发油、脂肪油、蜡、脂溶性色素、甾醇类、某些苷元	石油醚、己烷
亲脂性		苷元、生物碱、树脂、醛、酮、醇、醌、有机酸、某些苷类	乙醚、氯仿
中等极性	小	某些苷类(如强心苷等)	氯仿:乙醇(2:1)
	中	某些苷类(如黄酮苷等)	乙酸乙酯
	大	某些苷类(如皂苷、蒽醌苷等)	正丁醇
亲水性		极性很大的苷、糖类、氨基酸、某些生物碱盐	丙酮、乙醇、甲醇
强亲水性		蛋白质、黏液质、果胶、糖类、氨基酸、无机盐类	水

混合溶剂的萃取效果比单一溶剂好得多，如乙醚-苯、氯仿-醋酸乙酯（或四氢呋喃）都是良好的混合溶剂，也可以用氯仿、乙醚中加入适量的乙醇或甲醇制成亲水性较大的混合溶剂来萃取亲水性成分。一般来说，有机溶剂的亲水性越大，其萃取时的效果就越不好，因为亲水性大的有机溶剂能使较多的亲水性杂质一起萃取出来。

当从水相萃取有机物时，向水溶液中加入无机盐能显著提高萃取效率，这是由于加入无机盐后降低了被提取成分在水中的溶解度，从而使被提取成分在两相的分配系数发生变化。对于酸性萃取物，常向水溶液中加入硫酸铵；对于中性和碱性物质，则向水溶液中加入氯化钠。

实际应用中，经常采用一些可以与被萃取成分反应的酸、碱作为萃取剂。例如，用 10% 的碳酸钠水溶液可以将有机酸从有机相萃取到水相，而不会使酚类成分转化为溶于水的酚钠，所以酚类成分仍留在有机相；但用 5%～10% 的氢氧化钠水溶液可以将羧酸和酚类成分一起萃取到水相，用 5%～10% 稀盐酸可以将有机胺类萃取到水相。

（2）操作时的注意事项

① 避免乳化现象　乳化导致萃取时的两相分离变得困难，最终影响萃取效果。产生乳化现象的原因在于较小的界面张力容易导致两相液体相互混合。而影响界面张力的因素主要有体系的酸碱度（碱性偏强）、所用溶剂的密度（密度接近）以及溶液黏度（溶剂黏度大）。所以萃取时应针对不同原因造成的乳化，采用不同方法予以消除。例如，两相密度接近，可延长静置时间，或加入食盐（包括硫酸铵、氯化钙等），来增加水相的密度；萃取溶液呈碱性，可调节水相的 pH 值使其接近中性；或通过搅拌进行机械破乳，或通过补加溶剂来改变原来的溶剂比例（注意，所补加的溶剂密度最好与萃取剂的密度接近）。如果萃取时无法消除乳化现象，则应将乳化层与萃余相（水相）一起放出，重新萃取；也可以将乳化层单独分离，用离心分离、抽滤分离、加热分层及新溶剂重新萃取等方式处理。

② 控制材料液的密度　材料液（样品水溶液）的相对密度最好在 1.1～1.2，过稀则萃取剂用量过大影响操作，并且有效成分的回收率低，过浓则提取不完全。

③ 控制溶剂用量　溶剂与样品水溶液应保持一定的比例，第一次提取时萃取剂可多一些，一般为样品水溶液的 1/3，以后的用量可以少一点，一般为 1/4～1/5。

④ 控制萃取次数　一般萃取 3～4 次，但亲水性成分不易转入有机溶剂层时，须增加萃取次数。

（3）萃取工艺　按照萃取操作的连续次数，可分为单级萃取和多级萃取。多级萃取又包括多种方式，常用的有多级错流萃取和多级逆流萃取（见第二章）。

2. 超临界流体萃取

超临界流体萃取的原理如第一章所述。近年来，超临界流体萃取技术被广泛应用于天然生物材料活性成分的分离，尤其是 CO_2 超临界流体萃取技术，更是受到特别的关注，并得到很大发展。例如，在 CO_2 超临界流体（CO_2-SCF）中加入如甲醇、乙醇、丙酮、水等适宜的夹带剂或改良剂，以及增加压力等，可改善流体的溶解性质，使其在生物碱、黄酮类、皂苷类等极性强且分子量较大的非挥发性成分中也得到普遍的应用；或者以氨水为改良剂，可以从洋金花中分离东莨菪碱；以乙醇为夹带剂，在高压下可从短叶红豆杉中提出紫杉醇。

（1）CO_2 超临界流体萃取的影响因素

① 压力　这是各影响因素中最重要的因素。温度不变，随着压力的增加，CO_2-SCF 的密度会显著增大，溶解能力也显著增加，萃取效率大幅度提高。但是，过高的压力同时也提

高了生产成本，并且萃取效率的增加不大。

②温度　随着温度的升高，一方面加强了CO_2-SCF的扩散能力，相应地增加溶解能力，有利于萃取；另一方面，会降低CO_2-SCF的密度，导致溶解能力下降。同时，温度的升高也会使杂质的溶解度提高，导致后面纯化的难度加大。

③粒度　材料的粒度越小，CO_2-SCF与材料接触的总面积就越大，萃取操作时间缩短，萃取效率也就越高。但粒度太小，其他杂质也容易溶出，影响产品的质量。

④流体比　增加CO_2-SCF的含量，可以提高溶质的溶解度，相应地也会提高萃取效率。

⑤操作时间　一般来说，延长萃取时间，有利于提高溶质在CO_2-SCF内的溶解度，提高萃取率。但当萃取达到一定时间后，随着溶质量的减少，再增加萃取时间，能耗增加，而萃取效率增加缓慢，使得产品成本增加。同时，萃取时间过长，杂质溶出也增加，直接影响产品的质量。

⑥夹带剂　CO_2-SCF属于非极性溶剂，类似于己烷，适合萃取脂溶性成分。如果加入少量极性溶剂作为夹带剂（如甲醇、乙醇、氨水等），可改善CO_2-SCF的溶解性质，适用于较大极性成分的萃取。

（2）CO_2超临界流体萃取的应用

①挥发油及脂肪油的萃取　例如，从蛇床子中萃取挥发成分，其超临界流体萃取装置由一个萃取釜、两个解析釜和一个分离柱组成。萃取时，萃取釜、解析釜Ⅰ和Ⅱ、分离柱的温度分别控制在45℃、160℃、65℃和45℃，而压力除萃取釜控制在26MPa外，其他均为7.8MPa。在此工艺下可萃取得到具有蛇床子特异香味的淡黄色油状液，其中蛇床子素、亚油酸、油酸为主要成分，占62.1%。

②生物碱类成分萃取　例如，用CO_2-SCF从光茹子中萃取秋水仙碱，萃取温度45℃，压力10MPa，含76%的夹带剂，连续萃取9h。与回流萃取法相比，秋水仙碱提取率提高1.5倍。

可应用CO_2超临界流体萃取的天然生物材料主要有：黄花蒿、木香、小茴香、当归、柴胡、川芎、蛇床子、薄荷、生姜、草果、姜黄、八角茴香、桉叶、橙皮、橘皮、银杏叶、人参叶、黄芪、樟叶树、大蒜、连翘、肉苁蓉等。所萃取的活性成分主要有：香豆素类、木脂素类、黄酮类、醌类、多糖和天然色素等。

3. 结晶

从溶液中析出晶体的过程叫结晶。从不纯的结晶反复用结晶方法精制较纯的结晶称为重结晶。

（1）原理　固体成分在溶剂中的溶解度与温度有关，一般随温度升高而增大。把固体溶解在热溶剂中达到饱和，冷却时会由于溶解度降低，溶液变成过饱和而析出结晶。利用溶剂对不同成分的溶解度不同，可以使目标成分从过饱和溶液中析出，达到分离目的。正确选用溶剂和结晶条件，是结晶分离法的关键。

结晶分离法操作方便，所用设备简单，是有机化合物分离首选的方法。

（2）结晶条件　并不是所有的固体成分都可以结晶，只有符合以下条件的混合物才能用结晶法进行分离。

①目标成分在欲结晶的混合物中的含量　含量越高越容易结晶，有的化合物虽然含量不高，但如果条件选择得当，也可以得到结晶。

② 合适的溶剂　在进行结晶时，选择理想的溶剂是一个关键。理想的溶剂必须是：不与目标成分发生化学反应；具有良好的选择性（即对目标成分的溶解度随温度的变化有较大的差异，而对杂质成分的溶解度受温度的影响较小）；沸点相对较低，易于结晶分离（一般要求溶剂的沸点低于结晶的熔点）；应使目标成分容易形成晶核，有利于固-液分离；溶剂的黏度要小，能析出较好的结晶。

选择溶剂时，通常先通过查阅文献，参考同类成分的一般溶解性质和结晶条件。一般来说，生物碱可溶于苯、乙醚、氯仿、醋酸乙酯和丙酮；苷类溶于各种醇、丙酮、醋酸乙酯、氯仿；氨基酸常用甲醇或乙醇来结晶等。也可以根据目标成分的极性大小，利用相似相溶的原理，通过实验选择溶剂。

 能力拓展

通过实验选择溶剂的方法　取 0.1g 的待结晶物放入一支试管中，滴入 1mL 溶剂，振荡下观察待结晶物是否溶解，若不加热很快溶解，说明该物质在此溶剂中溶解度太大，不适合做此产物重结晶的溶剂；若加热沸腾还不溶解，可补加溶剂，当溶剂量大于 4mL，待结晶物仍不溶解时，则说明此溶剂液也不适合。如所选的溶剂能在 1~4mL 溶剂沸腾的情况下使产物全部溶解，并在冷却后能析出较多结晶，说明此溶剂适合作为该物质重结晶的溶剂。实验中应同时选用几种溶剂进行比较。有时很难选择到一种较为理想的单一溶剂，这时应考虑使用混合溶剂。

同一种成分在不同的溶剂中所得结晶的形状不同，在面临几种同样合适的溶剂时，应根据结晶回收率、结晶的形状、操作的难易、溶剂的毒性、易燃性和价格来综合考虑。

也可以选用混合溶剂，即把对目标成分溶解度很大的与很小的且又能互溶的两种溶剂（如水和乙醇）混合起来，可获得新的良好的溶解性能。常用的混合溶剂见表 3-3。

表 3-3　结晶法常用的混合溶剂

水-乙醇	甲醇-水	石油醚-苯	氯仿-醇	苯-无水乙醇
水-丙醇	甲醇-乙醚	石油醚-丙酮	乙醇-乙醚-醋酸乙酯	苯-环己烷
水-醋酸	甲醇-二氯乙烷	氯仿-乙醚	乙醚-丙酮	丙酮-水

③ 目标成分在所选溶剂中的浓度　一般来讲，浓度较高容易结晶，但浓度过高时，相应的杂质的浓度或溶液的黏度也增大，反而阻止结晶的析出。实际工作中有时将较稀的溶液放置，等溶剂自然挥发到适当的浓度和黏度，也能析出结晶。

④ 合适的温度和时间　一般来说，温度低有利于结晶，结晶的形成也常常需要较长的时间，如 3~5 天或更长时间。

⑤ 制备衍生物　某些活性成分即使很纯，也不易结晶，但其盐或乙酰衍生物（如含—OH 等基团的化合物）等却容易结晶。因此，可以先把目标成分制备成衍生物再结晶，得到结晶后再还原。

4. 沉淀

天然生物材料中的活性成分也可以用沉淀法分离，即先在提取液里加入某些试剂，使之产生沉淀，再用过滤法将目标成分分离。依据加入沉淀剂的不同，沉淀法可分为以下几种。

课堂互动

想一想：天然生物材料活性成分的沉淀分离与蛋白质的沉淀分离有什么异同点？

（1）**酸碱沉淀法**　根据酸（碱）成分/碱（酸）试剂反应成盐而溶于水，再加酸/碱试剂反应重新生成沉淀而实现分离。例如，取蝙蝠葛粗粉，用 0.5% 硫酸水溶液温热浸提 2 次，合并提取液，用浓氨水调 pH 值至 9.0～9.5 后用苯萃取，再以 0.2% 的盐酸萃取苯溶液，将得到的酸水萃取液用氨水调 pH 值至 8.0，静置产生沉淀，过滤，沉淀用水洗至中性，62℃下烘干，即得蝙蝠葛碱成品。

（2）**醇沉淀法**　在浓缩的水提取液中，加入一定量的乙醇，使淀粉、树胶、蛋白质等难溶于乙醇的成分从溶液中析出，可以经过滤除去。例如，从栝楼中提取天花粉蛋白，取新鲜栝楼根去表皮，压汁，汁液放置过滤后离心，上清液加等量乙醇有沉淀析出，离心除去，再重复用不同的乙醇量沉淀清液，最后获得较纯的蛋白质沉淀，用水溶解后冷冻干燥，即为天花粉蛋白纯品。

（3）**铅盐沉淀法**　中性醋酸铅或碱式醋酸铅的水溶液能与多种成分生成难融的铅盐或配合物沉淀，利用这种性质，可以将天然生物材料中的某些活性成分分离。该法是分离某些天然药物活性成分的经典方法之一。中性醋酸铅能与含羟基及邻二酚羟基的酚酸类成分产生沉淀，如有机酸、氨基酸、蛋白质、黏液质、树胶、酸性树脂、酸性皂苷、鞣质、部分黄酮苷、蒽醌苷、香豆苷和某些色素（花色苷）等。碱式醋酸铅沉淀的范围更广，除上述物质外，还能沉淀某些中性大分子成分，如中性皂苷、糖类、某些异黄酮及碱性较弱的生物碱等。

操作时，通常先将天然药物的水或醇提取液加入醋酸铅水溶液，静置后滤出沉淀，再将沉淀悬浮于新溶剂中，进行脱铅处理。可以有多种方法脱铅，例如，通入硫化氢气体，使铅离子转化为不溶性硫化铅而沉淀除去，此法脱铅彻底，但脱铅后溶液偏酸性，对遇酸不稳定成分要慎重，并用空气或二氧化碳将剩余硫化氢驱除干净；或者用中性硫酸盐（如硫酸钠）脱铅，但此法脱铅不彻底；也可以用阳离子交换树脂脱铅，此法快而彻底，但药液中的某些离子化成分（如生物碱阳离子）也可能被交换掉，造成吸附损失，而且脱铅后的树脂再生也较困难。

除上述方法外，还有许多沉淀方法，如利用明胶、蛋白溶液沉淀鞣质；胆甾醇与甾体皂苷作用生成难溶性分子复合物自醇中析出；生物碱沉淀试剂使生物碱产生沉淀等。沉淀试剂可根据天然药物有效成分和杂质的性质，适当选用。

5. 透析

半透膜可以透过小分子，截留大分子。利用半透膜的这种特性，可以使蛋白质、多肽、多糖、皂苷等大分子成分和无机盐、单糖、双糖等小分子成分相互分开，实现分离、纯化。

透析的关键在于透析膜的选择。透析膜有多种规格，需根据欲分离成分的分子量大小来选择。透析膜有动物性膜、火棉胶膜、羊皮纸膜（硫酸纸膜）、蛋白胶膜及玻璃纸膜等。实验室操作常用市售的玻璃纸膜或动物半透膜扎成袋状，外面用尼龙网袋加以保护，将欲透析的样品液小心加入半透膜袋内，悬挂在盛清水容器

图 3-7　透析装置

中（图 3-7）。透析过程中需要经常更换清水，使透析膜内外溶液的浓度比加大，以加快透析速度。透析法分离的速度较慢，为了加快透析速度，可采用电透析法，因为带电离子的透析速度会增加 10 倍以上。

6. 分馏

对于完全能够互溶的多成分液体，可利用各成分沸点的不同来进行分离。每一种物质成

分，都有各自的沸点。分馏法就是利用混合物中各成分的沸点不同，在分馏过程中产生不同的蒸气压，收集不同温度的馏分，来分离混合物中的各个成分。也可以将多次蒸馏的复杂操作在一个分馏塔中完成。

一般来说，液体混合物沸点相差较大时（≥100℃），可将溶液重复蒸馏多次，达到分离的目的。如果沸点相差不大（≤25℃），则需采用分馏装置。沸点相差越小，分馏的工艺和设备就越精细。

挥发油及一些生物碱常用此法分离。例如毒芹总碱中的毒芹碱和羟基毒芹碱，前者沸点为166～167℃，后者为226℃，彼此相差较远，即可利用其沸点的不同通过分馏法分离。

在用分馏法分离挥发油中的各成分时，为了防止其受热破坏，常需要在减压下进行分馏。对于未知成分，则要预先测试沸程再行分馏。经分馏所得各馏分，仍有可能是混合物，须结合薄层色谱及气相色谱检查，再进一步纯化。

7. 色谱法

前面已介绍过色谱（层析）分离法，即利用混合物中的各组分在互不相溶的两相溶剂之间分配系数的不同、对吸附剂吸附能力的不同、分子大小的差异或其他亲和作用的差异进行反复地吸附或分配，从而使混合物中的各组分达到分离。该方法常用于天然生物材料活性成分的分离纯化和定性定量鉴定。一些性质相近、结构类似的化合物，采用溶剂法和结晶法不能很好分离时，使用色谱法往往可以收到很好的分离效果。

如前所述，色谱法由固定相和流动相组成。流动相为液体的称为液相色谱，流动相为气体的称为气相色谱。根据各组分在固定相中的作用原理不同，可分为吸附色谱、分配色谱、离子交换色谱等。根据操作条件和载体的不同，又可分为纸色谱、薄层色谱、柱色谱、气相色谱、高效液相色谱等。常用的色谱方法主要有：吸附色谱、分配色谱、高效液相色谱、气相色谱、大孔吸附树脂及凝胶色谱等。

（1）吸附色谱 此法利用吸附剂对混合物中的各种组分的吸附能力不同而使各成分达到分离，主要适用于脂溶性、中等大小分子成分的分离，一般不适用于蛋白质、多糖等大分子成分或者离子型亲水性化合物的分离。吸附剂、洗脱剂和被分离成分的性质是吸附色谱的三要素，决定了吸附色谱的分离效果。

吸附剂常用硅胶、氧化铝、活性炭、硅酸镁、聚酰胺、硅藻土。除活性炭为非极性吸附剂外，其余的均为极性吸附剂。

洗脱剂是洗脱色谱柱所用的溶剂，用于薄层色谱或纸色谱的溶剂称展开剂。洗脱剂的选择应根据被分离物质的极性和吸附剂的极性加以综合考虑。分离极性强的成分，宜选用活性低的吸附剂，用极性溶剂做洗脱剂；分离极性弱的成分，宜选用活性高的吸附剂，用弱极性溶剂做洗脱剂；中等极性成分则选用中间条件进行分离。单一溶剂的极性顺序为：石油醚＜环己烷＜二硫化碳＜四氯化碳＜三氯乙烷＜苯＜甲苯＜二氯甲烷＜氯仿＜乙醚＜醋酸乙酯＜正丁醇＜丙酮＜乙醇＜甲醇＜吡啶＜酸＜水。用单一溶剂做洗脱剂，分离重现性好，组成简单，但往往分离效果不佳。所以，实际操作中常常采用多元混合溶剂。洗脱时往往从极性小的溶剂开始，逐渐增大溶剂的极性。如果极性增大过快，往往不容易获得满意的效果。

在吸附剂与洗脱剂已固定情况下，被分离成分的分离情况直接与其结构和性质有关。对于硅胶、氧化铝等极性吸附剂，被分离成分的极性越大，被吸附性就越强，洗脱就越困难。化合物分子中的双键越多，吸附力就越强；共轭双键多，吸附力亦强。总之，只要两个成分在结构上存在差别，极性大小就会不同，就有可能分离开。要根据被分离成分的极性来选择吸附剂与洗脱剂。具体应用时还要通过大量的摸索实践才能找到最合适的分离条件。

（2）分配色谱　该法利用混合物中的各种成分在互不相溶的两相溶剂中的分配系数不同而使各成分分离。操作时，将作为固定相的溶剂吸附于某种惰性固体物质的表面，这种惰性物质称为载体或支持剂，主要起支撑固定相溶剂的作用。待分离成分置于固定相上端，用流动相溶剂进行洗脱（或展开）。分配色谱的载体应为不溶于两相溶剂的中性多孔粉末，对待分离成分无吸附性、不会发生化学反应，对固定相有较高的吸附性，流动相可自由通过且不会改变其组成。常用的载体有硅胶、硅藻土、纤维粉等。

根据固定相和流动相的不同，分配色谱可分为正相分配色谱和反相分配色谱。前者以强极性溶剂（如水、乙醇、缓冲液等）为固定相，与水不相溶的弱极性有机溶剂（如氯仿、醋酸乙酯、丁醇等）作为流动相，常用于分离水溶性或极性较大的成分，如生物碱、苷类、糖类、有机酸等；后者以亲脂性有机溶剂（如硅油或液体石蜡）为固定相，以强极性溶剂（如水、甲醇等）为流动相，常用于高级脂肪酸、油脂、游离甾体等亲脂性物质分离。

根据操作方式的不同，分配色谱又分为纸色谱、分配薄层色谱和分配柱色谱。

（3）薄层色谱　这是一种快速、简便、灵敏的分离方法，将吸附剂均匀地铺在玻璃板上，把欲分离的样品点加到薄层上，然后用合适的溶剂展开而达到分离、鉴定和定量的目的。该方法对分离鉴定天然活性成分具有独特的作用，在分析化学、药物化学、染料、农药等领域也有广泛的应用，其操作主要包括制板、点样、展开和显色。

也可以将分离材料均匀加入到一定规格的玻璃柱中，再以适当的洗脱剂洗脱，使结构性质不同的成分达到分离。这种方式又称为柱色谱，是薄层色谱的另一种形式，其操作可分为装柱、上样和洗脱。

（4）高效液相色谱法　高效液相色谱法（HPLC）是液相色谱的一种，采用很细的高效固定相，使用高压泵输送流动相，完全使用仪器自动分析，在有机化学、生化、医学、临床药物、化工、食品卫生、环保监测、商检和法检等方面都有广泛的用途。HPLC 具有高压输液（$15 \sim 35$MPa）、高选择性、高灵敏度（最小检出量可达 $10^{-9} \sim 10^{-12}$ g）、高速（流动相流量 $1 \sim 100$mL/min）的特点。

按照溶质在两相之间分离的原理不同，高效液相色谱可分为吸附色谱、分配色谱、离子交换色谱和凝胶色谱。高效液相色谱系统（图 3-8）主要由流动相储罐、高压泵、压力表、过滤器、脉冲阻尼、恒温箱、进样器、色谱柱、检测器、记录仪和数据处理器等部分组成，其中最关键的是高压泵、色谱柱和检测器三个部分。

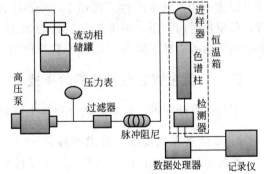

图 3-8　高效液相色谱系统

（5）高速逆流色谱法　高速逆流色谱（HSCCC）是 20 世纪 80 年代发展起来的一种连续高效的液-液分配色谱分离技术，它不需任何固态的支撑物或载体，而是利用两相溶剂体系在高速旋转的螺旋管内建立起一种特殊的单向性流体动力学平衡，其中一相作为固定相，另一相作为流动相，在连续洗脱的过程中能保留大量固定相。由于不需要固体支撑体，物质的分离依据其在两相中分配系数的不同而实现，避免了因不可逆吸附而引起的样品损失、失活、变性等，能使样品全部回收，且回收的样品能保留其本来的特性，特别适合于生物活性成分的分离。

相对于传统的固-液柱色谱技术，HSCCC具有适用范围广、操作灵活、高效、快速、制备量大、费用低等优点，正在发展成为一种备受关注的新型分离纯化技术，已经广泛应用于生物医药、天然产物、食品和化妆品等领域。

（6）大孔吸附树脂 大孔吸附树脂是一种不含交换基团、具有大孔结构的高分子吸附剂，因多孔结构而具有筛选性和表面吸附性，理化性质稳定，不溶于酸碱和有机溶剂，不受无机盐类存在的影响，在水和有机溶剂中可以吸收溶剂而膨胀。将大孔吸附树脂的吸附性和凝胶色谱（分子筛）原理相结合，可以有选择性地从天然材料水提取液中吸附、分离其中的活性成分，去除杂质。这种技术的工艺操作简便、设备简单，树脂可反复利用，成本较低，目前已经广泛地用于天然药物新药的开发和中成药的生产中，主要用于分离和提纯苷类、生物碱、黄酮类成分及抗生素成分。大孔吸附树脂的操作技术如下。

① 预处理 树脂中一般都含有残留的未聚合体、分散剂、防腐剂等，使用前应通过预处理将其除去。一般的预处理方法是：先将树脂用自来水洗2～3次后，用乙醇湿法上柱，浸泡24h→用乙醇在柱上流动清洗，至乙醇流出液与水在1∶（3～5）时无混浊→用水清洗树脂柱至流出液无醇味→5％HCl通过树脂柱，浸泡2～4h→水洗至中性→2％NaOH通过树脂柱，浸泡2～4h→水洗至中性，备用。

② 上样 将样品溶于少量水中，以一定的流速加到柱的上端进行吸附。上样液以澄清为好，上样前，样品液应做好预沉淀、滤过处理、pH调节等，使部分杂质在处理过程中除去，以免堵塞树脂床或在洗脱中混入成品。上样方法主要有湿法和干法两种。

③ 洗脱 先用水清洗以除去树脂表面或内部还残留的许多非极性或水溶性大的强极性杂质（多糖或无机盐），然后用所选洗脱剂在一定的温度下以一定的流速进行洗脱。

④ 再生 树脂使用一段时间后，吸附效果会下降。再生的目的是除去洗脱后残留的强吸附性杂质，以免影响下一次使用。再生的方法通常是：先用95％乙醇洗脱至无色→用2％HCl浸泡→用水洗至中性，再用2％NaOH浸泡，再用水洗至中性。再生后树脂可反复进行，若较长时间不用，可用大于10％的NaCl溶液浸泡，以免细菌在树脂中繁殖。一般情况下，当树脂吸附量下降30％以上不宜再使用。

四、几类生物活性成分的分离技术

下面以香菇多糖、黄酮类化合物和生物碱为例，介绍生物活性成分的提取分离技术。

1. 香菇多糖的提取、分离与纯化

香菇多糖（lentinan，LNT）是研究得较透彻的真菌多糖之一，它具有抗病毒、抗肿瘤、调节免疫功能和刺激干扰素形成等功能，是一种广谱免疫促进剂。LNT的研究开始转向药理和临床实验，目前已经开发出多种香菇多糖药物。

简单地说，香菇多糖的生产工艺是：将深层液体发酵培养的香菇菌丝体抽提、浓缩、离心透析，再浓缩、离心、洗涤、干燥。从鲜香菇提取香菇多糖，可采用常规提取法；对干香菇则采用复合酶解提取法。

（1）多糖的提取 提取多糖时，通常先根据多糖的存在形式及提取部位不同，决定在提取之前是否作预处理。含脂高的原料，常采用丙酮、乙醚、乙醇等进行脱脂处理。多糖是水溶性物质，一般使用热水浸提法。近年来，一些新的提取方法显著提高了多糖的提取得率。

①　溶剂提取　由于酸性条件可使多糖的糖苷键断裂，一般不采用酸性试剂，而是用稀碱、盐溶液来提取多糖。

②　超声波和微波提取　除前述的超声波提取外，多糖还可以用微波提取。微波辐射能使生物材料的细胞组织吸收微波能，温度迅速上升，细胞膨胀破裂，有利于提取活性成分。因此，微波提取对活性成分破坏小、提取效率高、溶剂少、能耗低、无污染，兼有杀菌作用、设备廉价等优点。

③　酶法提取　利用生物酶可以破碎细胞，有助于多糖的提取。与单纯热水浸提等其他方法相比，采用复合酶提取香菇多糖，多糖含量可以提高 4 倍。

（2）多糖的分离　香菇的提取液，一般都是黏稠浸膏状的产品，需要进一步分离。由于多糖类化合物难溶于有机溶剂，因此通常采用醇沉的方法将多糖分离出来，同时除去一些小分子杂质。

（3）多糖的纯化　醇沉分离得到的多糖，还含有许多杂质需要除去。一般是先利用多糖难溶于有机溶剂的特性，用乙醇或丙酮反复沉淀、洗涤，除去一部分醇溶性杂质，再对颜色较深的提取液进行脱色，分离多糖溶液中的蛋白质杂质。

①　多糖脱色　从菌类、植物中提取的多糖溶液，一般颜色较深，影响多糖的纯度。多糖脱色是多糖纯化的一个关键工艺，常用的脱色方法有 H_2O_2 法、活性炭法和离子交换树脂法等，现在主要采用活性炭吸附脱色。

②　除蛋白质　蛋白质和多糖同属于生物大分子物质，易溶于水，不溶于醇。因此采用水提醇沉分离多糖时，两者混合在一起被沉降下来。从多糖中分离蛋白质的方法主要有 Sevag 法、三氟三氯乙烷法、三氯醋酸法等化学方法。目前分离蛋白质的主要方法是 Sevag 法，即利用蛋白质在氯仿中变性的特点，将氯仿：戊醇＝5：1 或 4：1 的双溶剂体系按 1：5 加入到多糖提取液中，经剧烈振摇后离心，蛋白质因与氯仿-戊醇生成凝胶物而分离，再分去水层和溶剂层交界处的变性蛋白质。Sevag 法条件温和，但是效率不高，一般要脱除 5 次左右方可除尽蛋白质。所以，通常将酶法与 Sevag 法结合，先用酶将蛋白质水解，再用 Sevag 法，通过透析、凝胶过滤或超滤除去蛋白质。

③　多糖的分级　多糖脱色和除蛋白后，还要进一步纯化和分级。采用一般方法提取得到的多糖，往往是多糖的混合物，即含有多种不同化学组成、聚合度、分子形状的糖成分，分子量的分布很宽，而活性成分可能只是其中一定分子量范围的多糖，因此还需要分离单一组分或较窄分子量范围的多糖成分。多糖分级的方法主要有分级沉淀法、凝胶柱色谱法、离子交换柱色谱法、超滤分离法等。

分级沉淀利用各多糖成分的分子大小和溶解度不同而实现分离，常用的有两种类型：有机溶剂和季铵盐法。前者利用多糖在有机溶剂中溶解度极小的特点，使用不同浓度的有机溶剂分次沉淀，将不同的多糖成分进行分级，最常用的有机溶剂是乙醇和甲醇；后者利用溴代十六烷基三甲胺能与酸性多糖形成不溶于水的盐，从而将酸性多糖从中性多糖中分离出来。

凝胶柱色谱是根据多糖分子量大小和形状不同进行分离，常用的凝胶有葡聚糖凝胶和琼脂糖凝胶。不同类型的凝胶可分离不同分子量的多糖，如先用 Sephadex G-50 分离相对分子质量小于 1 万的多糖，再用 Sephadex G-150 进一步分离。

离子交换柱色谱法和超滤分离法等如前所述。

（4）多糖的鉴定　香菇多糖的鉴定多采用蒽酮法，此法快速、简便、准确，便于工厂应用和推广；而酚硫酸法、费林试剂法、铜试剂法虽较准确，但操作麻烦，只适用于实验室。

知识链接

　　自 1939 年 White 和 Gautheret 建立植物组织培养技术以来，科学家们开始利用生物技术来获得天然活性成分。最早成功利用组织培养进行工业化生产的化合物是 1982 年日本培养紫草细胞以获得紫草宁，其后人参（1991）、茜草（1995）细胞培养物代谢成分商业化相继成功。近年来，紫杉醇、青蒿素、长春碱以及一些海洋生物活性成分等是生物技术方法生产天然活性成分的热点。现在，利用生物技术获得和改造天然活性成分，已成为药物活性成分研究的一个重要趋势。

2. 黄酮类化合物的提取分离

　　黄酮类化合物是一类在植物界中分布广泛、具有多种生物活性的多酚类化合物。例如，白果双黄酮和葛根总黄酮等，对心血管疾病有治疗作用；竹叶黄酮具有优良的抗自由基、抗氧化、抗衰老、降血脂、免疫调节、抗菌等生物学功效，在人类营养、健康和疾病防治中有着广阔的应用前景。自 1965 年发现银杏叶中含有降低胆固醇的活性成分以来，对银杏叶中黄酮类成分的药理、药效与应用方面的研究一直是热点。有些黄酮类成分已正式投入药物生产，如槲皮素片、黄芩苷片和银杏叶制剂等。

　　（1）黄酮类化合物的提取

　　① 溶剂法　溶剂萃取是最常用的方法。所用的溶剂包括水和有机溶剂，提取方法主要有浸渍、渗漉、煎煮、回流和连续提取等。其中，水提法适于黄酮苷类成分，但提取率低，提取物中杂质（如无机盐、蛋白质、糖类等）较多，后续分离麻烦，现在很少单一使用该法；黄酮类化合物大多具有酚羟基，易溶于碱水，酸化后又可沉淀析出，因此可用碱性水（碳酸钠、氢氧化钠、氢氧化钙水溶液）或碱性稀醇（50%乙醇）浸出，浸出液经酸化后再沉淀析出；还可以根据黄酮类化合物与杂质极性不同，选择合适的有机溶剂进行提取，常用的溶剂有乙酸乙酯、丙酮、乙醇、甲醇等。

　　应根据不同的原料选择不同的溶剂材料。一般来说，选择碱性水或碱性稀醇提取时，酸碱性不宜过强，以免强碱在加热时破坏黄酮，也防止在酸化时生成盐，使析出的黄酮又复分解，影响收得率。例如，氢氧化钠水溶液的浸出能力高，但杂质较多，不利于纯化；当材料（如花和果实）含有较多的果胶、黏液质、鞣质及水溶性杂质时，宜采用石灰水，使这类杂质生成钙盐而沉淀滤除，但浸出效果不如氢氧化钠水溶液好，同时有些黄酮类化合物也能与钙结合成不溶性物质被滤除。一般的游离苷元，难溶或不溶于水，但易溶于甲醇、乙醇、乙酸乙酯、乙醚、丙酮、石油醚等有机溶剂及稀碱液中，黄酮苷类易溶于水、甲醇、乙醇等强极性的溶剂中，故浓度 90%～95% 的乙醇适宜提取黄酮苷元，60% 左右的乙醇适宜提取黄酮苷类。

　　② 超临界流体萃取法　主要指超临界 CO_2 萃取。超临界 CO_2 是非极性溶剂，对非极性和分子量很低的极性物质表现出很好的溶解性，但对极性较强的物质溶解能力不足。虽然增大密度能使其溶解能力提高，但增大密度需提高萃取压力，这将使萃取设备的费用显著增加，不适于大规模生产。因此，在实际操作中常同时加入另一种物质以改变超临界 CO_2 的极性。例如，从甘草中提取黄酮类化合物，用 CO_2-水-乙醇溶剂体系可萃取出极性较小的甘草查耳酮，以及极性较大的甘草素和异甘草素。

　　③ 酶解法　酶能够充分破坏以纤维素为主的细胞壁结构及其细胞间相连的果胶，使植物中的果胶完全分解成小分子物质，减小提取的传质阻力，使植物中的黄酮类物质能够充分

地释放出来，对于一些被细胞壁包围不易提取的黄酮类化合物原料比较实用。

④ 微波法 微波法浸出时材料细粉不凝聚、不糊化，操作简单，反应高效，产率高，产物易提纯。

（2）黄酮类化合物的分离纯化

① 色谱法 包括柱色谱、薄层色谱、纸色谱，以及高效液相色谱和高速逆流色谱。

柱色谱法中，常用的有聚酰胺柱色谱、硅胶柱色谱和葡聚糖凝胶柱色谱三种。聚酰胺柱色谱的分离效果好，样品容量大，但洗脱速度慢，吸附损失较大（有时高达 30％），装柱时应先用 5％甲醇或 10％盐酸预洗，除去低聚物杂质。硅胶柱色谱主要用于分离极性较低的黄酮类化合物，如异黄酮、黄烷类、二氢黄酮（醇）、高度甲基化或乙酰化的黄酮和黄酮醇，由于黄酮类化合物易与硅胶中的金属离子络合而不能被洗脱，应事先用浓盐酸处理硅胶，除去金属离子。葡聚糖凝胶在分离游离黄酮时，主要靠吸附作用，吸附程度取决于游离酚羟基的数目，游离酚羟基的数目越多越难以洗脱；而在分离黄酮苷时，则主要靠分子筛的作用，分子量的大小或含糖的多少决定化合物的被洗脱顺序，分子量越大，连的糖越多，越容易洗脱。葡聚糖凝胶主要有 Sephadex LH-20 和 Sephadex G 两种型号，可以反复使用且没有损失，其中 Sephadex LH-20 适用于从纸色谱分析、硅胶及聚酰胺柱色谱中分离出来的黄酮类化合物糖苷配基及糖苷的最终纯化。

薄层色谱法分为离心薄层色谱和制备性薄层色谱。前者分离速度快、处理量大，可以替代制备性薄层色谱，有时甚至能替代柱色谱；后者适宜小处理量的纯化。

纸色谱法适于分离各种类型黄酮类化合物及其苷类的复杂混合物，分离的处理量可大可小，所需设备和材料的费用比较少。

HPLC 在使用中，正相系统的固定相主要有硅胶柱和氨基柱，反相系统的固定相常用 C_{18}柱、C_8柱、苯基柱、氨基柱及 C_2柱等，而流动相一般用甲醇-水或乙腈-水系统，并加入少量的酸（如乙酸、磷酸、甲酸及磷酸二氢钾）来改善分离效果。虽然 HPLC 比纸色谱、柱色谱、薄层色谱的分离效果更理想，但分离成本较高，所以实际上多用于黄酮类化合物的定性检测、定量分析或少量样品的制备等。

高速逆流色谱法也常用于分离黄酮类化合物。其中适用于分离黄酮（醇）的溶剂系统为氯仿-甲醇-水、正丁醇-醋酸-水、氯仿-正丁醇-甲醇-水；适用于分离异黄酮的溶剂系统有氯仿-甲醇-水；分离双苯吡酮的溶剂系统有氯仿-甲醇-水。

② 梯度 pH 值萃取法 黄酮类化合物中有酚羟基的取代而显酸性，并且由于羟基的数目和位置不同，酸性强弱也不同，利用这一特性，将植物提取的总黄酮溶于有机溶剂中，依次按弱碱至强碱，从稀碱至浓碱的水溶液的顺序进行萃取，就可以将黄酮按较强酸性至较弱酸性的顺序分别萃取出来。

③ 金属试剂络合沉淀法 此法利用铝盐、铅盐、镁盐能与具有邻二酚羟基结构的黄酮类化合物形成配合物沉淀，可以把它们与其他化合物分开，加酸解离还原。如前述的铅盐沉淀法，即用醋酸铅饱和水溶液来沉淀黄酮类物质。

④ 活性炭吸附法 该方法适用于纯化黄酮苷，尤其是初步纯化水或甲醇水提取的植物粗提物中的黄酮苷非常有效。先将植物原料用水煎煮（也可直接用甲醇提取），水煎液浓缩至稠浆状，加入甲醇溶解，过滤，于滤液中分次加入活性炭，检查直至溶液无黄酮反应为止。过滤，将吸有黄酮的活性炭依次用沸甲醇、沸水及 7％苯酚水溶液（即室温下饱和水溶液）洗脱，即得总黄酮。

此外，还可以应用超滤、微滤、纳滤和反渗透等膜分离法，以及超临界流体萃取分离法。

（3）黄酮类化合物的含量测定

① 分光光度法 利用黄酮类化合物结构上的酚羟基及其还原性羰基能够与金属盐试剂形成有色配合物原理，可进行含量的测定。该法设备价廉，操作简便，但样品未经分离纯化，容易受花色素、酚酸及其他酚性成分的干扰，误差较大，结果高于实际含量。

② 高效液相色谱法 HPLC 已成功应用于黄酮类化合物的分析，以 C_{18} 柱与 C_8 柱最为常用。由于黄酮类化合物常带有酚羟基，在水中会部分解离，而未解离的羟基与固定相作用较强，从而导致拖尾，所以黄酮类的反相高效液相色谱中需要加入酸调节 pH 值以抑制解离克服拖尾现象。

③ 薄层扫描法 样品经薄层色谱分离后，直接在薄层扫描仪上，在选定的波长范围内扫描，得到薄层斑点的面积积分值，再由回归方程计算含量。该法不受其他成分干扰，方法简便、准确。

④ 毛细管电泳法 毛细管电泳法具有速度快、选择性高、分离效率高、经济及样品前处理简单、进样体积小、溶剂消耗少和抗污染能力强等优点。

 能力拓展

一种先进的技术方法的突破，往往可以极大地推进该学科的发展。寻找简单易行、选择性强、可定向分离目标化合物的方法，是天然药物研究的重要内容之一。天然药物的一般研究路线为：提取→粗分离（不同极性的几个部分）→药理筛选→分离活性部位（或单体）→结构鉴定→构效关系研究/药理作用（机理）研究。

3. 生物碱的提取分离

生物碱是指一类含氮杂环的有机物，具有碱性和显著的生理活性。目前从植物中分离出的生物碱有五六千种，一些生物碱因具有抗癌、抗肿瘤及低毒性、低成本的特性，成为近年来天然药物开发的热点。生物碱的溶解性能是提取与纯化的重要依据。按照在不同极性溶剂中的溶解性，生物碱可分为亲脂性和水溶性两大类。亲脂性生物碱的数目较多，绝大多数叔胺碱和仲胺碱都属于这一类，易溶于极性较低的有机溶剂（如苯、乙醚、氯仿等），在亲水性有机溶剂（如丙酮、低碳醇）中亦可较好溶解，但在水中的溶解度非常小。水溶性生物碱的数目较少，主要指季铵碱，易溶于水和酸碱溶液，亦可在极性大的有机溶剂中溶解（如醇溶剂等），但在低极性有机溶剂中几乎不溶解。大多数生物碱可与酸结合成盐而溶于酸中，在碱性条件下又可以成为游离态。一般来说生物碱的盐易溶于水和低碳醇，难溶于有机溶剂。

（1）生物碱的提取 传统的提取方法可分为静态方式（如煎煮、浸渍）和动态方式（如回流、渗漉）。其中，较为常用的是常温浸渍和常温渗漉，例如采用 0.5% 的硫酸溶液对中药材黄连的提取。但传统方法存在能耗大、有效成分损耗大、杂质较多、效率较低等问题。近年来一些新技术的应用，大大提高了效率，降低了能耗，如超声波提取、微波萃取和 CO_2 超临界流体萃取。

（2）生物碱的分离纯化 经过溶剂提取后的生物碱溶液除生物碱及盐类之外，还存在大量其他脂溶性或水溶性杂质，需要进一步纯化处理。通常使用的是有机溶剂萃取、色谱和树脂吸附。

有机溶剂萃取是生物碱纯化的经典技术，亲脂性生物碱使用非极性和低极性有机溶剂，如苯、乙醚、氯仿等；水溶性生物碱使用极性较大的有机溶剂，如乙酸乙酯、丁醇等。

色谱法（层析法）中常用吸附柱色谱来纯化生物碱成分，吸附剂多使用硅胶和氧化铝。硅胶的使用范围比较广，可用于极性和非极性生物碱的纯化。氧化铝（Al_2O_3）包括碱性、中性和酸性3种，其中碱性和中性的氧化铝适用于分离酸性较大、活化温度较高的生物碱类成分。Al_2O_3的粒度对分离效率有显著影响，一般粒度范围在$100\sim160$目，低于100目分离效果差，高于160目则溶液流速慢。

用离子交换树脂吸附时，按照生物碱的性质常选用强酸型阳离子交换树脂，将酸化的生物碱提取液通过树脂，生物碱盐的阳离子交换到树脂上而与其他成分和杂质分离，交换后的树脂用氨水碱化，可得到游离态生物碱，等树脂晾干后视生物碱的亲脂或亲水性质，再用相应的溶剂进行提取得到总生物碱。也可使用大孔树脂吸附。

近年来，一些新技术如分子印迹、膜分离技术得到较快的发展，相继应用在生物碱的分离，大大简化了过程、提高了纯化效率。

●■ 思考与练习 ■●

1. 生物活性成分提取分离的传统方法有哪些？缺点是什么？

2. 在提取天然药物成分时，常用的溶剂提取工艺有哪几种？请简述浸渍和渗漉工艺的区别。

3. 请至少举出4种影响溶剂提取的工艺因素。

4. 什么是半仿生提取？

5. 请简述乳化作用对天然生物活性成分提取分离的影响。

6. 铅盐沉淀法是分离某些天然药物活性成分的经典方法，请简述其操作过程。

7. 提取香菇多糖时，怎样才能将各多糖成分进行分离？

8. 传统的生物碱提取方法有哪些？

第二节　动植物材料中典型药物活性成分及开发的动植物药物

动植物材料中典型药物活性成分主要有多糖类、氨基酸及蛋白质类、油脂类、生物碱类、黄酮类、皂苷类、醌/酮类、甾类和萜类成分等。

一、动植物材料中典型药物活性成分

1. 多糖类

多糖是一种广泛存在于动植物、微生物、地衣、海藻中的生物大分子物质，种类繁多，来源广泛。多糖作为药物始于1943年，研究较早的从细菌中得到的荚膜多糖在医学上主要用于疫苗，作为广谱的免疫促进剂而引起人们的极大兴趣是在20世纪60年代以后。人们逐渐发现多糖具有复杂的、多方面的生物活性和功能：多糖具有免疫调节功能，可作为广谱免疫促进剂，可用于治疗风湿病、慢性病毒性肝炎、癌症等免疫系统疾病，甚至能抗HIV病毒；还具有抗感染、抗辐射、抗凝血、降血脂和促进核酸与蛋白质的生物合成作用；能控制细胞分裂和分化；调节细胞的生长与衰老。常见的药用多糖有香菇多糖、螺旋藻多糖、栀子多糖、人参多糖、黄芪多糖、虫草多糖、枸杞多糖、岩藻多糖、桑黄多糖、灵芝多糖和猪苓多糖等。

多糖是由10个以上单糖残基通过糖苷键连接而形成的聚合物，根据多糖上取代基的不

同，可将多糖分为普通多糖、酸性多糖、氨基多糖、络合多糖和改性多糖。

（1）普通多糖 普通多糖即单糖残基上的羟基未被取代的多糖，如白及中对皮肤、黏膜有保护作用的白及胶（又称白及甘露聚糖），香菇中的抗肿瘤成分香菇多糖，人参根中具抗肿瘤活性的中性多糖 GR-5N。

（2）酸性多糖 酸性多糖指糖链上有酸性基团取代的多糖，常见的酸性基团是羧基和硫酸酯基。羧基取代多糖即醛酸多糖，如柴胡根中的柴胡多糖，能明显抑制盐酸-乙醇引起的急性胃溃疡。硫酸多糖中含硫酸酯基，易与含正离子的大分子如一些酶、生长因子等结合，产生多种生理活性。例如，墨角藻中的复合硫酸多糖——岩藻多糖具有体外 HIV 抑制活性；褐藻中的硫酸多糖能促进正常及免疫低下小鼠的免疫能力；从动物组织（猪皮、驴皮等）提取的硫酸皮肤素（又称硫酸软骨素 B），也属于氨基多糖，具有抗凝、抗栓、抗炎、抗病毒、抗增殖以及保护血管壁等活性；梅花鹿鹿茸中的鹿茸多糖（含硫酸酯基 5.8%）具有抗胃溃疡、提高免疫功能等活性。

（3）氨基多糖 氨基多糖又称黏多糖，如甲壳素具有直接抑制肿瘤细胞和促进创面愈合等活性。甲壳素用 40%～60% 浓碱在 80～120℃ 加热处理数小时，可部分脱去分子中氮原子上的乙酰基成为壳聚糖，具有抗菌、降血脂、保护皮肤和黏膜等活性。

（4）络合多糖 络合多糖是指与无机元素生成配合物的多糖，如存在于许多动植物和微生物体内的硒多糖，通常具有硒和多糖的双重生理活性。银耳中的银耳多糖与硫酸铁生成配合物后，成为对红细胞膜无损伤的补铁剂。绿茶叶子中含的茶多糖，与铈（Ce^{4+}）结合后，对质粒 DNA 有一定的裂解作用。

（5）改性多糖 改性多糖是将天然多糖的结构适当衍生而得到的，多糖改性方法主要有羧甲基化、甲基化、乙酰化、硫酸酯化、生成配合物等。多糖改性后可能得到新的活性或增强原有活性。通常认为羧甲基化可增强抗肿瘤活性，硫酸酯化可增强抗病毒活性，如茯苓菌核中的茯苓多糖一般认为没有抗癌作用或作用很弱，但将其羧甲基化后则具有明显的抗肿瘤活性。

常见的其他药用多糖还有香菇多糖、螺旋藻多糖、栀子多糖、人参多糖、黄芪多糖、虫草多糖、枸杞多糖、岩藻多糖、桑黄多糖、灵芝多糖和猪苓多糖等。

2. 氨基酸、肽及蛋白质类

氨基酸组成多肽，多肽的有机结合形成蛋白质。氨基酸、肽以及蛋白质作为一大类具有多种生物活性的天然产物，具有抗肿瘤、抗病毒、抗凝血等多种作用，具有广泛的应用前景。

（1）氨基酸 有药用活性的氨基酸，如南瓜种子中的南瓜子氨酸，具有驱绦虫、防治血吸虫的作用；绿茶叶中的茶氨酸可产生 α-脑波，具有抗疲劳作用，使人产生轻松镇静的感觉，还具有降血压以及协助抗肿瘤的作用；西瓜中所含的 L-瓜氨酸为氧自由基清除剂，在体内也能促进 NO 的产生，具有提高男性的性功能作用。

（2）肽 从罂粟花粉中提取得到的 21 肽、17 肽、13 肽和 16 肽四种多肽，具有一定的提高免疫功能作用；海鞘血细胞中含有广谱抗菌活性肽；非洲爪蛙皮肤中的两个 23 肽也具有广谱抗菌活性；蝎毒多肽有抗肿瘤、镇痛、抗癫痫等作用。有关多肽的研究非常活跃，一些中药也被发现含有多种活性多肽，如梅花鹿和马鹿鹿茸中的鹿茸多肽，具有抗炎、促进表皮和成纤维细胞增殖及皮肤创伤愈合、促进骨细胞增殖及骨折愈合、促进坐骨神经再生等多种活性。

（3）蛋白质 蛋白质类天然活性成分非常多，是药用活性成分的研究热点之一。美洲商陆抗病毒蛋白是一种天然的广谱抗病毒试剂，具有核糖体失活活性和抗病毒活性，能抗多种植物病毒和动物病毒，对烟草花叶病毒（TMV）、流感病毒、脊髓灰质炎病毒、疱疹病毒和HIV都有抑制作用。老鼠拖瓜中的老鼠拖瓜蛋白质、大叶木鳖子根中的大叶木鳖子根蛋白质等粗提蛋白质有显著的抑制HIV-1作用。

生物体内氨基酸、肽以及蛋白质类活性成分的含量往往较低，运用基因工程、细胞培养等现代生物技术对这类成分进行研究与开发，有可能从根本上解决这类活性成分的来源问题。

 知识链接

> 　我国药用植物及中药材种类繁多，新版《中药大辞典》收载12807种中药材，其中药用植物11146种、药用动物1581种、矿物80种。此外，其他民族地区尚有藏药2294种、蒙药1342种、傣药1200种、苗药1000种、维药600种、彝药及羌药各百余种。这些丰富的资源为我们发现天然活性成分、研制新的天然药物奠定了良好的物质基础。

3. 油脂类

油脂类成分的种类很多，不少成分具有很强的生理活性，是新药开发的重要目标。如亚油酸、α-亚麻酸，γ-亚麻酸、花生四烯酸、二十碳五烯酸（EPA）和二十二碳六烯酸（DHA）等多不饱和脂肪酸，这些成分具有降血脂、抗衰老等活性。

月见草种子中含月见草油20%～30%，其中亚油酸约为70%、γ-亚麻酸为8%～9%。亚油酸能与胆固醇结合成酯，并可能使其转化为胆酸而排泄，防止胆固醇在血管壁上沉积；亚麻酸又名十八碳三烯酸或维生素F，具有降压、抑制血小板凝聚及抑制血栓的形成、抗脂质过氧化、降血脂、降胆固醇、抑制溃疡及胃出血、增加胰岛素分泌以及抗癌等作用。

4. 生物碱类

生物碱是一类含负氧化态氮原子的有机环状化合物，多呈碱性，在生物体内往往与酸生成盐，并以盐的形式存在。迄今，已从自然界分离、鉴定出10000种以上的生物碱类化合物，这些生物碱主要存在于高等植物的双子叶植物中，如黄连中的小檗碱类、乌头和附子中的乌头碱类、罂粟中的吗啡碱类、延胡索中的四氢苄基异喹啉类、颠茄中的莨菪碱类、苦参中的苦参碱类、长春花中的长春碱类等；单子叶植物也含有少量生物碱，如石蒜中的石蒜碱类、百部中的百部碱类、贝母中的贝母碱类等；少数裸子植物亦含有活性较强的生物碱，如麻黄中的麻黄碱类、三尖杉中的三尖杉碱类等。

许多生物碱具有显著的生理活性，如吗啡镇痛、利血平降压、喜树碱抗癌等。

随着生物技术的发展，组织培养技术的应用越来越广泛，目前，应用组织培养技术进行药物开发的生物碱有喜树碱、贝母碱、石蒜碱、石斛碱、半夏碱、长春碱、百合碱、黄连碱、罂粟碱、飞龙掌血碱、麦角碱、烟碱、三尖杉碱、萝芙木碱等。例如，喜树碱是拓扑异构酶Ⅰ抑制剂，主要存在于珙桐科植物喜树的根、树皮和果实中，含量极低。以根为例，根中喜树碱含量约0.008%，提取1kg喜树碱需要12.5t以上的喜树根为原料，原料来源十分紧张。通过化学合成方法获得喜树碱不仅难度大而且成本很高。组织培养技术为喜树碱的利用提供了新的途径。

5. 黄酮类

黄酮是泛指具有$C_6-C_3-C_6$基本骨架的芳环化合物，可分为多种亚类（见表3-4）。

表 3-4　黄酮化合物的类型及活性成分

类型	活性成分	活　　　　性	来　源
黄酮	黄芩苷	抗炎、抗菌、利胆、解热、降压、利尿	黄芩
黄酮醇	槲皮素	祛痰、止咳、降压、降血脂、抗肿瘤	银杏
二氢黄酮	橙皮苷	抗炎、抗病毒、维生素 P 样作用	陈皮
二氢黄酮醇	二氢杨梅树皮素	拮抗去甲肾上腺素和高 K^+ 所致兔胸主动脉条收缩反应	藤条
异黄酮	葛根素	抗冠心病	野葛
二氢异黄酮	紫檀素、高丽槐素	抗癌	山豆根
查耳酮	红花苷	抗脑缺血、抗衰老	红花
花色素	矢车菊素、飞燕草素	抗氧化	葡萄
黄烷-3-醇	儿茶素	抗氧化	儿茶
橙酮	硫黄菊苷	抗原虫	小叶鬼针草
双苯吡酮	异芒果素	止咳、祛痰、抗病毒	知母
双黄酮	银杏素	降血清胆固醇	银杏

　　黄酮类化合物在自然界中分布非常广泛，主要存在于高等植物中，主要分布于被子植物中。很多黄酮类化合物以糖苷的形式存在。常见的黄酮有银杏黄酮、葛根异黄酮、黄芩黄酮、芦丁、水母雪莲黄酮、红花黄酮、淫羊藿黄酮、甘草黄酮、筋骨草黄酮、沙棘黄酮和元宝草黄酮。

6. 皂苷类

　　皂苷是一类结构复杂的糖苷，苷元大多为三萜类化合物或螺旋甾烷类化合物，由多分子糖或糖醛酸以寡糖的形式与苷元缩合而成。皂苷在自然界中分布很广，以薯蓣科、百合科、五加科、毛茛科、伞形科、豆科、石竹科、远志科、葫芦科等分布最广。常见的皂苷主要有人参皂苷、西洋参皂苷、三七皂苷、竹节参皂苷、绞股蓝皂苷、薯蓣皂苷、甘草皂苷、黄芪皂苷和桔梗皂苷等。

　　皂苷具有多方面的生物活性，如抗肿瘤、抗炎、免疫调节、抗病毒、抗真菌和保肝等。常用中药如人参、三七、甘草、远志、柴胡等都含有大量皂苷，药理实验证实这些皂苷类成分是它们的主要有效成分。薯蓣皂苷水解产生的薯蓣皂苷元，还是医药工业合成甾体激素的重要原料。

　　采用现代生物技术获取活性皂苷类成分的生产，研究得较深入的是人参皂苷。国外已经实现人参皂苷工业化生产。我国也已经开始了人参的组织培养研究，取得较大进展，人参组织培养干物质产量达到 $15\sim20g/L$，其中粗皂苷含量达 27%。

 能力拓展

　　药物的来源不外乎两个，一是自然界，二是人工制备。来自自然界的药物为天然药物，包括中药及一部分西药；来自人工制备的药物为化学药物，包括大部分西药。天然药物主要有三种入药形式：第一种是原生药，即将原生药制成饮片，通过组方煎煮服用，其针对性强、灵活机动，但质量难以控制，保存困难，商品化难度大；第二种是粗提物或浸膏，即用原生药有效部位的提取物或浸膏制成特定剂型后应用，其工艺简单、成本低、易于商品化；第三种是从原料药中分离出有效成分，制成相应的剂型入药，其质量可靠，储存及应用方便，已成为现代医药工业产品的重要组成部分。

　　一些天然活性成分作为合成药物的先导化合物，经过一系列的化学修饰或结构改造后开发成为高效、低毒的新药，大大推动了现代医药工业的发展。

7. 醌/酮类

醌类化合物可分为苯醌类、萘醌类、菲醌和蒽醌类，酮类则泛指含羰基的化合物，醌/酮类天然活性成分与苯丙素或黄酮类相比相对较少。

苯醌类，如从朱砂根中分离的抗原虫和滴虫的密花醌；萘醌类，如从软紫草根中分离的抗菌、抗炎、抗癌的活性成分紫草素及其衍生物；菲醌类，如从丹参根中分离的具抗菌、扩张冠状动脉作用的活性成分丹参酮类化合物；蒽醌类，大黄素型蒽醌如从大黄根及根茎中分离的抗菌、抗炎化合物大黄素及其类似物等，茜草素型蒽醌如从茜草根中分离的抗氧化、抗菌、抗病毒、抗炎、具免疫活性的化合物茜草素。

二蒽酮类衍生物，如从番泻叶中分离得到的成分番泻苷 A 及其类似物具有强致泻、止血、影响血小板细胞和肝细胞及脑细胞内游离钙浓度等多种活性；萘并二蒽酮衍生物，如贯叶连翘全草中存在的具有抗抑郁、抗癌、抗病毒、抑制 HIV 逆转录酶等活性的金丝桃素等。

8. 萜类

萜类分为单萜、倍半萜、二萜、二倍半萜、三萜、四萜、多萜等。挥发油通常由单萜、倍半萜组成，还含有小分子的芳香化合物、脂肪族化合物等。

萜类活性成分也很多，单萜类如从柠檬中分离得到的抗菌成分柠檬醛、从薄荷分离得到的能使皮肤黏膜感觉清凉的薄荷醇。倍半萜类如金合欢花油中的抗菌成分金合欢醇、鹰爪根中的具强抗鼠疟原虫活性的鹰爪甲素。二萜类化合物大多具有环状结构，如维生素 A 以及穿心莲中的抗炎成分穿心莲内酯。二倍半萜类化合物在自然界分布较少，如真菌稻芝麻枯病菌中的抗癣菌、抗滴虫的化合物蛇孢假壳素 A。三萜类化合物如茯苓中利尿有效成分茯苓酸。多萜类如烟叶中的抗癌活性成分茄尼醇等。

常见的萜类有紫杉醇、青蒿素、甜叶菊苷类、苦皮素类、龙胆苦苷、银杏中的萜内酯以及雷公藤中的萜类化合物等。

9. 甾类

甾类包括植物甾醇、胆汁酸、C_{21}甾醇、昆虫变态激素、强心苷、蟾毒配基、甾体皂苷、甾体生物碱等。

植物甾醇如从白芥子中分离的具抗大鼠实验性胃溃疡的 β-谷甾醇；胆汁酸如从棕熊胆汁中分离的具降血脂、镇痉、抗惊厥作用的熊去氧胆酸；C_{21}甾醇如从青阳参根中分离的抗癫痫活性成分 otophyllosides A、otophyllosides B；昆虫变态激素如从牛膝根中分离的具促骨样细胞增殖活性的脱皮甾酮；强心苷如毛花洋地黄叶中所含的强心成分毛地黄毒苷；蟾毒配基如从中华大蟾蜍中分离的抗肿瘤成分脂蟾毒配基；甾体皂苷如从知母根中分离的具调控血管内皮细胞功能的活性成分知母皂苷 A-Ⅲ；甾体生物碱如从川贝母鳞茎中分离的镇咳活性化合物贝母甲素和贝母乙素。

10. 香豆素类和木脂素类

香豆素类化合物大多具有芳香气味，广泛存在于芸香科、伞形科、菊科、豆科、茄科等高等植物中，在动物及微生物代谢产物中也有存在。根据环上取代基及其位置的不同，常将香豆素分为简单香豆素、呋喃香豆素、吡喃香豆素及其他香豆素。香豆素类化合物具有抗HIV、抗癌、降压、抗心律失常、抗骨质疏松、镇痛、平喘和抗菌等多方面的生物学活性。香豆素类，如从当归根挥发油中分离的抗肿瘤、调节免疫的有效成分当归内酯，从蛇床子分离的抗炎、平喘、抗骨质疏松的蛇床子素。

木脂素是一类由两分子苯丙素衍生物聚合而成的天然化合物，分布较广，具有抗肿瘤、抗病毒、保肝、抗氧化、血小板活化因子拮抗活性等药理作用。木脂素类，如从中国紫杉中分离得到的具抗肿瘤、抗骨质疏松的化合物异紫杉脂素。

二、由动植物生物活性成分开发的动植物药物

天然活性物质往往具有结构新颖、活性高、副作用少的特点，是制药工业中新药研发的重要资源。许多天然来源的化合物已被发现具有独特的生理活性，可开发出一大批具有特殊治疗作用的药物。大多数动植物药的针对性强、毒副作用小，是临床上药品的主要来源之一。部分动植物药的来源及适应证列于表 3-5。

表 3-5　部分动植物药来源及其适应证

品　名	来　源	适应证	品　名	来　源	适应证
蛇毒纤溶酶	蛇毒	血栓	刺乌头碱	高乌头	疼痛
尿激酶	人尿	心肌梗死	奎宁	金鸡纳树皮	疟疾
促皮质素	脑垂体	关节炎	利血平	萝夫木	高血压
胰酶	动物胰脏	消化不良	延胡索乙素	延胡索	疼痛
硫酸软骨素	动物软骨	偏头痛、关节炎	长春碱	常春花	肿瘤
绒促性素	孕妇尿	不孕	青蒿素	黄花蒿	疟疾
猪胰岛素	猪胰脏	糖尿病	齐墩果酸	齐墩果、女贞子	黄疸性肝炎
熊胆粉	熊胆汁	肝胆疾患	黄芩苷	黄芩	慢性肝炎
小檗碱	黄连根茎	感染	地高辛	毛花洋地黄	心力衰竭
银杏黄酮	银杏叶	血管硬化	靛玉红	木兰	肿瘤
L-麻黄碱	麻黄草	哮喘、过敏	左旋多巴	油麻藤	帕金森病
喜树碱	喜树	肿瘤	紫杉醇	紫杉树皮	肿瘤
麦角碱	麦角菌	偏头痛			

●·····●思考与练习●·····●

1. 多糖广泛存在于各种动植物材料中。根据多糖取代基的不同，多糖包括有普通多糖、酸性多糖等。以下（　　）是酸性多糖。

A. 香菇多糖　　　　　B. 柴胡多糖　　　　　C. 壳聚糖　　　　　D. 银耳多糖

2. 什么是皂苷？常见的皂苷有哪些？

3. 从蛇床子中分离得到的蛇床子素属于（　　），具有抗炎、平喘、抗骨质疏松的功能。

A. 萘醌类　　　　　B. 萜类　　　　　C. 香豆素类　　　　　D. 植物甾醇类

4. 动物药主要来自动物体的哪些部位？

5. 黄酮类化合物主要分布于（　　）中。

A. 蕨类植物　　　　　B. 被子植物　　　　　C. 苔藓植物　　　　　D. 种子植物

6. 生物碱主要存在于（　　）中。

A. 藻类植物　　　　　B. 地衣植物　　　　　C. 被子植物　　　　　D. 裸子植物

7. （　　）又名十八碳三烯酸或维生素 F，具有降压、抑制（　　）凝聚及抑制血栓的形成、抗脂质过氧化、降血脂、降胆固醇、抑制溃疡及胃出血、增加（　　）分泌以及抗癌等作用。

第三节　海洋药物成分

一、海洋药物成分

海洋药物成分主要包括不饱和脂肪酸、多糖、氨基酸、多肽、蛋白质、皂苷、甾醇、萜

类、大环内酯、类胡萝卜素、聚醚化合物等，主要药理作用包括抗肿瘤、抗菌、抗艾滋病、抗病毒、防治心血管疾病、延缓衰老及免疫调节功能等。

1. 不饱和脂肪酸

多不饱和脂肪酸主要来源于海洋生物，如二十碳五烯酸（EPA）、二十二碳六烯酸（DHA）、十八碳三烯酸（又名亚麻酸）等。此外，从鲨鱼、海兔、鲸鱼、海马、海龙等体内也获得多种不饱和脂肪酸，实验表明它们均具有一定的药理活性。

课堂互动

想一想：深海鱼油中都有哪些成分？为什么深海鱼油会有保健作用？

（1）DHA、EPA、亚麻酸　　DHA 具有抗衰老、提高大脑记忆、防止大脑衰退、降血脂、降血压、抗血栓、降血黏度、抗癌等多种作用；EPA 则用于治疗动脉硬化和脑血栓，还有增强免疫功能和抗癌作用；一些鱼油中还含有少量亚麻酸，为合成前列腺素的前体，并可在体内转换成 DHA，现可用生物发酵法大量生产以供药用。

（2）前列腺素　　前列腺素（PG）为一族二十碳的多不饱和脂肪酸，自 1972 年我国从海洋生物柳珊瑚中发现天然前列腺素有 20 余种，日渐引起人们的重视。PG 具多种生理活性，与机体生长、发育、繁殖等均有密切关系，其中 PGE_2、$PGF_{2\alpha}$ 已用于避孕、催产、中止妊娠等，PGE_1 局部注射可治阳痿。

2. 多糖

多糖和糖苷参与细胞各种生命现象的调节，能激活免疫细胞，提高机体免疫功能，而对正常细胞无毒副作用。具有开发潜力的海洋多糖化合物包括螺旋藻多糖、微藻硒多糖、紫菜多糖、玉足海参黏多糖、海星黏多糖、扇贝糖胺聚糖、刺参黏多糖、硫酸软骨素、透明质酸、甲壳质及其衍生物等。

（1）螺旋藻多糖　　是从蓝藻中的钝顶螺旋藻分离提取的多糖，对肿瘤细胞有一定的抑制和杀伤作用，对正常细胞基本无影响，还有很好的抗缺氧、抗衰老、抗疲劳、抗辐射及提高机体免疫功能。螺旋藻本身无毒副作用，并可治疗溃疡、贫血、糖尿病、肝炎及视觉障碍等。

（2）紫菜多糖　　从紫菜中分离出相对分子质量约为 74000 的紫菜多糖，能促进蛋白质生物合成，提高机体免疫功能，抗肿瘤、抗突变、抗肝炎、抗辐射及抗白细胞数降低。另有降血脂、抑制血栓形成，对预防动脉硬化、改善心肌梗死具重要意义。

（3）透明质酸　　为不含硫酸基的胞外高分子多糖，可从海洋动物中提取，如鲨鱼皮、鲸鱼软骨和心脏等组织或脏器。透明质酸有保护、润滑作用，防止细菌及外力伤害。临床用于眼科手术、外伤性关节炎、骨关节和滑囊炎。又是理想的保湿剂，常用于各种化妆品。

（4）硫酸软骨素　　这是生物体内结缔组织的基本成分，分布很广，鲨鱼软骨中含量较多。由于海洋软骨鱼的种类不同，有的硫酸基含量高，即含有多硫酸软骨素，具有降低血脂、抗动脉粥样硬化和抗凝血作用，对心肌细胞有抗炎、修复作用，可用于因链霉素引起的听觉障碍，对冠心病也有一定疗效。

（5）刺参黏多糖　　为氨基己糖、己糖醛酸、岩藻糖与硫酸酯基组成的聚合物，曾制成刺参酸性黏多糖钾注射液，对肿瘤生长具有明显抑制作用，对心脑血管等栓塞性疾病的疗效不亚于肝素，对弥漫性血管内凝血也有较好的效果。

（6）海星黏多糖　　我国海星资源丰富，从陶氏太阳海星中提取的酸性黏多糖，有显著的降血清胆固醇、缓和的抗凝活性及增强免疫功能。

3. 皂苷类

许多陆地植物含有皂苷，而动物界中只有海洋棘皮动物的海参和海星含有皂苷，皂苷是它们的毒性成分。

（1）刺参苷　从刺海参中分离得到的三萜类皂苷为刺参苷 A、刺参苷 A_1 及刺参苷 C，刺参苷 A、刺参苷 C 均含磺基，刺参苷 A_1 为刺参苷 A 的脱磺基产物。刺参苷 A 含葡萄糖、木糖和 3-O-甲基葡萄糖，刺参苷 C 除含上述糖外还含半乳糖。刺参苷除有皂苷的通性（溶血、抗菌及抗霉）外，刺参苷 A 及刺参苷 C 的细胞毒性均较高，故有抗肿瘤活性，刺参苷 A 还有很强的抗放射作用。

（2）海参苷　我国海参资源丰富，已知辐肛参属、白尼参属及海参属等近 30 种的海参中均含有海参苷 A、海参苷 B（或称海参素 A、海参素 B），其苷元结构由于品种不同有些差异，但均具有抗肿瘤、抗真菌及抗放射等多种作用。

（3）海星皂苷　海星纲动物中分离得到的皂苷是甾体皂苷，一般具有抗癌、抗菌、抗炎等作用。海星皂苷的溶血作用比海参皂苷更强，稀释 100 万倍也能使鱼类死亡。从多棘海盘车中分离得到的海星皂苷 A、海星皂苷 B 能使精子失去移动能力，间接抑制卵细胞成熟，阻止排卵；从罗氏海盘车提取的总皂苷能提高胃溃疡的愈合率。

4. 氨基酸、多肽和蛋白质类

（1）褐藻氨酸　又名海带氨酸，为 2-氨基-6-三甲氨基己酸，具有降压、调节血脂及防治动脉粥样硬化的作用。曾制成褐藻氨酸二草酸盐，其降压效果更明显，能维持 4h 以上。

（2）海葵素　海葵素（AP）是从我国沿海侧花海葵属多种海葵中提取的多肽，AP-A 为 49 个氨基酸组成的多肽，其中决定其疏水性的唯一芳香残基是 23、33 位上的色氨酸。已证实 AP 具有强心作用，但其强心活性 AP-B 大于 AP-A。因海葵的来源少，不易采集，已采用海洋生物技术，以获得更多的 AP。

（3）芋螺毒素　从多种芋螺的毒液中分离出来的肽类毒素，一般含 10～30 个氨基酸残基，大多含二硫键。现已确定 40 余个毒素的序列，多样性的芋螺毒素构成了药理学探针的宝库，对研究离子通道具有重要意义。芋螺毒素不但具有海洋生物活性物质的多样性，且结构新颖、功能独特，并有高亲和力、高专一性等特点。由于其分子量低，便于作为分子模式构建、构效研究，在新药设计方面有很大应用前景。

（4）膜海鞘素　首先从被囊动物膜海鞘科动物中分离出的提取物，有强细胞毒活性，后经分离精制得膜海鞘素 A、膜海鞘素 B、膜海鞘素 C，为脂肽类环状缩肽，由肽键部分与非肽键联成。海鞘类生物活性物质有显著的抗病毒及抗肿瘤作用，可望开发为新颖的药物。

（5）海兔毒素　从海洋软体动物海兔中分离出的抗癌活性肽，其抗肿瘤机制为抑制微管聚合而使细胞周期阻滞在间期，但作用位点不同于长春碱和喜树碱类有丝分裂药物。主要用于小细胞肺癌、卵巢癌和前列腺癌等实体瘤的治疗。

（6）藻蓝蛋白　为蓝藻、红藻及隐藻中的一种水溶性蛋白色素。螺旋藻蛋白质含量高达 70% 以上，其中藻蓝蛋白为 10%，经分析含有多种氨基酸，特别是人体必需的 8 种氨基酸。藻蓝蛋白具有促进免疫系统、抑制癌细胞的作用，并有光敏作用，是一种理想的光敏剂，用于激光治癌无毒性、无副作用。

5. 甾醇

自 1970 年从扇贝中提取出 24-失碳-22-脱氧胆甾醇以及发现珊瑚甾醇以来，现已发现大量结构独特的甾醇，它们主要分布在硅藻、海绵、腔肠动物、被囊类、环节动物、软体动物、棘皮动物等海洋生物体内，尤以海绵类为多。从海绵中分离出两种新的甾醇硫酸盐 A 和 B，都具有体外抗猫白血病毒作用。

（1）岩藻甾醇　可从褐藻等多种海藻内提取，试验表明岩藻甾醇能使血液中胆固醇含量降低 83%，并可减少脂肪肝及心脏内脂肪的沉积，也有雌激素样作用。同系物异岩藻甾醇及马尾藻甾醇也有降胆固醇作用。

（2）四羟基甾醇　从南海甘蓝柔黄软珊瑚中分离得到的四羟基甾醇，具有抑制心肌收缩的作用，其速度与戊脉安相似，能缓慢下降。对心律失常伴有心动过速者，效果较好。

（3）柳珊瑚甾醇　从南海小棒短指软珊瑚中分离得到的柳珊瑚甾醇具有明显的抗心律失常和心肌缺血的作用，能舒张血管、降低血压、减慢心率及减少心肌耗氧量，有望开发成心血管疾病药物。

　知识链接

海洋占地球表面积的 71%，生物量约占地球生物总量的 87%，生物种类 20 多万种，是地球上最大的资源能源宝库。

海洋药物研究的物质基础是海洋生物。人们已涉猎的世界各大洋和海区的浅海、近海和岛礁附近的海洋生物达 22 门、1822 属和 3018 种。报道较多的海洋生物包括海绵、海鞘、软珊瑚、软体动物、苔藓虫、棘皮动物、海藻、微藻、细菌、真菌等。

随着研究范围的不断拓宽，涉及的海洋生物逐渐向远海、深海、极地、高温、高寒、高压等常规设备和条件难以获得的资源和极端环境资源方面扩展。

6. 萜类

海洋萜类化合物主要来源于海洋藻类、海绵和珊瑚动物，包括单萜、倍半萜二萜、二倍半萜、呋喃萜等类型。大多数海洋单萜化合物都含有较多卤素，这是其独特的结构特点。海洋倍半萜常见于红藻、褐藻、珊瑚、海绵等。

从红藻海头红属中分离出的含卤单萜、环状多卤单萜及含氧卤代单萜等，多数具有抗菌活性，多卤代单萜能抑制 HeLa 癌细胞。

从南海软珊瑚中提得的绿柱虫内酯二萜 C，具有明显对脑缺血损伤的保护作用，保护 SOD 活性及抑制血小板聚集等作用，有望开发为舒张脑血管及脑缺血损伤的保护药。

7. 大环内酯

大环内酯化合物大多具有抗肿瘤、抗菌活性，主要分布于蓝藻、甲藻、海绵、苔藓虫、被囊动物和软体动物及某些海洋菌类中。

海兔的污秽毒素及脱溴秽毒素，属于大环内酯类化合物，具有抗癌作用。

大环内酯化合物除疟霉素是从浅海淤泥中分离出的灰色链球菌所产生的一类抗生素，体外试验表明具有抑制革兰阳性菌作用，体内试验则有抗疟作用。

苔藓虫素是从海洋苔藓虫中分离的新型大环内酯类衍生物。目前，已发现 20 多种苔藓虫素，临床前研究表明它们具有抗肿瘤活性和免疫调节活性，另外还具有促进血小板聚集、血细胞生成等作用。

8. 类胡萝卜素

（1）β-胡萝卜素　β-胡萝卜素是含有 11 个共轭双键的多烯烃化合物，是维生素 A 的前体，对孕妇及儿童能起到补充维生素 A 缺乏的作用，有抗氧化、防治肿瘤作用，能阻止或延缓紫外线照射引起的皮肤癌，对慢性萎缩性胃炎和胃溃疡也有疗效，是最为人类需要的一种类胡萝卜素。盐藻所含的 β-胡萝卜素要比胡萝卜所含的高出上千倍，目前主要是从养殖盐生杜氏藻中生产。

（2）虾青素　主要从虾蟹中分离，但含量不高，现可从雨生红球藻的不动孢子中提取，其含量占细胞干重的 $1\%\sim2\%$，且提取相对简化。虾青素在动物体内不能转变为维生素 A，有抑制肿瘤发生、增强免疫功能等多方面的作用，其抗氧化性能较维生素 E 强 $100\sim1000$ 倍以上。与 β-胡萝卜和维生素 A 相比，虾青素对肿瘤的抑制作用最强。

9. 聚醚化合物

许多海洋毒素属于聚醚化合物，聚醚类毒素是一类化学结构独特、毒性强烈并且具有广泛药理作用的天然毒素，对心脑血管系统有较高的选择作用，主要来源于微藻，如岩沙海葵毒素、扇贝毒素、西加毒素、大田软海绵酸等。

美国佛罗里达半岛沿岸常常由于赤潮而引起大量鱼类死亡，经过十几年的研究，才从形成赤潮的涡鞭毛藻中分离到主要毒性成分短裸甲藻毒素，该化合物是一个脂溶性毒素，能兴奋钠通道，$16\mathrm{ng/mL}$ 浓度即显毒鱼作用。

二、海洋药物类型

海洋中蕴藏着极其丰富的天然产物，是人类寻找新药的最大库源。目前，已从各种海洋生物中分离获得 20000 余种海洋天然产物，新发现的化合物以平均每 4 年增加 50% 的速度递增。由于海洋生物生活在高压、高盐、缺氧、缺少光照等特殊环境条件下，因此在其漫长的进化过程中产生了与陆地生物不同的、化学结构独特的次生代谢产物。在已发现的化合物中，近一半具有各种生物活性，更重要的是超过 0.1% 的化合物结构新颖、功能独特、活性显著，已成为先导化合物或新药来源。

随着人类寿命的延长和环境污染的加剧，各种疑难疾病如心脑血管疾病、恶性肿瘤及神经退行性疾病（又称老年病）等对人类健康的威胁日益严重，人类迫切需要寻找新的、特效的药物来治疗或减缓这些疾病。同时，随着陆地资源开发的日渐广泛，人们纷纷将目光投向海洋。以海洋生物活性物质为基础，已开发出了多种针对各种疑难病症疗效显著的新型药物。

已投入应用的海洋药物，经典的例子有头孢霉素、阿糖腺苷（Ara A）、阿糖胞苷（Ara C）等，这些也是最早开发成功的现代海洋药物，广泛用于临床。头孢霉素是一类广谱抗生素，其母体化合物的生物来源是意大利撒丁岛海洋沉积淤泥中的一种真菌。抗病毒药物阿糖腺苷和抗癌药物阿糖胞苷的原型化合物是分离自加勒比海海绵中的核苷类化合物 spongothymidin 和 spongouridine。另一种来自印度-太平洋竿螺 *Conus* 的镇痛药物 Ziconotide 已成功通过Ⅲ期临床研究，于 2000 年 6 月被批准进入市场，该药的前体化合物是源于竿螺的肽类毒素。目前，国际上有 20 余种海洋天然产物或其结构类似物正在进行临床研究，多为抗癌药物，而更多的化合物则在进行临床前研究。

我国已有多种海洋药物获准上市，如藻酸双酯钠、甘糖酯、河豚毒素、多烯康、烟酸甘露醇酯、多抗佳、海力特等。在海洋多糖及寡糖类药物研究方面具有特色，如源于海藻多糖的藻酸双酯钠、甘糖酯等药物，在临床上已成功用于心脑血管疾病的防治。目前进入临床研究的国家一类新药有泼力沙滋（抗艾滋病）、D-聚甘酯（抗脑缺血）和几丁糖酯（抗动脉粥样硬化），国家二类新药有肾海康（治疗肾衰）、海生素（抗肿瘤）等。已应用于临床的海洋药物见表 3-6。

表 3-6　我国已应用于临床的海洋药物

药物名称	来源	主要成分结构类型	临床功效
藻酸双酯钠	海洋褐藻	多糖硫酸酯	抗凝血、降血黏度、降血脂
甘糖酯	海洋褐藻	低分子多糖	抗凝血、抗血栓、降血脂
海力特	昆布、麒麟菜	多糖硫酸酯	免疫调节、保肝、治肝炎
降糖宁	海藻	复方多糖	降血糖
螺旋藻	螺旋藻	脂肪酸、多糖、β-胡萝卜素等	降血脂,延缓动脉粥样硬化,增强免疫力
甲壳胺	虾、蟹甲壳	聚糖(甲壳胺)	促进创伤愈合
鱼油烯康	深海鱼类	不饱和脂肪酸	降血黏度、降血脂、降血压、抑制血栓形成
海昆肾喜	海洋褐藻	多糖硫酸酯	用于各种肾病
河豚毒素	河豚	喹唑啉类	镇痛、局麻、解痉

1. 抗肿瘤药物

海洋抗肿瘤药物在海洋药物研究中一直起着主导作用。海洋生物的多样性和特殊性为人类提供了多种结构新颖、具有抗肿瘤活性的先导化合物，是极好的新型抗肿瘤药物潜在资源。科学家预言，最有前途的抗癌药物将来自海洋。

现已发现海洋生物提取物中至少有 10% 具有抗肿瘤活性；从海洋植物获得的化合物 3.5% 具有抗癌或细胞毒活性。人们已从海绵、海鞘、软珊瑚、柳珊瑚、苔藓虫等海洋生物中分离获得了大量具有抗肿瘤活性的物质。这类物质种类繁多，活性也有所差异，主要包括核苷酸类、酰胺类、聚醚类、萜类、大环内酯类、肽类等。

最早的海洋抗肿瘤活性物质发现于贝类动物中，1964 年，人们从文蛤中提取出多糖类化合物蛤素；临床制剂海生素来自海洋贝类提取物，对癌细胞的总杀伤率为 55% 以上，同时又具有显著的免疫增强功能。膜海鞘素是第一个进入临床试验的抗癌海洋药物。阿糖胞苷是第一个人工合成的海绵尿苷类抗嘧啶药物，主要治疗急性白血病及消化道癌，它的合成成功表明：丰富的海洋天然产物不仅可直接作为药用资源，而且可作为新药研究的结构模式。

2. 降压药物

近年来，从天然产物中分离高效、低毒的抗高血压药物已逐渐成为研究的热点。以海洋生物或其代谢产物为药源的海洋降压药，具有疗效高、不产生耐药性、副作用少、能有效逆转靶器官的伤害等特点，更成为新型降压药物开发的重点。

海藻多糖及其衍生物是一类重要的降压药物。如藻酸双酯钠有明显的抗凝、解聚、降压降脂、降低血黏度及扩张血管改善微循环的作用，对血栓的形成有一定的抑制作用。其换代产品甘糖酯是一种低分子量硫酸多糖类药物，疗效高、副作用少，已成为防治心脑血管疾病的新药。值得一提的是，从海带中提取的非蛋白质氨基酸藻白金，具有特殊的降压功效，通过降低胆固醇、降低血脂、抗血小板凝聚、防止血管粥样硬化等作用，有效地预防高血压和脑出血的发生。

此外，岩藻聚糖硫酸酯低聚糖、螺旋藻多糖等藻类多糖及其衍生物也具有良好的降压作用。

3. 抗心血管药物

对具有抗心血管疾病活性物质的研究是海洋天然产物开发的又一重点。各种海洋生物代谢产生的萜类、多糖类、高不饱和脂肪酸、喹啉酮类、生物碱类、肽类和核苷类等物质，大多具有较高药理活性，可作为预防和治疗心脑血管疾病的天然化合物。这些化合物具有扩张血管、抑制血栓形成、抗凝血、抗血小板、降血脂等作用。

　　从海洋生物中分离的多糖能通过多种途径防治心血管疾病，如降低血糖、降血脂、清除自由基、抗凝、抗血栓、抗心律失常等。其中具有显著心血管药理作用的活性多糖，可研究开发成为治疗心血管疾病的海洋生物新药。如从海带中提取的多糖硫酸酯具有明显的抗凝血、降低血黏度、降血脂、抑制红细胞和血小板聚集以及改善微循环作用，而低分子量岩藻聚糖硫酸酯在降血脂和预防动脉粥样硬化形成方面具有较大的潜在应用价值。紫菜多糖、褐藻多糖硫酸酯等都具有显著的抑制血栓形成作用。

　　此外，多种海洋生物代谢产物，如岩藻甾醇、硫酸软骨素、褐藻胶及褐藻酸等，也具有一定的心血管疾病改善作用。

 能力拓展

　　许多海洋天然产物具有很高的生物活性，但由于结构特异，难以化学合成，或因自然资源有限无法大量获取。因此，药源问题是海洋药物研究开发的制约因素。运用新方法，开拓新领域，获得可人工再生、对环境无破坏、稳定且经济的药源，已成为海洋药物开发的紧迫课题。

　　解决药源的思路和方法：一是研究极端环境中的海洋生物，尤其是海洋微生物，通过发酵工程大规模获得发酵产物；二是采用海洋化学生态学研究方法，从以往对单一海洋生物进行研究、提取活性物质的思路中解脱出来，重视海洋生物与其生存环境以及周围物种的相互关系，寻找新的生物活性产物；三是利用海洋生物技术，从海洋药源生物中克隆、改造、表达活性物质的相关功能基因，以获取大量活性物质。

4. 抗病毒药物

　　病毒感染性疾病近年来在世界范围内呈现上升的趋势，病毒种类也在不断发生变异，而病毒性疾病平均每年就新增 2～3 种。随着陆地资源的开发利用和逐渐匮乏，丰富的海洋生物资源又为抗病毒新药的发现提供了广阔的资源。目前已从海绵、珊瑚、海鞘、海藻等海洋生物中分离得到萜类、核苷类、生物碱类、多糖类、杂环类等具有抗病毒活性化合物。

　　从不同海域海绵中分离的生物碱类及萜类物质分别具有抗 HIV、疱疹病毒、B 型肝炎病毒等作用。海鞘中含有的多肽系列化合物在抗肿瘤、抗病毒方面都表现出很好的药理活性，能明显抑制单纯疱疹病毒（HSV）的复制，对柯萨奇病毒 A21、流感病毒、马鼻病毒等也有显著抑制作用，但对正常细胞也表现出一定的毒性作用。从海鞘类生物中发现的化合物 cyclodidemniserinol trisulfate 在体外则可抑制 HIV-1 整合酶活性，表现出良好的抗 HIV 感染的活性。此外，从贝类、海星、海葵、藻类及微生物等多种其他海洋生物中也都发现了抗病毒活性物质。

　　第一个抗病毒海洋药物为阿糖胞苷，于 1955 年被美国 FDA 批准用于治疗人眼单纯疱疹病毒感染。抗艾滋病海洋药物聚甘古酯是我国拥有知识产权的第一个抗艾滋病国家 I 类新药，是一种活性独特、结构新颖的酯类化合物，与国外同类药物比较具有疗效显著、毒副作用小、成本低等特点，已按国家 I 类新药获准进入 II 期临床研究。

5. 抗菌、抗炎药物

　　海洋生物因其特殊的生境和代谢产物，已成为开发新型抗菌物质的重要资源。

　　目前，已从红树林植物、海绵、海藻、乌贼墨、海洋微生物等多种海洋生物中分离出具有抗菌、抗炎化合物，主要有脂肪酸类、糖酯类、丙烯酸类、苯酚类、溴苯酚类、吲哚类、酮类、多糖类、多肽类、N-糖苷类和β-胡萝卜素等。

红树林植物为我国南方海滩特有的资源，该植物本身含有的萜类、甾体、多糖和生物碱等化合物，具有抗艾滋病病毒、抗肿瘤、抑菌等活性，而从红树林上分离的真菌 *Hyposylon oceanicum* 中则含有可显著抑制人体致病真菌的脂肽类物质。此外，海藻类、海绵及海星等多种海洋生物均已发现可产生抑菌、抗炎类活性物质。

海洋微生物是抗菌物质的主要来源，约27%的微生物种属具有抗菌活性，包括链霉菌属、假单胞菌属、黄杆菌属等。

最早一批海洋药物是抗菌药物，如早已用于临床的头孢菌素类抗生素。我国在开发海洋抗菌、抗炎药物方面具有一定的优势，近期已开发了系列头孢菌素、玉足海参素渗透剂等海洋抗菌药物，海参中提取的海参皂苷抗真菌有效率达88.5%，是人类历史上从动物界找到的第一种抗真菌皂苷。

6. 其他类型药物

海洋生物资源的多样性也意味着其产物的多种药理活性和广泛用途。

海洋生物毒素是海洋天然产物的重要组成部分，其化学结构独特、生物活性强而广泛，且大多数可高度特异性地作用于神经系统和心脑血管系统，具有开发成为神经系统或心脑血管系统药物或作为重要先导化合物的潜力。

海葵毒素是从海洋腔肠动物海葵体内提取的多肽和蛋白质毒素，主要为心脏和神经毒素，电生理试验结果表明海葵毒素可作用于细胞膜，对膜表面离子通道具有强抑制活性；从岗比毒甲藻中分离的西加毒素具强心作用；来自麝香蛸唾液腺的麝香蛸毒素是迄今所知活性最强的降压物质，其效应比硝酸甘油强数千倍；蓝斑环蛸毒素、石房蛤毒素也有较强的降压作用；海兔毒素不仅有强心作用而且有很强的降压作用；河豚毒素属海洋胍胺类毒素，是钠离子通道抑制剂，具抗心律失常作用，还可用作镇痛剂代替吗啡、杜冷丁等治疗神经痛。

●•••••● 思考与练习 ●••••••••••••••••••••••••••••••••••

1. 海洋药物成分主要包括哪些？有哪些主要的药理作用？

2. 透明质酸可以从（   ）中获得。

A. 鲸鱼　　　　　　B. 扇贝　　　　　　C. 海星　　　　　　D. 蓝藻

3. 透明质酸具有哪些临床用途？

4. 许多陆地植物含有皂苷，而目前在动物界中只发现海洋棘皮动物的海参和海星含有皂苷，皂苷是它们的毒性成分，均具有（   ）功能。

A. 抗血栓　　　　　B. 抗肿瘤　　　　　C. 降血压　　　　　D. 改善微循环

5. 现已发现的海洋生物甾醇有哪些？

6. 海洋生物（   ）含有丰富的β-胡萝卜素。

A. 虾蟹　　　　　　B. 海绵　　　　　　C. 珊瑚　　　　　　D. 盐藻

实践四　甘露醇的制备与鉴定

一、实验目的

了解甘露醇的化学和物理特性；

掌握从海带中分离提纯甘露醇的原理和操作方法。

二、实验原理

甘露醇又名己六醇，在医药方面具有重要作用。甘露醇具有高渗透压，在烫伤、烧伤、脑外伤、脑肿瘤以及其他外科手术上，可用来降低颅内压、眼内压，消除脑水肿、大面积烧伤和烫伤产生的水肿，并有利尿作用，防止肾脏衰竭，治疗青光眼以及中毒性肺炎、循环虚脱症等。硝酸甘露醇具有降压平喘效果，对治疗冠心病有一定疗效；烟酸甘露醇可降低胆固醇，治疗高血压及动脉硬化症，具有促进脂肪代谢与扩张血管作用。以甘露醇为原料制成的六元醇硝酸酯，具有扩张血管的功效。另外，甘露醇可用作糖尿病患者的食糖代用品。

甘露醇为白色针状晶体，无臭，略有甜味，不潮解。易溶于水，溶于热乙醇，微溶于低级醇类和低级胺类，微溶于吡啶，不溶于有机溶剂。在无菌溶液中较稳定，不易被空气所氧化，熔点166℃。

甘露醇在海藻、海带中含量较高。海藻洗涤液和海带洗涤液中甘露醇的含量分别为2%与1.5%，是提取甘露醇的重要资源。

三、实验用品

1. 仪器与材料

pH试纸，电炉，布式漏斗，抽滤瓶，回流装置。

2. 试剂

海带（市售），30% NaOH，硫酸（1:1），95%乙醇，粉末活性炭，1mol/L三氯化铁溶液，1mol/L NaOH溶液。

四、实验步骤

1. 浸泡、碱化、酸化

将海藻或海带加20倍量自来水，室温浸泡2～3h，浸泡液套用作第二批原料的提取溶液，一般套用4批，浸泡液中的甘露醇含量已较高。收集浸泡液用30% NaOH调 pH10～11，静置8h，凝集沉淀多糖类黏性物，待海藻糖液、淀粉及其他有机黏性物充分凝聚沉淀，虹吸上清液，用1:1 H_2SO_4 中和至 pH6～7，进一步除去胶状物，得中性提取液。

2. 浓缩、醇洗

用直火或蒸汽加热至沸腾蒸发，温度110～150℃，大量氯化钠沉淀，不断将盐类与胶污物捞出，直至呈浓缩液，取小样倒于玻璃板上，稍冷却应凝固。将浓缩液冷却至60～70℃趁热加入95%乙醇（2:1），不断搅拌，渐渐冷却至室温后，离心甩干除去胶质，得灰白色松散物。

3. 提取

取松散物，加入8倍量的95%乙醇加热回流30min，静置一昼夜，2500r/min离心甩干，得白色松散甘露醇粗品，同上操作，乙醇重结晶一次。

4. 精制

甘露醇粗品加适量蒸馏水加热溶解，再按5%质量比加入粉末活性炭，不断搅拌，加热至沸腾，趁热过滤（或压滤），用少许水洗活性炭2次，合并洗滤液（如有混浊重新过滤），高温浓缩至浓缩液相对密度1.2左右时，在搅拌下冷却至室温，低温结晶，抽滤至干，得到结晶甘露醇，烘干得甘露醇成品。

5. 鉴定

取所制得的甘露醇成品饱和溶液1mL，加1mol/L三氯化铁溶液与1mol/L NaOH溶液各0.5mL，即生成棕黄色沉淀，振摇不消失，滴加过量的1mol/L NaOH溶液，即溶解成棕色溶液。符合此现象，可初步断定为甘露醇。

五、结果与讨论

① 称重计算甘露醇的得率。

② 讨论影响甘露醇得率的因素。

③ 想一想：从海带中还能制备哪些生物活性成分？

 技能要点

对生物活性成分进行提取，最常用的是溶剂萃取法，所用溶剂包括水和有机溶剂，提取方法主要有浸渍、渗漉、煎煮、回流和连续提取。这些传统方法具有许多缺点，如使用大量有机溶剂、产生的废液废渣污染环境、残留溶剂影响产物的质量和稳定性；提取效率低、步骤多、选择性差；提取温度高、时间长，易造成热敏性成分分解和挥发性成分损失。新型的提取技术如微波萃取技术、树脂吸附分离技术、超声提取法、超临界流体提取法、膜分离技术、酶解提取法等，具有提取效率高、与环境友好、容易实现连续操作、适合大规模工业生产要求等优点。

每种提取分离方法只适合于特定的情况，应根据目的产物的理化性质来选择合适的提取方法。既要发展新方法，也要重视对传统方法的改进，将多种方法联合起来、取长补短乃是未来发展的方向。

动植物材料中典型药物活性成分主要有多糖类、氨基酸及蛋白质类、油脂类、生物碱类、黄酮类、皂苷类、醌/酮类、甾类和萜类成分等，具有多种多样的生物活性和药用价值，其来源包括植物、动物、微生物、海洋生物、内源性生物活性物质、中草药等。

天然药物主要是指来源于动植物及其他生物、具有明确治疗作用的单一组成或多组分药物。中药主要来源于动植物、微生物及矿物，亦属天然药物。其中的动植物药是中药的主要组成部分，是根据动植物有效成分的主要理化性质及原料特点，进行提取及分离而形成的药物。动物药主要以动物的腺体、组织、器官或代谢物为原料而制取。植物药是从植物的根、茎、花、皮、叶或果实中制取的药物。

海洋中蕴藏着极其丰富的天然产物，可以作为药物先导成分或新药来源。海洋药物成分主要包括不饱和脂肪酸、多糖、氨基酸、多肽、蛋白质、皂苷、甾醇、萜类、大环内酯、类胡萝卜素、聚醚化合物等，其药理作用包括抗肿瘤、抗菌、抗病毒，防治心血管疾病，延缓衰老及免疫调节功能等。已应用的典型海洋药物有头孢霉素、阿糖腺苷、阿糖胞苷等。

模块三　生化反应制药

第四章　发酵工程技术与发酵药物

 学习目标

【学习目的】　学习发酵工程技术的概念、发酵工程制药的一般工艺流程及技术特点，认识主要的发酵技术药物，了解主要的发酵技术药物的生产工艺。

【知识要求】　了解发酵工程技术的概念，掌握发酵工程制药的一般工艺流程及技术特点，熟悉主要的发酵技术药物及其生产工艺。

【能力要求】　掌握发酵工程制药的一般工艺流程及技术特点，熟悉发酵工程技术在制药领域中的应用。

第一节　发酵工程制药技术

一、发酵工程技术的概念

1. 发酵工程的概念

"发酵"（fermentation）一词来源于酵母菌作用于果汁或发芽谷物，获得酒精并产生二氧化碳的现象。法国人巴斯德最早探讨了酵母菌酒精发酵的生理意义，提出发酵是酵母菌在无氧状态下的呼吸过程，即无氧呼吸，是生物获得能量的一种方式。

从微生物学的观点来看，发酵是指微生物细胞将有机物氧化释放的电子直接交给中间产物、释放能量并产生各种不同的代谢产物。发酵过程中，有机物只是部分地被氧化，释放出部分能量；有机物的氧化与还原偶联在一起，被还原的有机物来自于初始的分解代谢，不需要外界提供电子受体；发酵的种类很多；可发酵的有机物有糖类、有机酸、氨基酸等，其中以微生物发酵葡萄糖最为重要。

在生物化学方面，发酵被定义为无氧条件下，底物在酶催化下脱氢后所产生还原力[H] 不经过呼吸传递而直接交给中间代谢产物的一类低效产能反应。

现在，人们把利用微生物在有氧或无氧条件下的生命活动来大量生产或积累微生物细胞和各种代谢产物的过程统称为发酵，一般指利用微生物制造工业原料或工业产品的过程。发酵可以在无氧或有氧的条件下进行。前者如酒精发酵、乳酸发酵和丙酮、丁醇发酵，后者如抗生素发酵、醋酸发酵、氨基酸发酵和维生素发酵等。

发酵工程技术，简单地说，就是利用发酵来制造工业原料或工业产品的工程技术，即利用微生物的发酵现象，通过现代工程技术手段（主要是发酵罐的自动化、高效化、功能多样化和大型化）来生产各种特定的有用物质，或者把微生物直接用于某些工业化生产的一种生物技术。发酵工程是化学工程与生物工程相结合的产物，将微生物学、生物化

> **课堂互动**
>
> 想一想：酿醋、制酒、发面制面包都属于什么类型的发酵，这些发酵与氨基酸、抗生素的发酵有何不同？

学、化学工程等的基本原理和技术有机地结合在一起，利用微生物的发酵进行规模化生产，实现生物制造的产业化。

近年来，微生物的发酵工程技术得到了长足发展，并随着基因工程技术、组织细胞工程技术研究发展，在动物细胞培养、植物细胞培养等方面得到应用。有时，也将动物细胞、植物细胞的规模化培养过程，与微生物发酵过程一道，简称为生物细胞培养（反应）过程或者是发酵过程。

发酵工程技术在生物医药、生物化工、食品加工等众多领域中有着广泛的应用。目前，临床应用的发酵技术药物已经达到近百种，加上半合成产品有 200 余种，产值约占医药工业总产值的 15%。

2. 发酵工程的类型

从化工的角度来说，发酵工程是以细胞为催化剂的化学反应工程，但习惯上，人们将其视为微生物工程的代名词，很多书也将其称为微生物工程。所以，发酵工程中的许多内容和特点都是依据微生物的代谢反应来阐明的，例如生产菌种的选育、发酵工艺的类型与条件优化控制、反应器设计、发酵产物分离、产品纯化精制等。目前，已知具有生产价值的发酵类型大约有以下几种。

① 微生物菌体发酵　以获得微生物菌体为目的。如用于面包制作的酵母发酵、单细胞蛋白发酵，以及香菇类与天麻共生的密环菌、产名贵中药茯苓的茯苓菌、含灵芝多糖的灵芝菌、虫草等药用真菌等。通过发酵生产，可以获得与天然药用真菌具有同等疗效的药用产物。

② 微生物酶发酵　酶普遍存在于各类生物体中。微生物具有种类多、产酶面广、生产容易、成本低等特点，在工业上有着越来越广泛的应用。如淀粉酶、糖化酶用于葡萄糖的生产，青霉素酰化酶用来生产半合成青霉素的中间体 6-氨基青霉素等。

③ 微生物代谢产物发酵　这种发酵类型的应用最多，目前已知的微生物代谢产物中，大部分都属于药物，如氨基酸、核苷酸、蛋白质、糖类等都是细胞生长繁殖所必需的，称为初级代谢产物；在微生物生长过程中，往往能产生一些与细胞生长没有直接关系的产物，如抗生素、生物碱、细菌毒素、植物生长因子等，称为次级代谢产物。次级代谢产物可以赋予细胞一些特殊的功能，如抗生素具有广泛的抗菌、抗病毒、抗癌等生理活性作用。近年来，基因工程技术快速发展，通过基因操作技术，获得"工程菌株"或者"杂交细胞"，再进行发酵培养以获得特定产物（如胰岛素、干扰素、单克隆抗体等），也属于这一类发酵。

④ 微生物转化发酵　即利用微生物细胞的一种或多种酶把一种化合物转化成结构相关的更有经济价值的产物，如将甾体、薯蓣皂苷转化成副肾上腺皮质激素、氢化可的松等，这一类发酵类型又称为酶工程技术。

二、发酵工程的发展

其实，早在几千年前，人们就利用自然发酵现象，从事酿酒、酱、醋、奶酪等产品的生产，

发酵多在厌氧状态下进行，是非纯种培养、凭经验操控的天然发酵过程，产品质量不稳定。

自显微镜发明以后，人们对微生物的认识逐渐深入。19世纪中叶，法国人巴斯德通过实验证明了发酵原理，明确了不同的特定微生物能引起不同类型的发酵。此后，微生物的纯种分离、培养技术逐步建立起来，使发酵技术从天然发酵转变为纯粹培养发酵，并发展了消除杂菌、有利于纯种培养的密闭式发酵罐与灭菌设备，开始乙醇、甘油、丙酮、丁醇、乳酸、柠檬酸等的微生物纯种发酵生产。

第二次世界大战期间，青霉素的发现与大量生产，极大地推动了发酵工程技术的发展，链霉素、金霉素等抗生素相继问世，抗生素工业迅速崛起。微生物液态深层发酵技术就是在这段时间建立起来的，并成为发酵工程技术发展的里程碑之一。随后，基础生物科学如生物化学、酶化学、微生物遗传学等学科获得了飞速发展，带动了发酵工程技术取得两个显著进步：一是采用微生物进行甾体化合物的转化技术，二是以谷氨酸发酵为代表的代谢控制发酵技术。微生物代谢调控技术在发酵工程中得到广泛应用，成为发酵工程发展的又一个里程碑，几乎所有的氨基酸和核苷酸物质都可以采用发酵法生产。同时，随着石油工业的发展，发酵原料由单一性碳水化合物向非碳水化合物过渡，大大拓宽了发酵原料的来源。

在20世纪50年代发现DNA双螺旋模型的基础上，20世纪70年代成功地实现了基因的重组和转移。随着重组DNA技术的发展，人们可以按照预定方案把外源目的基因克隆到容易大规模培养的微生物（如大肠杆菌、酵母菌）细胞中，通过微生物发酵来生产原来产量有限甚至没有的物质，如胰岛素、干扰素、白细胞介素和多种细胞生长因子等，给发酵工程带来了划时代的变革。

> ### 知识链接
>
> 19世纪，法国微生物学家巴斯德在研究酒质变酸问题过程中，明确指出发酵是微生物的作用，不同的微生物会引起不同的发酵过程。这改变了以往认为微生物是发酵的产物，发酵是一个纯粹的化学变化过程的错误观点。同时，巴斯德通过大量实验提出：环境、温度、pH值和基质的成分等因素的改变，以及有毒物质都以特有的方式影响着不同的微生物。例如酵母菌发酵产生酒精的最佳pH值为酸性，而乳酸杆菌却喜欢pH值为中性的环境条件。
>
> 巴斯德揭开了发酵的奥秘，并把微生物发酵原理广泛应用于指导工业生产，开创了"微生物工程"，被人们尊称为"微生物学之父"。

三、发酵工程制药的工艺流程

发酵工程制药就是利用发酵工程技术来获取药物成分，其实质是生物反应过程，即利用生物催化剂生产生物产品的过程。发酵工程与化学工程的联系非常紧密，化学工程的许多单元操作在发酵工程中都有广泛应用，两者之间有很多的共性。不同的是，发酵工程的对象是微生物细胞，诸如空气的除菌、培养基灭菌系统等都是发酵工程所特有的。

发酵工程制药工艺通常分为两个阶段：发酵和提取。发酵是指菌种在一定培养条件下生长繁殖，合成产物的过程，包括发酵原料的选择及预处理、微生物菌种的选育及扩大培养、发酵设备选择及工艺条件控制等；提取是指利用物理、化学方法，对发酵液中的产物进行提取和精制的过程，包括发酵产物的分离提取、废弃物的处理等。发酵工程制药的一般工艺流程：菌种活化→种子制备→发酵→发酵液预处理→提取及精制→成品检验→成品包装（图4-1）。

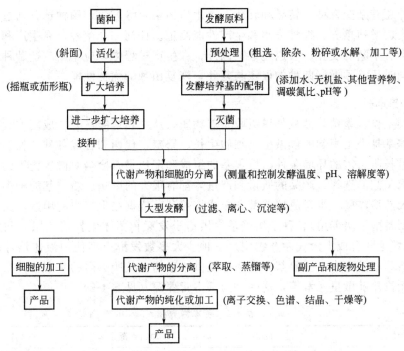

图 4-1 发酵工程制药的一般工艺流程

1. 发酵菌种

在发酵工程中，衡量其生产水平的因素主要有生产用菌种、发酵、提取工艺和生产设备。其中最重要的是生产用菌种，菌种质量好坏直接影响发酵产品的产量、质量及其成本。发酵工程所用的菌种，必须满足以下条件：菌种不能产生有害成分、有较大的生产能力、产物有利于分离纯化、具有良好的繁殖能力、原料来源广泛、具有较好的抗性和遗传稳定性。发酵工程制药常用的菌种见表 4-1。

表 4-1　发酵工程制药常用的菌种

类　别	菌　种	产　物	用　途
细菌	枯草杆菌	淀粉酶、蛋白酶	制葡萄糖、糊精、糖浆
	大肠杆菌	酰胺酶	制新型青霉素
	短杆菌	谷氨酸、肌苷酸	医药、食用
	蜡状芽孢杆菌	青霉素酶	青霉素检定
酵母菌	酵母	甘油、酒精	医药、食用等
	假丝酵母	石油蛋白	医药、酵母菌体蛋白等
	啤酒酵母	细胞色素 C、辅酶 A、酵母片、凝血素	医药
霉菌	黑曲霉	柠檬酸、单宁酶、糖化酶	医药、化工、食用
	根霉	糖化酶、甾体激素	医药
	青霉菌	青霉素、葡萄糖、糖化酶	医药、食品(蛋白脱糖、储存等)
	犁头霉	甾体激素	医药
	灰黄霉菌	灰黄霉素	医药
	黄曲霉菌	淀粉酶	医药、化工
放线菌	各类放线菌	链霉素、金霉素、氯霉素、新生霉素、卡那霉素、土霉素、红霉素	医药
	小单孢菌	庆大霉素	医药
	球孢放线菌	甾体激素	医药

发酵工程所用的菌种，最初都是从自然界中分离筛选出来的，现在则主要是应用微生物遗传和变异方法，经过筛选获得，称为菌种选育。一般来说，菌种选育常使用自然选育、诱

变育种，此外还有杂交育种、转导和转化、原生质体融合等方法。菌种选育通过四个步骤完成：样品采集、增殖培养、纯种分离和生产性能测定。任何一个菌种，在生产和保藏的传代过程中，总会有不断的变异、衰退现象。因此，在生产过程中，应不断改造菌种性能、培养优良菌株，同时还必须做好菌种的保藏与复壮，恢复菌种的优良性能。

2. 制备培养基

微生物的生长、繁殖，需从外界吸收营养物质，从中获得能量并合成新的细胞物质，排出废物。培养基是人工配制的供微生物细胞生长、繁殖、代谢和合成各种产物的营养物质和原料，提供生长所必需的环境条件。培养基的组成和配比是否恰当对微生物等的生长、产物的形成、提取工艺的选择、产品的质量和产量等都有很大的影响。培养基的种类很多，按照组成可分为天然培养基、半合成培养基和合成培养基；依据在生产中的用途，又可分为孢子培养基（供制备孢子培养用）、种子培养基（供孢子发芽和菌体生长繁殖用）和发酵培养基（供菌体生长繁殖和合成大量代谢产物用）三种。大多数发酵类型使用液体培养基生产。在这些众多的培养基类型中，一般都含有一些提供微生物生长所必需的基本营养条件，包括碳源、氮源、无机盐及微量元素等，这些称为基本营养源（见表 4-2）。

表 4-2　基本营养源

类型		基本成分	原料来源	备注
碳源	大分子碳源	（半）纤维素、淀粉、脂肪、脂肪酸	秸秆、棉籽壳、土豆粉、玉米粉、糖蜜、各种动物油	一般需要降解成单糖或低聚糖后再被利用
	小分子碳源	低聚糖(葡萄糖、蔗糖等)、醇类(乙醇、甘油)等	有机酸(乙醇、柠檬酸等)	可直接利用
氮源	大分子碳源	蛋白质、多肽	玉米粉、牛肉膏、酵母膏等	一般需要降解成氨基酸或短肽后再被利用
	小分子碳源	氨基酸、氨、无机氮盐类(硝酸盐、铵盐等)	游离氨基酸、氨水、硝酸铵等	可直接被吸收利用
无机盐及微量元素	常用无机盐	镁、磷、钾、硫、钙等	硫酸镁、磷酸二氢钾、磷酸氢二钠、碳酸钙、氯化钾等	可直接被吸收利用
	微量元素	钴、铜、铁、锰、锌等	主要是相应的盐	可直接被吸收利用

3. 种子扩大培养

菌种的扩大培养是发酵生产的第一道工序，该工序又称为种子制备或种子的扩大培养。种子扩大培养的目的是使菌株数量增加，能够供发酵生产使用，其过程一般包括孢子制备和种子制备（图 4-2）。孢子制备是种子制备的开始，孢子的质量、数量对以后菌丝的生长、

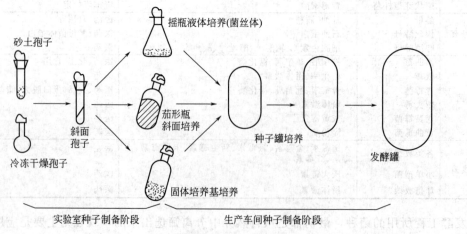

图 4-2　种子扩大培养流程

积累和发酵产量都有明显的影响。不同菌种的孢子制备工艺有其不同的特点。种子制备是将固体培养基上培养出的孢子或菌体转入到液体培养基中培养，使其繁殖成大量菌丝或菌体的过程。种子制备所使用的培养基和工艺条件应有利于种子的发芽和菌丝繁殖。

菌种扩大培养的关键是做好种子罐的扩大培养，影响种子罐培养的主要因素有：培养基、培养条件、染菌控制、种子罐的级数和接种量的控制等。

4. 灭菌

灭菌是指利用物理或化学的方法杀死或除去物料及设备中所有的微生物，包括营养细胞、细菌芽孢和孢子。消毒是利用物理或化学的方法杀死物料、容器、器具内外及环境中的病原微生物，一般只能杀死营养细胞而不能杀死芽孢。消毒不一定能

> **课堂互动**
>
> 想一想：高压蒸汽为什么可以用来灭菌？高压蒸汽灭菌与日常生活中的高压锅蒸米饭有什么不同？

达到灭菌要求，灭菌则可达到消毒的目的。发酵工程中常用的灭菌方法有：干热灭菌法、湿热灭菌法、射线灭菌法、化学药品灭菌法和过滤灭菌法。

培养基和发酵设备的灭菌多数使用湿热灭菌法，其原理是利用高压的饱和蒸汽所具有的大量潜热和热穿透力，使细胞中的蛋白质发生不可逆的凝固变性，导致细胞死亡。湿热灭菌有分批法和连续法两种方式。分批灭菌也称为实罐灭菌、间歇灭菌或者实消，将配制好的培养基放入发酵罐等容器内，通入蒸汽，使培养基和设备一起灭菌，实验室和中小型发酵罐常使用这种方式。连续灭菌也称连消，将培养基在向发酵罐输送的同时，经过一套加热灭菌设备（如连消塔），连续完成整个灭菌过程；同时，应事先向尚未装入培养基的空发酵罐内通入蒸汽进行湿热灭菌，这种空罐灭菌也称为空消。空消是配合连消使用的。常用的培养基与设备、管道湿热灭菌条件见表 4-3。

表 4-3 常用的培养基与设备、管道湿热灭菌条件

类 型	材 料	条件(饱和水蒸气)
灭菌锅灭菌	固体培养基	0.098MPa，20min～30min
	液体培养基	0.098MPa，15min～20min
	玻璃器皿	0.098MPa，30min～60min
设备及管道空消		0.147MPa，45min
实消	种子培养基、发酵培养基	121℃，30min
连消	发酵培养基	130℃，5min(谷氨酸发酵培养基，115℃，6～8min)
消泡剂		121℃，30min

过滤灭菌法常用于发酵过程中空气的灭菌。大多数的发酵都属于好氧发酵，少数也有厌氧发酵。在好氧发酵中，一般是用空气作为氧的来源通入发酵系统。空气必须经过除菌以保证纯种培养。根据国家药品生产质量管理(GMP)规定的要求，生物制品、药品的生产场地也需要符合空气洁净度的要求，并有相应的管理手段。发酵用空气除菌的方法很多，过滤除菌是常用的方法。空气过滤除菌的常用流程为：空压机→冷却→分油水→总过滤器→分过滤器。

5. 发酵操作

根据操作方式的不同，发酵过程主要有分批发酵、连续发酵和补料分批发酵三种类型。

（1）分批发酵 分批发酵是将营养物和菌种一次加入进行培养，直到结束放罐，中间除了空气进入和尾气排出，与外部没有物料交换。发酵过程中除了控制温度和 pH 及通气以

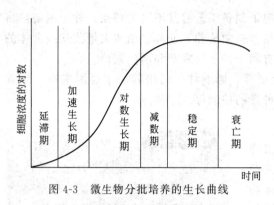

图 4-3 微生物分批培养的生长曲线

外，不进行任何其他控制，操作简单。

分批培养系统只能在一段有限的时间内维持微生物的增殖，微生物处在限制性条件下生长，表现出典型的生长周期。图 4-3 显示了典型的微生物生长曲线。在延滞期，细胞数量增加不多，生产上要求尽可能缩短这段时间，办法是采用生长旺盛期（对数生长期）的种子和适当加大接种量。在经过对数生长期的旺盛生长后，培养基中的营养物质被迅速消耗，加上代谢产物的积累，细胞的生长速率逐渐下降，进入减数期。随着营养物质的耗尽和代谢产物的大量积累，细胞浓度不再增大，保持相对稳定，此时细胞浓度达到最大值。分批培养是常用的培养方法，广泛用于多种发酵过程。

（2）连续发酵 连续发酵，指以一定的速度向发酵罐内添加新鲜培养基，同时以相同的速度流出培养液，维持发酵液的体积不变。微生物在这种稳定状态下生长，其环境条件，如营养物浓度、产物浓度、pH 等都能保持相对恒定，细胞的浓度及其比生长速率也维持不变。

与分批发酵相比，连续发酵具有以下优点：在稳定的微生物生长环境下，代谢产物的产率和产品质量能相应保持稳定；容易实现自动化；缩短生产时间，提高设备利用率。但是也存在容易染菌、菌种易变异、设备要求较高等缺点。连续发酵主要用于研究微生物的生理特性、发酵动力学参数的测定、过程条件的优化试验等，目前只应用于葡萄糖酸、酵母蛋白和酒精等少数产品的生产。

（3）补料分批发酵 补料分批发酵又称半连续发酵，是以分批发酵为基础，间歇或连续地补加新鲜培养基的一种发酵方法，是介于分批发酵和连续发酵之间的一种发酵技术。通过向培养系统中补充物料，可以使培养液中的营养物浓度较长时间地保持在一定范围内，既保证微生物的生长需要，又不造成不利影响，从而达到提高产率的目的。

例如，在酵母培养中，如果麦汁太多，会使细胞生长旺盛，造成供氧不足，会发生厌氧发酵生成乙醇。为增加酵母细胞的产量，在发酵开始时先降低麦汁的初始浓度，让微生物生长在营养不太丰富的培养基中，在发酵过程中不再加营养物，可以大大提高酵母的产量，阻止乙醇的产生。如今，补料发酵的应用范围已经十分广泛，包括单细胞蛋白、氨基酸、生长激素、抗生素、维生素、酶制剂、有机酸等，几乎遍布整个发酵行业。

补料分批发酵可以分为两种类型：单一补料分批发酵和反复补料分批发酵。在开始时投入一定量的基础培养基，到发酵过程的适当时期，开始连续补加碳源或（和）氮源或（和）其他必需基质，直到发酵液体积达到发酵罐最大操作容积后，停止补料，最后将发酵液一次全部放出，这种操作方式称为单一补料分批发酵。该操作方式受发酵罐操作容积的限制，发酵周期只能控制在较短的范围内。反复补料分批发酵是在单一补料分批发酵的基础上，每隔一定时间按一定比例放出一部分发酵液，使发酵液体积始终不超过发酵罐的最大操作容积，从而在理论上可以延长发酵周期，直至发酵产率明显下降，才最终将发酵液全部放出。这种操作类型既保留了单一补料分批发酵的优点，又避免了它的缺点。

与分批发酵和连续发酵相比，补料分批发酵兼有两者的特点，能在发酵系统中维持较低的基质浓度，以利于维持适当的菌体浓度，并避免在培养基中积累有毒代谢物。

能力拓展

　　进行微生物发酵/培养的设备统称为发酵罐。一个优良的发酵罐应具有严密的结构、良好的液体混合性能、较高的传质和传热速率，同时还应具有配套而又可靠的检测及控制仪表。由于微生物有好氧与厌氧之分，所以其培养装置也相应地分为好氧发酵设备与厌氧发酵设备。对于好氧微生物，发酵罐通常采用通气和搅拌来增加氧的溶解，以满足其代谢需要。根据搅拌方式的不同，好氧发酵设备又可分为机械搅拌式发酵罐和通风搅拌式发酵罐。

6. 发酵工艺控制

　　发酵过程中，为了能对生产过程进行必要的控制，需要对有关工艺参数进行定期取样测定或进行连续测量。反映发酵过程变化的参数可以分为两类：一类是可以直接采用特定的传感器检测的参数，如温度、压力、搅拌功率、转速、泡沫、发酵液黏度、浊度、pH、离子浓度、溶解氧、基质浓度等，又称为直接参数；另一类是至今尚难用传感器来检测的参数，包括细胞生长速率、产物合成速率等，这些参数需要在一些直接参数的基础上，借助于电脑计算和特定的数学模型才能得到，因此被称为间接参数。上述参数中，对发酵过程影响较大的有温度、pH、溶解氧等。

　　（1）温度　　温度对发酵过程的影响是多方面的，如各种酶反应的速率、菌体代谢产物的合成方向、微生物的代谢调控机制、发酵液的理化性质等。

　　最适温度就是最适合菌体的生长和代谢产物合成的温度，随菌种、培养基成分、培养条件和菌体生长阶段不同而改变。菌体生长的最适温度不一定就是产物合成的最适温度。发酵过程中的温度可通过温度计或自动记录仪表进行检测，通过向发酵罐的夹套或蛇形管中通入冷水、热水或蒸汽进行调节。在实际生产中，多数发酵过程会释放热量，在这种情况下通常需要冷却，以保持恒温发酵。

　　（2）pH　　在微生物的生长繁殖和产物合成过程中，pH 主要影响酶的活性、改变细胞膜的通透性、影响微生物对营养物质的吸收及代谢产物的排出、影响培养基中某些组分和中间代谢产物的解离、引起菌体代谢过程的改变进而使代谢产物的质量和比例发生改变等。

　　发酵过程中，pH 的变化取决于所用的菌种、培养基的成分和培养条件，是菌体在一定环境下代谢活动的综合结果。各种微生物都有最适生长 pH。大多数细菌生长的最适 pH 为 6.3～7.5，霉菌和酵母菌为 3～6，放线菌为 7～8。微生物生长阶段和产物合成阶段的最适 pH 往往不一样，应根据实验结果来确定。为确保发酵顺利进行，必须使其各个阶段处于最适 pH 范围之内，这就需要在发酵过程中不断地调节和控制 pH。

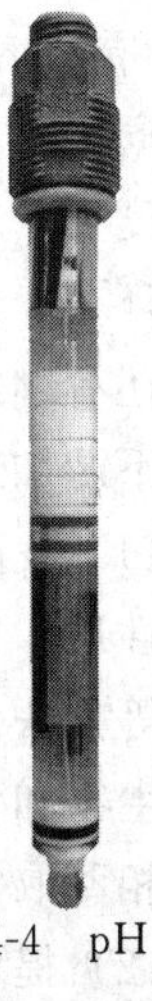

　　pH 的控制首先需要考虑和试验发酵培养基的基础配方，使它们有适当的配比，也可加入适量的酸（如 H_2SO_4）、碱（如 NaOH）或者生理酸性物质[如$(NH_4)_2SO_4$]和生理碱性物质（如氨水），使发酵过程中的 pH 变化在合适的范围内。其次，在发酵过程中，利用 pH 电极（图 4-4）连续测定发酵液中 pH 值的变化，通过电信号的输出来自动控制酸碱的加入，也可采用补料的方式控制 pH 值在预定范围内。例如，青霉素发酵的补料工艺就是通

图 4-4　pH 电极

过控制葡萄糖的补加速率来控制 pH，使得青霉素产量比用恒定的加糖速率和加酸或碱来控制 pH 的产量高 25%。

（3）溶解氧　溶解氧是好氧发酵最重要的参数之一。由于氧在水中的溶解度很小，在培养基中的溶解度更小，所以必须不断地通风与搅拌，才能满足发酵需氧的要求。溶解氧可采用溶氧电极（图 4-5）来检测。

发酵过程中溶解氧的变化受很多因素的影响，包括设备供氧能力的大小、菌龄的不同、加料（如补糖、补料、加消泡剂、补水）措施、通气量的变化等。溶氧的维持需要从供氧和需氧两方面着手。在供氧方面，可以通过调节搅拌转速或通气速率来提高氧的传递，同时要有适当的工艺条件来控制需氧量，使其不超过设备的供氧能力。在影响溶解氧的各因素中，以菌浓的影响最为明显，菌浓越大，发酵液中氧的传递就越不容易。因此可以控制合适的菌体浓度，使得产物的比生产速率维持在最大值，又不会导致需氧大于供氧。这可以通过控制基质的浓度来实现，如控制补糖速率等。除控制补料速度外，在工业上，还可采用调节温度（降低培养温度可提高溶氧浓度）、中间补水、添加表面活性剂等工艺措施，来改善溶氧水平。

图 4-5　溶氧电极

发酵过程中各参数的控制十分重要，目前发酵工艺控制的方向是转向自动化控制，因而更多更有效的用于过程参数检测的传感器正在开发中。此外，对于发酵终点的判断也同样重要。生产不能只单纯追求高生产力，而不顾及产品的成本，必须把二者结合起来。合理的放罐时间是通过实验来确定的，即根据不同的发酵时间所得的产物产量计算出发酵罐的生产力和产品成本，采用生产力高而成本又低的时间作为放罐时间。确定放罐的指标有：发酵产物的产量，发酵液的过滤速度，发酵液中氨基氮的含量，菌丝的形态，发酵液的 pH、外观和黏度等。发酵终点的确定，需要综合考虑这些因素。

7. 发酵液的下游加工

从发酵液中分离、精制有关产品的过程称为发酵工程的下游加工过程。

发酵液是含有细胞、代谢产物和剩余培养基等多组分的多相系统，黏度通常很大，从中分离固体物质很困难；发酵产品在发酵液中浓度很低，且常常与代谢产物、营养物质等大量杂质共存于细胞内或细胞外，形成复杂的混合物；欲提取的产品通常很不稳定，遇热、极端 pH、有机溶剂会分解或失活；另外，由于发酵是分批操作，生物变异性大，各批发酵液不尽相同，这就要求下游加工有一定弹性，特别是对染菌的批号也要能够处理；发酵的最后产品纯度要求较高。上述种种原因使得下游加工过程成为许多发酵生产中最重要、成本费用最高的环节。例如抗生素、乙醇、柠檬酸等的分离和精制成本占整个工厂投资的 60% 左右，而且还有继续增加的趋势。

下游加工过程由许多化工单元操作组成，通常可分为以下四个阶段。

（1）发酵液预处理和固-液分离　这是下游加工的第一步操作。预处理的目的是改善发酵液性质，以利于固-液分离，常用酸化、加热、加絮凝剂等方法。固-液分离则常用过滤、离心等方法。如果欲提取的产物存在于细胞内，还需先对细胞进行破碎，细胞破碎方法有机械、生物和化学法，大规模生产中常用高压匀浆器和球磨机。细胞碎片的分离通常常用离心、两水相萃取等方法。

（2）提取　经上述步骤处理后，活性物质存在于滤液或离心上清液中，液体的体积很大，浓度很低。接下来要进行提取，提取的目的主要是浓缩，也有一些纯化作用。常用的方法如下。

① 吸附法　对于抗生素等小分子物质可用吸附法，现在常用的吸附剂为大网格聚合物，另外还可用活性炭、白土、氧化铝、树脂等。

② 离子交换法　极性化合物则可用离子交换法提取，该法亦可用于精制。

③ 沉淀法　沉淀法广泛用于蛋白质提取中，主要起浓缩作用，常用盐析、等电点沉淀、有机溶剂沉淀和非离子型聚合物沉淀等方法，沉淀法也用于一些小分子物质的提取。

④ 萃取法　萃取法是提取过程中的一种重要方法，包括溶剂萃取、两水相萃取、超临界流体萃取、逆胶束萃取等方法。其中溶剂萃取法仅用于抗生素等小分子生物物质而不能用于蛋白质的提取；而两水相萃取法则仅适用于蛋白质的提取，不适用于小分子物质的提取。

⑤ 超滤法　超滤法是利用具有一定截断分子量的超滤膜进行溶质的分离或浓缩，可用于小分子物质提取中去除大分子杂质和大分子提取中的脱盐浓缩等。

（3）精制　经提取过程初步纯化后，发酵液的体积大大缩小，但纯度提高还不多，需要进一步精制。提取中的某些操作，如沉淀、超滤等也可应用于精制。大分子（如蛋白质）的精制可用色谱分离。色谱分离中的主要困难是色谱介质的机械强度差。小分子物质的精制则可利用结晶操作来完成。

（4）成品加工　经提取和精制后，根据产品应用要求，有时还需要浓缩、无菌过滤和去热原、干燥、加稳定剂等加工步骤。浓缩可采用升膜或降膜式的薄膜蒸发，或者采用膜过滤等方法。

对热敏性物质可用离心薄膜蒸发进行浓缩，对大分子溶液可用超滤膜过滤，小分子溶液可用反渗透膜过滤进行浓缩。用截留相对分子质量为10000的超滤膜可除去相对分子质量在1000以内的产品中的热原，同时也达到了过滤除菌的目的。如果最后要求的是结晶性产品，则上述浓缩、无菌过滤等步骤应放于结晶之前。

干燥通常是固体产品加工的最后一道工序。根据物料性质、物料状况及当地具体条件，可选用合适的干燥方法，如真空干燥、红外线干燥、沸腾干燥、气流干燥、喷雾干燥和冷冻干燥等。

四、主要的发酵技术药物

发酵技术药物是指通过发酵工程获得的药物成分，是包括抗生素在内的具有抗细菌、抗真菌、抗肿瘤、抗高血压、抗氧化、免疫调节等作用的药物总称。它们大都是微生物的代谢产物，具有相似的生物合成机制、筛选研究程序和生产工艺。主要的发酵技术药物如下。

1. 抗生素
主要包括青霉素、头孢菌素、链霉素、红霉素、四环素、林可霉素等。

2. 维生素类
主要包括维生素 B_1、维生素 B_6、维生素 B_{12}、维生素 C、维生素 A、维生素 D、维生素 E、维生素 K 等。

3. 核酸类
主要包括肌苷、鸟苷、肌苷一磷酸（IMP）、黄苷一磷酸（XMP）、鸟苷一磷酸（GMP）、腺苷三磷酸（ATP）等。

4. 氨基酸类

主要包括色氨酸、苏氨酸、蛋氨酸、缬氨酸、赖氨酸、亮氨酸、异亮氨酸、苯丙氨酸、胱氨酸、酪氨酸、精氨酸、丝氨酸、甘氨酸等。

5. 药用酶和辅酶类

主要包括助消化酶（胃蛋白酶、胰酶）、消炎酶（溶菌酶、菠萝蛋白酶）、心血管疾病的治疗酶（纤溶酶、尿激酶）、抗肿瘤酶（门冬酰胺酶、谷氨酰胺酶）、细胞色素 C、超氧化物歧化酶（SOD）等。

6. 其他药理活性物质

主要包括蛋白酶抑制剂、糖苷酶抑制剂、脂肪酸合成酶抑制剂、腺苷脱氨酶抑制剂、醛糖还原酶抑制剂、免疫修饰剂、受体激动剂与受体拮抗剂等。

●┄┄● 思考与练习 ●┄┄┄┄┄┄┄┄┄┄┄┄┄┄┄┄┄┄┄┄┄

1. 如何理解发酵的概念？目前生产中主要使用哪几种发酵类型？

2. 发酵工程制药工艺通常分为两个阶段：（　　　）和（　　　）。前者指菌种在一定培养条件下生长繁殖、合成产物的过程，包括（　　　）的选择和预处理、（　　　）的选育及扩大培养、（　　　）选择及工艺条件控制等；后者指利用物理化学方法，对发酵液中的产物进行提取和精制的过程。

3. 培养基对微生物生长有很大影响。依据不同的生产用途，培养基都有哪些种类和用途？

4. 灭菌的方法都有哪些？酵母菌发酵培养基的灭菌常常使用哪种灭菌方法？

5. 以下提法是否正确。

（　　）A. 菌体生长的最适温度就是产物合成的最适温度。

（　　）B. 青霉素发酵时，可以通过控制葡萄糖的补加速率来控制 pH。

（　　）C. 当微生物生长达到稳定时，表明细胞不再生长，不消耗培养基中的营养成分。

（　　）D. 在好氧发酵中，溶解氧的变化受供氧和需氧两个方面的影响，在供氧条件不变时，菌生长越活跃，则发酵液中的溶解氧就越大。

6. 请简述发酵液下游加工过程。

第二节　抗生素的制备

一、抗生素的概念

抗生素是生物（包括微生物、动物和植物）在其新陈代谢过程中所产生的（有些用化学或生物学方法所衍生的），能在低微浓度下有选择地抑制或杀灭其他生物机能的一类有机化学物质。例如，由放线菌中的链霉菌产生的链霉素，由真菌产生的青霉素，某些植物产生的蒜素、鱼腥草素，某些动物产生的鱼素等都属于抗生素。用化学方法合成的氯霉素"仿制品"，具有抗肿瘤作用的博来霉素，青霉素母核加入不同侧链的半合成青霉素等，习惯上也称之为抗生素。对天然的抗生素进行改造，使其具有更优越的性能，这样得到的抗生素叫半合成抗生素。

目前已经发现的抗生素有 6000 多种，约 60% 来自放线菌。抗生素的种类繁多，性质复杂。表 4-4 列出了常见的抗生素分类方法。

表 4-4　抗生素的分类

分类方法	抗生素种类	产物举例
生物来源	放线菌	链霉素、四环素、红霉素、制霉菌素等
	真菌	青霉素、头孢霉素等
	细菌	多黏菌素、杆菌肽等
	动植物	蒜素、鱼素、肝素、黄连素等
抗性	广谱抗生素	氨苄西林等
	抗革兰阳性菌	青霉素等
	抗革兰阴性菌	链霉素等
	抗真菌	制霉菌素等
	抗病毒、抗癌	四环类抗生素、阿霉素等
化学结构	β-内酰胺类	青霉素、头孢菌素等
	氨基酸苷类	链霉素、庆大霉素等
	大环内酯类	红霉素、麦迪霉素等
	四环类	四环素、土霉素等
	多肽类	多黏菌素、短杆菌肽等
作用机制	抑制细胞壁合成	青霉素、头孢菌素等
	影响细胞膜功能	多烯类抗生素等
	抑制病原菌蛋白质合成	四环素等
	抑制核酸合成	丝裂霉素等
	抑制生物能作用	抗霉素等
合成途径	氨基酸、肽类衍生物	青霉素、头孢菌素等
	糖类衍生物	链霉素糖苷类抗生素等
	乙酸、丙酸衍生物	红霉素等丙酸衍生物

🕊 知识链接

　　1928 年，英国人弗莱明（图 4-6）无意中发现一只闲置的培养皿长了绿霉，在绿霉菌斑周围的葡萄球菌落发生溶解，说明该菌的培养物能够杀死葡萄球菌。弗莱明意识到这一现象的巨大科学价值。他设法取出霉菌的孢子单独培养，确认是青霉菌，并将这种具有抗菌活性的物质命名为青霉素。10 年后，经过无数实验，人们终于从培养基中成功提取出青霉素，并在第二次世界大战期间大量生产，挽救了无数伤病员的性命。为了表彰这一造福人类的贡献，弗莱明与另两位科学家共同获得了 1945 年度的诺贝尔医学和生理学奖。

图 4-6　弗莱明

　　青霉素的商业化开发，推动了其他药物的发现，随后又陆续发现了链霉素（1942 年）、新霉素（1949 年）、土霉素（1950 年）、红霉素（1952 年）和四环素（1953 年）等，形成了蓬勃发展的抗生素产业。

二、抗生素的生产工艺

抗生素工业生产方法主要有发酵法、化学合成法和半化学合成法。发酵法是利用专一的微生物将底物转化成抗生素，抗生素是微生物的次级代谢产物，其生化代谢途径较复杂。化学合成法只能用于化学结构清楚且比较简单的抗生素，它是通过若干化学反应在化学反应釜中将底物转化成抗生素。应用化学合成法生产的抗生素只有氯霉素、磷霉素等少数抗生素。半化学合成法是将发酵法制得的抗生素制品采用化学方法对其分子结构进行修饰，以得到高效低毒的抗生素衍生物。这种方法现已被广泛采用，如半合成青霉素类、半合成头孢菌素类、强力霉素等都是用半化学合成法生产的。这里主要介绍发酵法生产抗生素的工艺（图4-7）和特点。

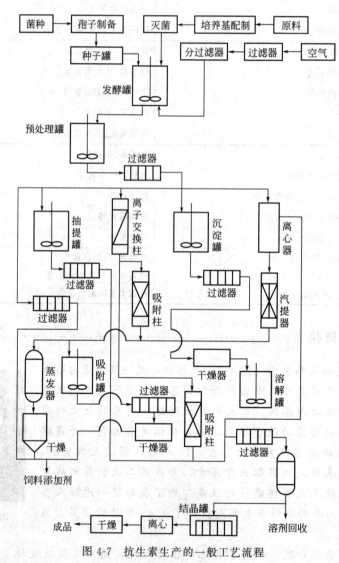

图 4-7　抗生素生产的一般工艺流程

1. 发酵过程及控制

抗生素是微生物的代谢产物，这决定了其发酵工艺控制区别于一般微生物发酵。抗生素的发酵一般有两个阶段：前一阶段产生各种初级代谢的中间体；后一阶段是在初级代谢产物的基础上进一步合成抗生素。

（1）供养和需氧　抗生素发酵过程中所需的氧气供应是由通气和搅拌来实现的。因抗生素的种类不同和所用菌种的不同，发酵过程中的需氧要求各有不同。一般来说，在发酵初期菌数较少，需氧较少；生产菌进入对数生长期后，菌数量剧增，需氧也随之达到高峰；抗生素合成期间，需氧也很大；发酵后期，需氧逐渐减少。

（2）温度　温度是抗生素发酵中需要严格控制的因素，在菌体生长和抗生素合成的两个阶段里，温度的控制不同。如青霉素产生菌的最适温度是30℃，青霉素合成的最适温度是20～25℃；在四环素发酵中，低于30℃时产金霉素能力强，30～34℃时产四环素能力强，35℃时只产四环素而不产金霉素。

课堂互动

　　想一想：在青霉素发酵过程中，刚接种的发酵液温度应控制在多少？当发酵液菌浓达到最大，发酵液的温度又应该控制在多少？

（3）pH　抗生素发酵过程的前期，pH控制以适合菌体的生长繁殖为主；中后期则以利于抗生素合成为主。pH不仅影响菌体生长和抗生素合成的速度，而且还会改变它们的代谢途径。一些抗生素的菌体生长和抗生素合成的最适pH值见表4-5。

表 4-5　一些抗生素的菌体生长和抗生素合成的最适 pH 值

pH	青霉素	四环素	土霉素	灰黄霉素	链霉素	红霉素
生长最适 pH	6.5～6.9	6.1～6.6	6.0～6.6	6.4～7.0	6.3～6.6	6.6～7.0
合成最适 pH	6.2～7.0	5.9～6.3	5.8～6.1	5.8～6.5	6.7～7.3	6.8～7.1

（4）底物　底物浓度的变化和控制包括碳、氮、磷等微量元素以及前体等因素。例如，在发酵前期，由于菌体生长繁殖迅速，碳源消耗较高；在发酵中、后期，碳源主要用于抗生素的合成，消耗较平稳。中、后期如果碳源浓度过高，会导致菌体生长太快，降低抗生素的合成。

碳源浓度的控制方法有动力学方法和一般方法。动力学方法是以碳比消耗速率、菌体比生长速率、抗生素比生产速率等动力学参数为依据，控制流加碳源的速度。一般方法是根据将残糖按不同的发酵阶段维持在某一水平，以及pH、菌浓度、发酵液黏度等来综合考虑。实际上，这是一种凭经验控制碳源浓度的方法。

可按照残留氮的浓度，间歇补入各种有机氮和无机氮，或者连续通入氨来控制氮浓度。

无机磷酸盐对许多抗生素的合成有抑制作用，在生产这些抗生素时，应该把磷酸盐浓度控制在合适的水平上。例如，链霉素为1.5～15mmol/L，卡那霉素为2.2～5.7mmol/L，新生霉素为9.4mmol/L，制霉菌素为1.6～2.2mmol/L，短杆菌肽为0.1～1mmol/L。

前体的添加时机和添加量对菌的生长和抗生素产量的影响十分显著。添加过早、过多，会抑制菌的生长，降低抗生素的产量；添加过晚、过少，会影响抗生素的合成，最终也会降低产量。

（5）其他　抗生素发酵工艺控制中还包括泡沫的控制、发酵终点的判断、发酵液黏度控制以及异常发酵的处理和染菌控制等。

2. 提取和精制

提取和精制的目的是从发酵液中分离纯化，得到高纯度且符合国家药典标准的抗生素成品。发酵液的成分十分复杂，所含抗生素通常只占发酵液的0.1%～0.3%，而且抗生素又是具有生物活性的热敏性物质，这些给抗生素的分离和纯化带来很多困难，步骤多、周期长、费用高，一般占整个抗生素生产成本的90%以上。

抗生素的分离纯化采用的是传统的化工单元操作，如离心和过滤、固-液萃取、色谱分离（离子交换和吸附法等）、结晶等。

（1）预处理　发酵液中的蛋白质和无机离子对抗生素的分离纯化影响很大。采用加热、大幅度调pH和加入絮凝剂等方法可使蛋白质变性；加入草酸、三聚磷酸钠（$Na_5P_3O_{10}$）、黄血盐等可以除去Ca^{2+}、Mg^{2+}、Fe^{2+}等无机离子。

常采用板框压滤机、鼓式真空过滤机除去发酵液中的菌体。加入1%～10%的助滤剂，如硅藻土、珠光石、纸浆、$CaCO_3$可以提高过滤速度。过滤操作也常常带来10%～20%的抗生素损失。

（2）提取　常用的抗生素提取方法有离子交换法、溶剂萃取法、吸附法和沉淀法。选用何种提取方法应根据抗生素的理化性质来确定。这些理化性质有溶解度、极性或非极性、pK值和pI值、官能团反应、分子量、熔点、紫外光谱、红外光谱、核磁共振谱等。

采用离子交换法提取的抗生素有链霉素、卡那霉素、庆大霉素、新霉素等。

采用溶剂萃取法的抗生素有青霉素、红霉素、麦迪霉素、赤霉素、新生霉素等。

吸附法是利用活性炭、白土、氧化铝以及大网格吸附剂，在特定条件下吸附抗生素，然后改变条件再解吸下来，达到分离和浓缩的目的。四环素、土霉素等能用XAD-2大网格吸附剂来吸附；自力霉素、放线菌酮等可采用活性炭吸附。有实验表明，红霉素、洁霉素也可在pH值10时用XAD-2吸附。

四环素、土霉素、金霉素等抗生素具有两性性质，可利用等电点沉淀法达到分离和浓缩的目的。

存在于菌丝体内的抗生素有制霉菌素、灰黄霉素、球红霉素、曲古霉素等，可以用固-液萃取的方法进行分离。

（3）纯化　分离得到的抗生素粗品，还带有许多杂质，主要是色素和热原。色素是高分子有机物，其本身具有颜色并能使其他物质着色。热原是一种内毒素，也是发酵的代谢产物，会使人感到恶寒、高热，甚至引起休克。采用活性炭、酚醛树脂等可除去上述发酵副产物。

抗生素的精制可以采用结晶、重结晶、共沸结晶、柱色谱、盐析、分子筛（葡聚糖凝胶）、晶体洗涤等方法。

 能力拓展

> 抗生素新品种不断涌现，到目前为止，已经应用于临床的抗生素品种有120多种，如果把半合成抗生素计算在内，估计不少于150种。医疗用抗生素必须具备以下特性：①具有选择性毒力，即对人体组织和正常细胞毒性轻微，对某些致病菌或肿瘤细胞却有强大毒性；②在人体应发挥其抗生效能，不被血、脑脊液及其组织成分所破坏，且不应大量与血浆蛋白结合；③口服或注射给药后很快被吸收，并迅速分布至被感染的器官和组织；④不易产生耐药性；⑤具有较好的理化性质，以利于提取、精制及储藏。

（4）产品质量检验　抗生素产品的质量检验在《中华人民共和国药典》中有明确规定，一般项目如下。

① 鉴别实验　用化学或生物方法证明是何种抗生素。

② 效价测定　测定有效成分的含量。

③ 毒性试验　限制产品中的致毒杂质。

④ 无菌实验　检查有无杂菌污染。

⑤ 热原试验　限制产品中致热杂质。

⑥ 水分测定　限制过高水分，以免影响稳定性。

⑦ pH 测定　规定水溶液的酸碱度，保证产品稳定和临床的安全应用。

⑧ 溶液澄清度检查　限制不溶性杂质的混入。

⑨ 降压试验　限制降低血压的杂质。

三、青霉素的发酵生产

青霉素是第一个应用于临床的 β-内酰胺类抗生素。几十年来国内外的临床一致证实青霉素具有抗菌作用强、疗效高、毒性低等优点，是治疗很多感染疾病中的首选药物。

青霉素并不是一种抗生素，而是抗生素中的一个族（青霉素族），已发现的天然存在的青霉素包括青霉素 X、青霉素 G、青霉素 F、青霉素二氢 F、青霉素 K、青霉素 O、青霉素 V 和青霉素 N。

青霉素是一种游离酸，易溶于醇、酮、酯和酰类物质，在水中的溶解度很小；青霉素能与碱金属或碱土金属、有机胺结合成盐类，易溶于水和甲醇，而不溶于丙醇、丙酮、氯仿等。青霉素具有一定的吸湿性，青霉素水溶液很不稳定。青霉素产品的纯度越高，吸湿性越小，也越容易存放。

1. 生产菌种

目前，常用的生产菌种为产绿色孢子和产黄色孢子的两种产黄青霉菌株，不少曲霉也能产生青霉素。按照深层培养中菌丝的形态，可分为球状菌和丝状菌，国内青霉素生产大都采用绿色丝状菌。

2. 培养基

① 碳源　青霉菌能利用很多种碳源，如乳糖、蔗糖、葡萄糖等。乳糖是青霉素合成的最好碳源，葡萄糖次之。目前普遍采用淀粉酶解的葡萄糖糖化液，进行流加。

② 氮源　玉米浆是玉米淀粉生产时的副产物，含有多种氨基酸，如精氨酸、谷氨酸、苯丙氨酸等，是青霉素发酵最好的氮源。常用的有机氮源还有花生饼粉、棉籽饼粉、麸皮粉、尿素等。常用的无机氮源有硫酸铵、硝酸铵等。

③ 前体　生产青霉素 G 时，需加入含苄基的物质，如苯乙酸或其衍生物苯乙酰胺、苯乙胺等。这些前体对青霉菌有一定毒性，加入量不能大于 0.1%。加入硫代硫酸钠能减少其毒性。

④ 无机盐　青霉菌的生长和青霉素的合成需要硫、磷、钙、镁和钾等盐类。其中，三价铁离子对青霉素生物合成有着显著影响，一般发酵液中铁离子浓度应控制在 $30\mu g/mL$ 以下。对于铁制容器罐壁应涂环氧树脂等保护层，否则，铁离子浓度过高，将对青霉菌造成毒害作用。

> **课堂互动**
>
> 想一想：青霉素发酵中，为什么要将种子培养分成两个阶段？判断种子培养达到要求的标准是什么？

3. 发酵工艺

青霉素发酵生产的工艺流程如图 4-8 所示。

(1) 种子制备　种子制备阶段包括孢子培养和种子培养两个过程。孢子培养以产生丰富

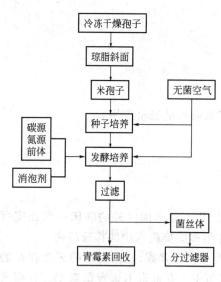

图 4-8　青霉素的发酵工艺流程

的孢子（斜面和孢子培养）为目的，而种子培养以繁殖大量健壮的菌丝体（种子罐培养）为主要目的。孢子和菌丝的质量对青霉素产量有直接的影响。

① 孢子培养　即生产孢子的制备。将砂土孢子用甘油、葡萄糖和蛋白胨组成的培养基进行斜面培养后，移到大米固体培养基上，于 25℃ 培养 7 天，孢子成熟后进行真空干燥，并以这种形式低温保存备用。

② 种子培养　即生产种子的制备。先以每吨培养基不少于 200 亿孢子的接种量，接种到以葡萄糖、乳糖和玉米浆等为培养基的一级种子罐内，于 25℃ 培养 40h 左右，菌丝浓度达到 40%（体积分数）以上，菌丝形态正常，此阶段主要是让孢子萌芽生成菌丝；然后再按照 10% 的接种量接种到以葡萄糖、玉米浆等为培养基的二级种子罐内，25℃ 培养 10～14h，使菌丝体积分数达到 40%（体积分数）以上，残糖在 1% 左右。

无菌检查后，按 10%～15% 的接种量移入发酵罐。

（2）发酵生产控制　发酵以葡萄糖、花生饼粉、麸皮粉、尿素、硝酸铵、硫代硫酸钠、苯乙酰胺和碳酸钙为培养基。发酵阶段的一般工艺要求见表 4-6。

表 4-6　青霉素发酵的一般工艺要求

操作变量	要求	操作变量	要求
发酵罐容积/m³	150～200	初始菌丝浓度/(kg 干重/m³)	1～2
装料率/%	80	补料液中葡萄糖浓度/(kg/m³)	约 500
输入机械功率/(kW/m³)	2～4	葡萄糖补加率/[kg/(m³·h)]	1.0～2.5
通气量/[m³/(m³·h)]	30～60	铵氮浓度/(kg/m³)	0.25～0.3
罐压/MPa	0.035～0.07	前体浓度/(kg/m³)	1
发酵液温度/℃	25	溶氧浓度/%	>30
发酵液 pH 值	6.5～6.9	发酵周期	180～220

依据青霉菌生长的不同代谢时期，青霉素发酵可以分成两个阶段：菌体生长阶段和产物合成阶段。

① 菌体生长阶段　也是菌丝生长繁殖的时期，培养基中的糖、氮源被迅速利用，孢子发芽长出菌丝，分枝旺盛，菌丝浓度快速增加。此时的工艺应控制在青霉菌的生长适宜条件下，如 30℃、pH6.8～7.2。这个阶段的青霉素分泌很少。在实际生产中，并不是菌丝量越多对青霉素的生产就越有利。相反在该阶段末期应降低菌丝的生长速度，以确保在后一个阶段菌丝的浓度仍然有继续增加的余地，这一点可通过限制糖的供给来实现。为了易于控制，可从基础培养基中抽出部分培养基另行灭菌，待菌丝稠密不再明显增加时补入，即为前期补料。加糖主要控制残糖量在 0.3%～0.6%，加入量主要决定于耗糖速度、pH 值变化、菌丝量及培养液体积。

在这个阶段内，泡沫的产生主要是因花生饼粉和麸质粉引起。可采用间歇搅拌，不宜多加消泡剂。

② 产物合成阶段　即青霉素的分泌期。此时菌丝生长趋势减弱，需间歇添加葡萄糖作碳源和花生饼粉、尿素作氮源，并加入前体，控制 pH 值 6.2～6.4。如 pH 上升可补加糖、天然油脂，pH 下降可加入 $CaCO_3$、NH_3 或提高通气量。目前生产上趋向于直接用酸、碱来自动调节。提高通气量时，搅拌应开足，否则会影响菌的呼吸。后期 pH 值如果高于 7.0

或低于 6.0，则青霉菌的代谢会出现异常，青霉素产量显著下降。

此阶段的泡沫可用加入消泡剂来控制，必要时可降低通气量。但该阶段的后期应尽量少加消泡剂。

当青霉菌生长进入菌丝自溶期时，镜检发现，菌丝形态会发生变化，菌丝空泡增加并逐渐扩大自溶。此时根据菌丝形态变化或者根据发酵过程中生化曲线测定进行补糖，既可以调节 pH，又可提高和延长青霉素发酵单位。另外，补加氮源也可以提高发酵单位。

发酵时间的长短应从以下三个方面考虑：一是累计产率（发酵累计总产量与发酵罐容积及发酵时间之比值）最高；二是单产成本（发酵过程的累计成本投入与累计总产量之比值）最低；三是发酵液质量最好（抗生素浓度高、降解产物少、残留基质少、菌丝自溶少）。这三个方面在发酵的变化往往不同步，需根据生产全局综合考虑，进行适当的折中。

（3）提取和精制　从发酵液中提取青霉素，早期曾使用活性炭吸附法，目前多用溶剂萃取法。青霉素与碱金属所生成的盐类在水中溶解度很大，而青霉素游离酸易溶解于有机溶剂中。溶剂萃取法提取即利用了青霉素这一性质，先将青霉素从酸性溶液中转入有机溶剂（乙酸丁酯、氯仿等）中，再转入中性水相中。经过反复几次萃取，达到提取和浓缩目的。由于青霉素的性质不稳定，整个提取和精制过程应在低温、快速、严格控制 pH 下进行，注意设备的清洗和消毒，减少污染，尽量避免或减少青霉素效价的损失。

发酵液放罐后，首先要冷却，避免青霉素的破坏。由于蛋白质的乳化会使溶剂相与水相难以分层分离，所以对发酵液进行预处理，除去蛋白质。蛋白质能在酸性溶液中与一些阴离子如三氯乙酸盐、水杨酸盐、苦味酸盐、鞣酸盐等形成沉淀，在碱性溶液中与 Ag^+、Cu^{2+}、Zn^{2+}、Fe^{2+} 等阳离子形成沉淀，可过滤除去。

目前，工业上所使用的溶剂多为乙酸丁酯（BA）和戊酸丁酯。一般来说，从发酵液萃取到乙酸丁酯时，pH 值选择在 1.8～2.2；而从乙酸丁酯反萃取到水相时，pH 选择在 6.8～7.4。生产上多采用二级逆流萃取的方式。浓缩比的选择也很重要。如果乙酸丁酯用量过多，虽然萃取收率比较高，但达不到结晶要求，增加溶剂消耗量；如果乙酸丁酯用量太少，则萃取不完全，影响收率。萃取分离采用碟片式离心机。如果处理量比较小，也可采用管式离心机。

青霉素游离酸在与某些金属或有机胺结合成盐后，由于极性增大，溶解度大大减少而从有机溶剂中析出。如在含青霉素游离酸的乙酸丁酯提取液中加入乙酸钾、乙酸钠，就分别析出青霉素钾盐、钠盐的结晶。通过结晶，青霉素的纯度可以从二次乙酸丁酯萃取液中的 70% 左右提高至 98% 以上。图 4-9 列出了青霉素的提取和精制工艺流程。

（4）工艺要点

① 青霉素大规模生产常采用三级发酵，接

```
发酵滤液
   │  用15%硫酸调节pH2.0～2.2,按1:(3.5～4.0)
   │  体积比加入乙酸丁酯(BA)及破乳剂,在5℃
   │  左右进行逆流萃取
一次BA萃取液
   │  按1:(4～5)的体积比加入1.5%NaHCO₃缓冲液
   │  (pH6.8～7.2),在5℃左右进行逆流反萃取
一次水提液
   │  用15%硫酸调节pH2.0～2.2,按1:(3.5～4.0)
   │  体积比加入乙酸丁酯(BA),在5℃左右进行
   │  逆流萃取
二次BA萃取液
   │  加入粉末活性炭,搅拌15～20min脱色,然后
   │  过滤
脱色液
   │  按脱色液中青霉素含量计算所需钾量的110%
   │  加入25%乙酸钾丁醇溶液,在真空度>0.095MPa
   │  及45～48℃下共沸结晶
结晶混悬液
   │  过滤,先后用少量丁醇和乙酸乙酯各洗涤晶体
   │  2次
湿晶体
   │  在>0.095MPa的真空及50℃下干燥
青霉素工业盐
```

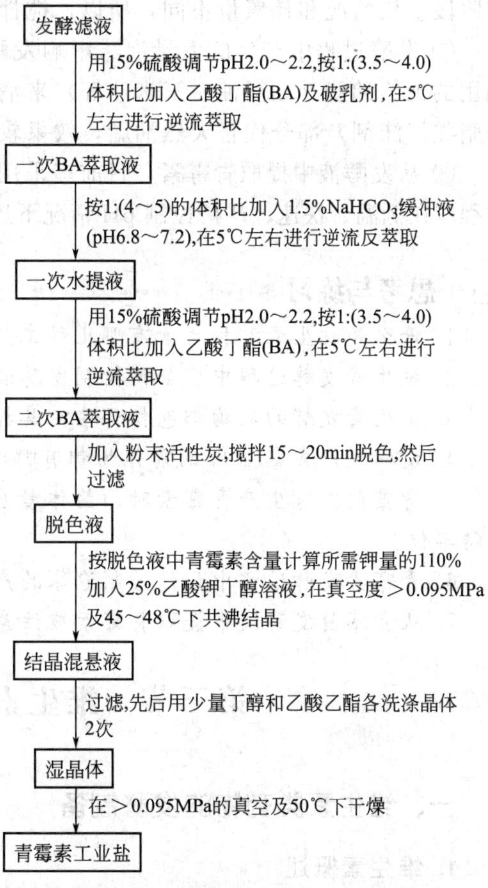

图 4-9　青霉素的提取和精制工艺流程

种量约为 20%。发酵过程中，要特别注意严格操作，防止出现染菌。在接种前后、种子培养过程中及发酵过程中，应随时进行无菌检查，以便及时发现染菌，并在染菌后进行必要处理。

② 用葡萄糖作为碳源必须控制其加入的浓度，因为它易被菌体氧化而产生阻遏作用。加糖主要控制残糖量，加入量取决于耗糖速度、pH 变化、菌丝量及培养液体积，加糖率一般不大于 0.13%/h。

③ 严格控制培养基内前体的浓度，除在基础培养基中加入 0.07% 以外，应根据发酵过程中合成青霉素的需要加入，其含量不应超过 0.1%。否则，前体对青霉菌的生长会产生毒害作用。

④ 青霉素发酵的最适 pH 为 6.5～6.9，应尽量避免 pH 超过 7.0，因为青霉素在碱性条件下不稳定，易水解破坏。如果 pH 过高，可以通过补糖、加天然油脂、加硫酸或加无机氮源等方法调节；如果 pH 过低，可以采取加碳酸钙、加碱、加尿素或补氨水等方法调节。

⑤ 青霉素发酵的最适温度随所用菌种的不同可能稍有差异。对于菌丝生产和青霉素合成来说，最适温度是不一样的。一般菌丝生长的最适温度为 27℃，而分泌青霉素的最适温度在 20℃左右。生产上常采用变温控制法，使之适合不同发酵阶段的需要。

⑥ 青霉素产生菌是需氧菌，深层发酵培养中保证足够的溶解氧对青霉素产量有很大的影响，一般要求发酵液中溶解氧浓度不低于饱和状态下溶解氧浓度的 30%。适宜的每分钟通气比为 1∶(0.8～1)（空气与发酵液体积比）。采用适宜的搅拌速率以保证通入空气能与发酵液混合，以提高溶解氧，同时搅拌又能使发酵罐中培养基均匀地被菌体利用。由于菌体各阶段生长情况和耗氧量不同，所以，搅拌转速需按各发酵阶段不同而进行调整。

⑦ 发酵过程中产生的大量泡沫影响发酵罐体积的有效利用，可以通过加入适宜青霉菌利用的天然油脂（如豆油、玉米油等）来消泡沫。近年来以化学合成消沫剂——泡敌（聚醚树脂类消沫剂）部分代替天然油脂，效果较好。

⑧ 从发酵液中提取青霉素，目前多采用溶剂萃取法。由于青霉素性质不稳定，整个提取过程应在低温、快速、严格控制 pH 情况下进行，尽量避免或减少青霉素效价的破坏和损失。

●●●●●● ● **思考与练习** ● ●●●●●●●●●●●●●●●●●●●●●●●●●●●●●●●●●●●●●●

1. 什么是抗生素？抗生素有哪几种工业生产方法？
2. 抗生素发酵过程中应如何控制发酵液的 pH 值？
3. 抗生素发酵的底物都包括哪些？其控制有哪些方式，各有什么特点？
4. 发酵生产青霉素 G 的前体物都有哪些？应该在什么时候加入？
5. 青霉菌发酵生产青霉素时，菌体量应如何控制？怎样操作才能提高并延长青霉素的发酵单位？
6. 青霉素发酵过程中如何控制泡沫的产生？
7. 从青霉菌发酵液中提取青霉素应注意哪些方面？如何使用乙酸丁酯萃取剂？

第三节　维生素类、核酸类的制备

一、维生素类药物的发酵制备

1. 维生素概述

维生素是维持人体正常代谢功能所必需的生物活性物质。大多数维生素在人体内不能合成，必须从外界摄取。维生素的种类很多，化学结构各不相同。维生素与糖、蛋白质、脂肪不同，它不能供给能量，也不是组织细胞的结构成分。维生素在人体内的含量虽然很少，但对调节物质代谢过程却有十分重要的作用，是维持机体正常生长发育和生理功能所必需的。当人体内缺乏某种维生素时，会引起多种代谢功能失调，易患各种特殊疾病，这些症状称为维生素缺乏症。最近又发现，某些维生素能防治癌症和冠心病等。

许多维生素均能由微生物合成，但大部分产量较低，目前在生产上只有少数几种能够完全或部分应用微生物发酵方法制备，如维生素 B_1、维生素 B_2、维生素 B_{12}、维生素 H、维生素 C 及维生素 A 原等。这里主要介绍维生素 A 原、维生素 B_2 和维生素 C 的发酵生产。

 知识链接

维生素的生物合成法与化学合成法相比较，具有很多优点，例如由发酵或生物转化反应得到的产物是旋光化合物，具有生物活性；而化学合成法得到的是消旋混合物，往往需要进一步分离才能得到有活性的产品。而且，生物合成法生产维生素是在温和的条件下进行的，生产安全可靠，采用的设备也比较简单，成本较低，对环境的污染较小。生物合成法发展十分迅速，前景广阔。

2. 维生素 A 原（β-胡萝卜素）

维生素 A 是一个具有脂环的不饱和单元醇，具有能维持上皮组织的正常结构与功能、促进组织视色素的形成、促进黏多糖合成及骨形成等生理作用，主要用于防治缺乏维生素 A 所引起的皮肤及黏膜异常、夜盲症和眼干燥症等，也应用于癌症的防治。

β-胡萝卜素是维生素 A 的前体物质，也称为维生素 A 原，是一类黄色和红色色素，广泛存在于高等植物，以及藻类、地衣、真菌、细菌等低等植物或微生物中，但动物却不能自身合成。β-胡萝卜素在人的肠黏膜中可水解转变成维生素 A。

许多种微生物都能合成 β-胡萝卜素，其中以三孢布拉霉菌的雄株（＋）和雌株（－）的混合培养产量最高，图 4-10 是其发酵工艺流程。

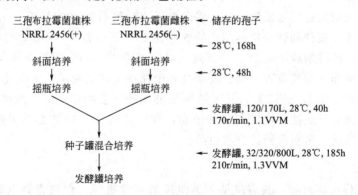

图 4-10 β-胡萝卜素发酵工艺流程

菌种培养基的主要成分（g/L）：玉米浆 70、玉米淀粉 50、KH_2PO_4 0.5、$MnSO_4 \cdot H_2O$ 0.1、盐酸硫胺素 0.01，加水。

发酵培养基主要成分（g/L）：玉米淀粉 60、豆饼水解液 30、棉籽油 30、抗氧剂 0.35、$MnSO_4 \cdot H_2O$ 0.2、盐酸硫胺素 0.5、异烟肼 0.6、煤油 20mL，pH6.3。

主要发酵控制要点：

① 发酵培养基除无机盐和盐酸硫胺素外，以各种淀粉的水解糖作为碳源；

② 发酵温度控制在 20～35℃，大部分在 28℃；

③ 发酵 pH 控制在 5.5～3.7；

④ 发酵 2 天后加入前体 β-紫罗兰酮，并同时加入异烟肼和 5%煤油，以提高产量；

⑤ 继续发酵 3～6 天，通 100℃蒸汽 10～15min，温热杀菌以终止发酵，阻止 β-胡萝卜素被酶解；

⑥ 由于 β-胡萝卜素是在菌丝体内代谢产生的，过滤后取菌丝体在真空中干燥 16～20h（50～55℃），再用石油醚提取，最后用柱色谱法分离提纯得 β-胡萝卜素成品（最高产量可达 2870mg/L）。

> **课堂互动**
>
> 想一想：对比青霉素 G 和维生素 B_2 的发酵制备工艺，能否找出二者间的异同点？

3. 维生素 B_2

维生素 B_2 又称为核黄素，它是黄素酶的辅基，参与生物氧化还原反应，起传递氢的作用。当机体缺乏维生素 B_2 时，会出现舌炎、唇炎、口角炎、睑缘炎及阴囊炎等病患。核黄素分布很广，绿叶蔬菜、黄豆及动物肝、肾、心、乳汁中含量较多，酵母中含量也很丰富。核黄素的化学合成的步骤多、成本高。目前工业制备核黄素是采用微生物发酵法。

能产生维生素 B_2 的微生物很多，如阿庆假囊酵母、棉病囊霉、根霉、曲霉、青霉、梭状芽孢杆菌、产气杆菌、大肠杆菌等，生产中常用的主要是阿氏假囊酵母及棉病囊霉。图 4-11 是阿氏假囊酵母生产维生素 B_2 的工艺流程。

$$菌种 \xrightarrow{移接} 菌种斜面 \xrightarrow[4\sim5 天]{28℃} 无菌水孢子悬浮液 \xrightarrow[30\sim40h]{30℃} 种子液 \xrightarrow{30℃\ 20h} 二级种子液 \xrightarrow[98.0665kPa,\ 160h]{30℃} 终止发酵$$

图 4-11　维生素 B_2 的发酵工艺流程

菌种培养基成分（%）：葡萄糖 2、蛋白胨 0.1、麦芽浸膏 5、琼脂 2，pH 值 6.5。

发酵培养基成分（%）：米糠油 4、玉米浆 1.5、鱼粉 1.5、KH_2PO_4 0.1、NaCl 0.2、$CaCl_2$ 0.1、$(NH_4)_2SO_4$ 0.02。补料：米糠油 3、骨胶 1.8、麦芽糖 0.5。

工业上一般采用的是三级发酵，即先将产孢子菌种斜面于 28℃培养 4～5 天后，用无菌水制成孢子悬浮液，接种到种子培养基中培养，在 30℃下培养 30～40h，再接种到二级发酵罐中，30℃下通风搅拌培养 20h 后，转接到三级发酵罐中，30℃搅拌下通风发酵 160h，并补加一定量的米糠油、骨胶及麦芽糖。发酵过程中保持良好的通风，可促进大量膨大菌体的形成，迅速提高维生素 B_2 的产量，并可缩短发酵周期。发酵结束后，发酵液用稀酸水解，释放出核黄素，再加黄血盐和硫酸锌除去杂质，发酵滤液加 3-羟基-2-萘甲酸钠与核黄素形成复盐，经分离纯化，精制得到核黄素成品。

4. 维生素 C

维生素 C 又称抗坏血酸，具有维持骨骼组织的正常机能、促进骨骼组织细胞间质的形成、促进铁离子的运输、增强人体的免疫功能等多种作用，在临床上用于防治坏血病和抵抗传染疾病、促进创伤和骨折愈合等。维生素 C 有 4 种光学异构体，其中只有 L（＋）-抗坏血酸的临床效果最好。另外，维生素 C 作为一种营养强化剂和抗氧化剂，广泛应用于食品和饲料等工业中。

维生素 C 存在于一切生命组织中。新鲜水果及绿叶蔬菜中含量丰富，在动物器官中也含有维生素 C,但人体不能合成,完全依赖于食物摄取。

维生素 C 生产始于 20 世纪 20 年代,最早从柠檬、辣椒、肾上腺等动植物组织中提取,价格昂贵。目前,维生素 C 的工业生产方法主要有基于化学合成的莱氏法和应用微生物的两步发酵法。

(1) 化学合成法 这是 1933 年由瑞士人莱齐特因(Reichstein)等发明的,简称"莱氏法",是以葡萄糖为原料,经催化加氢制取 D-山梨醇,然后用黑醋菌发酵生成 L-山梨醇,再经酮化及 NaClO 化学氧化、水解后得到 2-酮基-L-古龙酸(2-KLG),然后进行化学合成得到维生素 C。用这种方法得到的产品质量好、收率高、原料便宜,是国外的重要生产方法。但生产工序多、劳动强度大,且使用大量溶剂,对环境危害较大。

(2) 两步发酵法 这是我国科学家于 20 世纪 70 年代发明的,是目前唯一成功应用于维生素 C 工业生产的发酵方法。该法以 D-山梨醇为原料,在细菌的作用下转化为 L-山梨醇,再经细菌发酵产生维生素 C 的前体 2-KLG。其特点是:第二步发酵由氧化葡萄酸杆菌和巨大芽孢杆菌等伴生菌混合发酵完成,涉及大、小两个菌株,缺一不可。其中小菌为产酸菌,但单独培养传代困难,产酸能力很低;大菌不产酸,是小菌的伴生菌。研究表明,大菌通过释放某些代谢活性物质促进小菌产酸,缩短了小菌生长的延迟期。

与莱氏法相比,两步法以混合发酵取代了化学合成,简化了工艺,缩短了生产周期,避免使用丙酮、NaClO 等化学溶剂,极大地改善了操作条件,有利于生产连续化和操作自动化,工艺先进、产品质量好、生产成本低,是目前我国维生素 C 生产的主要方法。两步发酵法生产维生素 C 的工艺流程如图 4-12 所示。

$$D\text{-葡萄糖} \xrightarrow{H_2/催化剂} D\text{-山梨醇} \xrightarrow[\text{(第一步)}]{\text{微生物}} L\text{-山梨醇} \xrightarrow[\text{混合发酵(第二步)}]{\text{大菌、小菌}} 2\text{-酮基-L-古龙酸} \xrightarrow{\text{化学转化}} \text{维生素 C}$$

图 4-12 维生素 C 的发酵工艺流程

(3) 其他制备方法 近年来,维生素 C 的发酵制备方法有新的进展,出现了由葡萄糖直接发酵生产 2-KLG 的"两步串联发酵法"。这种方法省掉了从 D-葡萄糖加氢生成 D-山梨醇的步骤,大大简化了莱氏法的工艺,原料也更加简化。但在生产上还存在许多问题,如中间产物不稳定、生产效率低、成本高等,与工业化生产还有一定距离。

也有采用重组 DNA 技术构建"代谢工程菌",通过"一步发酵法",从葡萄糖直接发酵生成 2-KLG。目前,此法的转化率尚低,距离实际应用还有较大差距。该方法为维生素 C 生产菌的选育和深入研究开辟了新的途径。

二、核酸类药物的发酵制备

核酸类物质作为药物一般可分为两大类:一类是具有天然结构的核酸类物质;另一类是自然结构碱基、核苷、核苷酸的结构类似物或聚合物。前者是生物体合成的原料或蛋白质、脂肪及糖生物合成与降解以及能量代谢的辅酶,包括肌苷、辅酶 A、ATP、GTP、CTP、UTP、腺苷、辅酶 I、辅酶 II 等,多数是生物体自身能够合成的物质,可以经微生物发酵或从生物资源中提取,临床上广泛应用于放射病、血小板减少症、白细胞减少症、急慢性肝炎、心血管疾病、肌肉萎缩等病症的治疗。后者是当今人类治疗病毒感染性疾病、肿瘤的重要手段,也是产生干扰素、免疫抑制的临床药物。已经正式在临床上应用的抗病毒核苷类药物有三氮唑核苷、叠氮胸苷、阿糖腺苷等。此外,还有 8-氮杂鸟嘌呤、6-疏基嘌呤、氟胞嘧啶、氟尿嘧啶、阿糖胞苷、无环鸟苷等已应用于临床,具有一定疗效。

核酸类药物的生产方法可分为化学合成法、酶解法和发酵法三种。其中发酵法以糖质为原料，生产核苷酸类物质，一方面符合人们的食用习惯，另一方面生产成本低、效益高，特别是目前基因工程育种技术及高产优化控制技术的采用，使发酵法生产成本大大降低，优势更为明显。

1. 肌苷

肌苷又名次黄嘌呤核苷，是次黄嘌呤与核糖的缩合物，对不同类型的心脏病及肝脏病有较好的疗效且无毒副作用，是唯一能代替人体内辅酶 A 功能的药物，还是鲜味剂的前体物质。

肌苷可用发酵法生产，日本是主要的肌苷生产国。我国用发酵法生产肌苷始于 20 世纪 70 年代，目前年产量约为 1500t，生产能力和水平与国外还有很大差距。

产生肌苷的主要微生物为细菌，如枯草芽孢杆菌、短小芽孢杆菌、产氨短杆菌、谷氨酸棒杆菌、谷氨酸小球菌、节杆菌、铜绿假单胞菌、大肠杆菌等。此外，还有一些酵母和霉菌也可产生肌苷，如粟酒裂殖酵母等。肌苷的生产工艺流程见图 4-13。

$$\text{斜面菌种} \xrightarrow[18\sim24h]{35℃} \text{摇瓶种子液} \xrightarrow[12h]{30℃} \text{二级种子液} \xrightarrow[10\sim12h]{34℃} \text{发酵培养} \xrightarrow[43\sim48h]{35\sim37℃} \text{放罐} \rightarrow \text{洗脱吸附} \rightarrow \text{结晶} \rightarrow \text{产品}$$

图 4-13 肌苷生产工艺流程

肌苷发酵中的碳源大多使用来自淀粉水解液的葡萄糖。

肌苷的含氮量很高（20.9%），所以必须有足够的氮源供应，常用氯化铵、硫酸铵或尿素等，并用氨水来调节 pH。

磷酸盐对肌苷生成有很大影响。采用短小芽孢杆菌的腺嘌呤缺陷型发酵肌苷时，可溶性磷酸盐（如磷酸钾）可以显著地抑制肌苷的累积，而不溶性磷酸盐（如磷酸钙）可以促进肌苷的生成。相反地，采用产氨短杆菌的变异株时，肌苷发酵并不需要维持无机磷的低水平，即使添加 2% 磷酸盐，也能累积大量的肌苷。

肌苷生产菌株多为腺嘌呤缺陷型菌株，因此培养基中必须加入适量的腺嘌呤或含有腺嘌呤的物质（如酵母膏等）。腺嘌呤的加入量不仅影响菌体的生长，更影响肌苷积累。腺嘌呤对肌苷积累有一个最适浓度，这个浓度通常比菌体生长所需要的最适浓度小一些，称为亚适量。

氨基酸具有促进菌体生长、增加肌苷积累、节约腺嘌呤用量的作用。组氨酸、亮氨酸、异亮氨酸、蛋氨酸、甘氨酸、苏氨酸、苯丙氨酸及赖氨酸等都有这种促进作用。其中组氨酸是必需的，而其他氨基酸可以用高浓度的苯丙氨酸代替。

发酵条件也是影响肌苷积累的重要因素。肌苷积累的最适 pH 值为 6.0～6.2；枯草杆菌的最适温度为 30℃，短小芽孢杆菌为 32℃；供氧不足可使肌苷生成受到显著的抑制，而积累一些副产物；通气搅拌可以减少 CO_2 对肌苷发酵的抑制作用。

2. 肌苷酸

肌苷酸是肌苷的磷酸酯，由核酸、磷酸和次黄嘌呤组成。肌苷酸可参与机体能量代谢及蛋白质合成，可应用于白细胞减少、急慢性肝炎、肺源性心脏病、中心性视网膜炎、视神经萎缩等病症的治疗，同时作为助鲜剂在调味品领域有着广泛的用途。

肌苷酸的生产方法主要有：提取分离细胞内的呈味核苷酸、从微生物细胞中提取核酸并进行酶降解、发酵法或合成法制得肌苷酸前体再进行微生物转化、选育肌苷酸高产菌株直接发酵制备。国外采用枯草芽孢杆菌、产氨短杆菌的营养缺陷型等菌株，以糖等为基质进行发酵。发酵工艺流程如下：试管斜面培养→摇瓶种子培养→二级种子罐培养→三级种子罐培养→发酵→过滤→脱色→吸附→结晶→精制。

3. 鸟苷酸

鸟苷酸（GMP）和腺苷酸都是嘌呤核苷酸生物合成的终产物，可用于治疗白细胞减少、血小板下降及感染等病症，近年来在食品添加剂领域的应用越来越广泛。

微生物中普遍存在有催化 GMP 向鸟苷、鸟嘌呤降解的酶系，同时，鸟苷酸在嘌呤核苷酸的生物合成中存在着反馈调节的机制，所以直接发酵生产 GMP 非常难。但可以利用切断下游代谢途径的营养缺陷型突变株来大量积累鸟苷酸，并利用鸟苷酸溶解度低的特点用析出结晶的办法减弱反馈调节作用来制备鸟苷酸。目前，鸟苷酸的生产方法主要是：利用细菌发酵生产鸟苷，再以酶法或化学合成法将鸟苷磷酸化得到 GMP；也有利用直接发酵法生产 GMP。发酵法生产鸟苷的菌种有枯草芽孢杆菌、微黄短杆菌、铜绿假单胞菌、产氨短杆菌等。

·····● **思考与练习** ●·····

1. 什么是维生素 C 的两步合成法，与莱氏化学合成法的区别在哪里？
2. 简述维生素 A 原发酵控制的工艺要点。
3. 核酸类药物常用的生产方法有哪些？
4. 为什么在肌苷发酵生产中加入氨基酸？请简述。

第四节 氨基酸类、酶类的制备

一、氨基酸类的发酵制备

1. 氨基酸的生产工艺

氨基酸是人体及动物的重要营养物质，具有重要的生理功能。氨基酸在医药、食品、化妆品、农业及皮革、涂料等轻化工领域有着广泛的用途。

最早的氨基酸制备技术是开始于 1820 年的蛋白质酸水解技术。1850 年化学法合成氨基酸技术获得成功。1956 年实现了发酵法生产谷氨酸，并开始大规模工业化生产。氨基酸的生产大体有四种方法：蛋白质水解法、化学合成法、微生物发酵法和酶法。例如，利用废蛋白质原料（如动物毛发）水解获得复合氨基酸；利用化学合成法生产 DL-蛋氨酸、甘氨酸、DL-丙氨酸等；利用酶法生产 L-丙氨酸、L-色氨酸、L-丝氨酸等。蛋白质水解法、酶法和化学合成法由于前体物的成本高、工艺复杂，工业化生产受到很多限制。现在，微生物发酵法已经成为氨基酸制备的主要方法，60％以上的氨基酸是采用发酵法进行生产的，其中，产量最大的是谷氨酸，约占总产量的 75％；其次是赖氨酸，约占总产量的 10％。

微生物发酵法可借助微生物具有自身合成所需氨基酸的能力，通过对菌株的筛选、诱变处理及代谢过程的调节来达到制备某种氨基酸的目的。发酵法最为突出的优点是能直接生产具有活性的 L-氨基酸。发酵法又可分为直接发酵法和添加前体发酵法。根据生产菌株的特性不同，直接发酵法又包括：①使用野生型菌株，直接由糖和铵盐发酵生产，如谷氨酸、丙氨酸和缬氨酸；②使用营养缺陷型突变株，直接由糖和铵盐发酵生产，如赖氨酸、苏氨酸和苯丙氨酸；③由氨基酸结构类似物的抗性突变株进行生产，如色氨酸、亮氨酸和精氨酸；④使用营养缺陷型兼抗性突变株来生产氨基酸，如异亮氨酸、瓜氨酸。

2. 谷氨酸的发酵生产

谷氨酸发酵生产的工艺流程见图4-14。

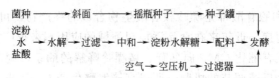

图 4-14　谷氨酸发酵生产工艺流程

（1）谷氨酸生产菌　目前，工业上应用的谷氨酸生产菌有谷氨酸棒状杆菌、乳糖发酵短杆菌、黄色短杆菌、嗜氨小杆菌、球形节杆菌等。我国常用的菌种有北京棒状杆菌、钝齿棒杆菌和黄色短杆菌等，这些菌都有一些共同的特点，如菌体为球形、短杆至棒状、无鞭毛、不运动、不形成芽孢、呈革兰阳性、需要生物素做生长因子、在通气条件下培养产生谷氨酸。

（2）谷氨酸的生产原料　谷氨酸生产原料有碳源、氮源、无机盐和生长因子等。

碳源是构成菌体、合成谷氨酸碳骨架以及能量的来源。目前使用的谷氨酸生产菌均不能利用淀粉，只能利用葡萄糖、果糖等，有些菌种还能利用醋酸、正烷烃等碳源。谷氨酸发酵用葡萄糖一般都来自于淀粉原料，如玉米、小麦、甘薯、大米等，其中甘薯淀粉最为常用。也可用糖蜜作为碳源，如甘蔗糖蜜、甜菜糖蜜。在一定的范围内，谷氨酸产量随葡萄糖浓度的增加而增加；但若葡萄糖浓度过高，由于渗透压过大，则对菌体的生长很不利，导致菌体对糖的转化率降低。通常，谷氨酸发酵糖浓度为125～150g/L，采用流加方式加入。

与碳源相比，氮源对谷氨酸发酵的影响更大，约85%的氮源被用于合成谷氨酸。目前，生产上多采用尿素作为氮源，在发酵中分批流加，流加时温度不宜过高（不超过45℃），否则，游离氨过多会使pH值升高，抑制菌的生长。

以糖质为碳源的谷氨酸生产菌几乎都是生物素缺陷型，谷氨酸发酵以生物素为生长因子。当生物素缺乏时，菌种生长十分缓慢；当生物素过量时，则谷氨酸发酵转为乳酸发酵。因此，一般将生物素控制在亚适量的水平。实际生产中常通过添加玉米浆、麸皮、水解液、糖蜜等，来满足谷氨酸生产菌必需的生长因子。

> **课堂互动**
>
> 　想一想：为什么除芽孢杆菌外，现有的谷氨酸发酵菌都需要生物素作为生长因子，才能发酵制备谷氨酸？

磷酸盐是谷氨酸发酵过程中必需的，但浓度不能过高，否则，谷氨酸发酵会转向缬氨酸发酵。

（3）工艺控制　接种量应根据谷氨酸菌种、菌龄、发酵培养基成分等的不同来确定，一般为0.6%～1.7%。

谷氨酸发酵的前期，主要是长菌阶段，如果温度过高，菌种容易衰老，严重影响菌体的生长繁殖，因此，温度宜控制在32℃；在发酵的中后期，菌体生长基本结束，为了满足谷氨酸的大量合成，可适当提高温度，控制在34～37℃。

谷氨酸发酵的最适pH一般为中性或微碱性。在发酵前期，将pH控制在7.5～8.0较为合适；在发酵中后期，将pH控制在7.0～7.6对提高谷氨酸产量有利。通常采用流加氨水或尿素的方法调节pH，同时也添加了氮源。

谷氨酸发酵是好氧发酵，发酵液中溶氧浓度对菌体生长和谷氨酸积累有很大影响。在前期的菌生长阶段，若供氧过量，则在生物素限量的情况下会抑制菌体生长，表现为耗糖慢、长菌慢，这个阶段以低通风量为宜；在发酵阶段，若供氧不足，发酵的主产物会由谷氨酸变为乳酸，此阶段以高通风量为宜。生产上，用气体转子流量计来控制通气量，另外，发酵罐大小不同，搅拌转速和通气量也不同。

（4）谷氨酸的提取　常用的谷氨酸提取方法有：等电点法、离子交换法、锌盐沉淀法以及纳滤膜技术等。

等电点法是谷氨酸提取方法中最简单的一种，是目前使用较多的方法。在 pH＜3.22 时，谷氨酸 α-羧基的电离被抑制，谷氨酸呈阳离子状态；当 pH＞3.22 时，则以阴离子形式存在；而当 pH＝3.22 时（即等电点），谷氨酸呈中性，此时的溶解度最小，从溶液中析出。经过滤、离心，可提取出谷氨酸晶体。

等电点提取谷氨酸时，应注意以下工艺要点。

① 谷氨酸含量　提取时，要求谷氨酸含量在 4％ 以上，否则，应先浓缩或加晶种后，再提取。

② 结晶温度　谷氨酸的溶解度随温度降低而降低，要求温度应低于 30℃，且降温速度要慢。

③ 加酸　加酸的目的是调节溶液 pH 至等电点，在前期加酸应稍快，中期（晶核）形成前加酸速度要减缓，后期加酸要慢，直至降至等电点。

④ 加入晶种与育晶　加入晶种有利于提高谷氨酸收率。通常，5％ 的谷氨酸，在 pH4.0～4.5 时加入晶种；而 3.5％～4.0％ 的谷氨酸，在 pH3.5～4.0 时加入晶种。晶种的投放量约为发酵液的 0.2％～0.3％。

⑤ 搅拌　结晶过程中的搅拌有利于晶体的长大，但搅拌过强容易导致晶体破碎，一般以 20～30r/min 为宜。

3. 赖氨酸的发酵生产

赖氨酸可以促进儿童发育，增强体质，被广泛应用于食品、饲料及医疗保健等方面。

可以产生赖氨酸的微生物有两类：一类是细菌，多数是以谷氨酸生产菌为出发菌通过诱变制得；另一类是酵母菌。由于酵母菌的赖氨酸产率没有细菌的高，所以生产上都是采用细菌突变株作为生产菌种，主要有谷氨酸棒状杆菌、北京棒杆菌、黄色短杆菌或乳酸发酵短杆菌等。

赖氨酸的发酵生产工艺与谷氨酸相似，可以使用玉米、山芋等淀粉原料作为培养基，也可以使用糖蜜。发酵中的氮源多用硫酸铵和氯化铵。

赖氨酸生产菌多由谷氨酸生产菌诱变而来，都是生物素缺陷型，若培养基中限量添加生物素，会导致发酵转向谷氨酸方向，大量积累谷氨酸；如果生物素添加过量，则会使谷氨酸对谷氨酸脱氢酶发生产物抑制作用，转向天冬氨酸途径，大量积累赖氨酸。同时，赖氨酸生产菌都属于高丝氨酸缺陷型，苏氨酸和蛋氨酸是赖氨酸生产菌的生长因子，如果培养基中两者含量丰富，就会只长菌，不产或少产赖氨酸，所以在发酵时，宜将苏氨酸和蛋氨酸控制在亚适量水平，以提高赖氨酸产量。

研究还发现，发酵过程中添加红霉素、氯霉素、铜离子等一些物质，可以提高赖氨酸产量。

赖氨酸下游加工包括发酵液预处理、提取、精制三个阶段。先将发酵液过滤或离心除去菌体，澄清的滤液用盐酸调节 pH4.0；再用铵型强酸性阳离子交换树脂选择性地提取赖氨酸；然后将洗脱液进行真空浓缩以除去氨，结晶后的赖氨酸粗品再用活性炭脱色、过滤后得到赖氨酸盐酸盐成品。

 能力拓展

利用发酵法还可以制备苏氨酸、缬氨酸、异亮氨酸、亮氨酸、天冬氨酸、色氨酸等。目前我国在这些氨基酸的发酵生产方面尚未形成规模。市场上的氨基酸产品多为国外产品。

苏氨酸的制备有化学合成、发酵和蛋白质水解三种方法。发酵生成的苏氨酸都是 L-苏氨酸。苏氨酸发酵菌主要有大肠杆菌、黏质沙雷杆菌和短杆菌，均为营养缺陷型或抗性突变株，同时具有多重缺陷型和结构类似物抗性的突变株，能增加产苏氨酸的能力。

近年来发现，L-缬氨酸是一种高效免疫抗生素的原料，使得缬氨酸的年需求量猛增。缬氨酸的生物合成是：由丙酮酸生成的 α-乙酰乳酸经还原脱水得到 α-酮基异戊酸，最后生成缬氨酸。

异亮氨酸、亮氨酸均有甲基侧链，具有相近的化学性质。异亮氨酸有两种发酵制备方法：添加前体发酵法和直接发酵法。前者在发酵时添加 D-苏氨酸、α-氨基丁酸等前体；后者应用抗反馈调节突变株或营养缺陷型菌株，直接发酵获得。亮氨酸发酵的前体是缬氨酸的中间体 α-酮基异戊酸，生产菌同样是抗性突变株或营养缺陷型菌株。

天冬氨酸和色氨酸都可以用发酵法制备，但目前的生产主要是以酶法为主。

二、酶类药物的发酵制备

1. 什么是酶类药物

酶是生物体内具有生物催化活性的生物大分子，包括蛋白质和核酸等，其中绝大多数酶的化学本质是蛋白质。

自 19 世纪人们从麦芽浸提液中提取出第一个具有活力的淀粉酶后，已经从生物体内提取出 800 多种酶。但作为医药应用的酶类制剂仅有几十种。20 世纪 60 年代，首次出现了酶类药物的概念，至 80 年代出现了用于治疗由冠状动脉引起心脏病的重组酶类药物 Activasel。

按临床应用来区分，酶类药物主要有以下几种。

① 消化类　消化和分解食物中各种成分，如淀粉、脂肪、蛋白质等，主要有胃蛋白酶、胰酶、淀粉酶、纤维素酶、木瓜酶、凝乳酶、无花果酶、菠萝酶等。

② 抗炎净创类　这一类酶大多是蛋白质水解酶，能够分解发炎部位纤维蛋白的凝结物，消除伤口周围的坏疽、腐肉和碎屑，主要有胰蛋白酶、糜蛋白酶、双链酶、α-淀粉酶、枯草杆菌蛋白酶、木瓜蛋白酶、黑曲霉蛋白酶等。

③ 血凝和解凝类　这一类酶都是从血液中提取出来的，或促使血液凝固，或溶解血块，如凝血酶、纤维蛋白溶解酶、尿激酶、链激酶、蚓激酶、蛇毒凝血酶等。

④ 解毒类　用以解除体内或因注射某种药物产生的有害物质，主要有青霉素酶、过氧化氢酶和组胺酶等。

⑤ 诊断类　用作临床上各种生化检查的试剂，帮助临床诊断，常用的有葡萄糖氧化酶、β-葡萄糖苷酸酶和尿素酶等。

知识链接

2. 酶类药物的生产工艺

人类利用微生物生产酶类具有非常悠久的历史，最具有代表性的就是制曲酿酒。19世纪末，人们开始了酶类的工业化生产。第二次世界大战后，由于抗生素发酵工业的兴起和研究的深入，通风搅拌的深层培养技术被成功应用到酶类生产，酶制剂工业进入了飞速发展的阶段。目前，酶类药物几乎都是通过微生物发酵法进行大规模生产。

从酶的作用对象区分，酶类药物基本上都属于蛋白酶。因此，酶类药物的制备，可以看作是蛋白酶制剂的制备。目前，利用微生物发酵生产酶类药物，主要有固态发酵法和液体深层发酵法。这两种方法在工艺上有较大差别，包括原料处理、菌种培育、无菌要求、发酵控制以及提取纯化等各方面都有不同。总的来说，固态发酵的工艺要求较为简单，液体深层发酵的工艺要求较为复杂。

课堂互动

想一想：固态发酵和液体深层发酵在工艺控制上有什么不同？

固态发酵法起源于我国古代的制曲技术，至今在酶类药物生产中仍占有重要的地位。固态发酵法适用于霉菌的生产，一般使用麸皮作为培养基，将菌种与培养基充分混合后，在浅盘或帘子上铺成薄层，放置在多层架子上，根据不同微生物的需要控制不同的培养温度和湿度。待培养基中长满菌丝，酶活力达到最高值时，停止培养，进行酶的提取。这种方法具有生产简单易行、成本低等优点，但劳动强度高。而液体深层发酵法是指在通气搅拌的发酵罐中进行微生物培养，是目前酶类药物生产中最广泛使用的方法，具有机械化程度高、培养条件容易控制等特点。另外，酶的产率高、质量好。但是，此法无菌要求比较高，生产时要特别注意防止染菌。

按照蛋白酶生产菌的最适 pH 来区分，一般划分为酸性蛋白酶、中性蛋白酶和碱性蛋白酶三类。

（1）酸性蛋白酶　目前可用于酸性蛋白酶的生产菌有 30 余种，工业化生产应用较普遍的主要是黑曲霉和宇佐美曲霉。我国生产上常用的有黑曲霉 AS3.301、AS3.305 等。

酸性蛋白酶的微生物发酵培养基主要是用麸皮、米糠、玉米粉、淀粉、豆饼粉、玉米浆、饲料鱼粉等作为碳氮营养物，再加入适量的无机盐组成。如黑曲霉 AS3.350 发酵培养基组成如表 4-7 所示。

表 4-7　黑曲霉 AS3.350 发酵培养基配方

项　　目	含量/%	项　　目	含量/%	项　　目	含量/%
豆饼粉	3.75	氯化铵	1.0	豆饼、石灰水解液	10
玉米粉	0.625	氯化钙	0.5	pH	5.5
鱼粉	0.625	磷酸二氢钾	0.2		

接种量一般控制在 10% 以下。有研究表明，对宇佐美曲霉 537 菌株来说，5% 比 10% 更为适宜。

培养基的起始 pH 对酸性蛋白酶的产量有较大影响，不同菌种对起始 pH 的要求各有不同，如微紫青霉 pH 为 3.0、斋藤曲霉 pH 为 5.0、根霉 pH 为 4.0 等。

酸性蛋白酶对温度变化很敏感，故应根据不同菌种的特性对发酵温度进行控制。黑曲霉正常发酵温度为 30℃ 左右，斋藤曲霉以 35℃ 为宜，而根霉和微紫青霉则以 25℃ 为佳。

产酸性蛋白酶要求有较大的通风量，但通风量对产酶的影响还因菌种、培养基种类不同而异。如宇佐美曲霉变异株 537 对通风量的要求较高，发酵前期通风量不宜过大，但在发酵后期（48h 后）通风量应控制在 1.0～1.1；通风不足对黑曲霉菌丝体的生长无明显影响，对产酶量则有明显影响。

发酵过程中加入正十二烷等作为氧载体，能使培养基中氧传递速度加快，减少气泡和剪切力，可以明显提高菌株的酸性蛋白酶产量。

酸性蛋白酶的提取常用沉淀结晶和离子交换柱色谱等方法。

（2）中性蛋白酶　中性蛋白酶的产生菌主要有枯草芽孢杆菌、巨大芽孢杆菌、地曲霉、米曲霉、酱油曲霉和放线菌中的灰色链霉菌等，其中以放线菌 166 株的使用较为普遍。比如一般蛋白酶对蛋白质的水解率为 10%～40%，水解产物多为多肽或低肽；而放线菌 166 株的中性蛋白酶水解能力可达到 80%，对多数蛋白质如血清蛋白、血红蛋白、酪蛋白、血纤维蛋白、血清 γ-球蛋白、大豆蛋白、明胶等均可水解。凡目前已知各种蛋白酶能作用的蛋白质，放线菌蛋白酶均能作用，还可作用于其他蛋白酶不能作用的蛋白质，且可分解至氨基酸。放线菌蛋白酶虽然是胞外酶（胞外酶一般仅含内肽酶），但几乎具有一切内肽酶与外肽酶的性质，因而它比其他蛋白酶的应用更为广泛。

以 5000L 规模的发酵为例，中性蛋白酶发酵制备的过程简述如下。

将沙土管保存的菌种接入高氏二号斜面培养基中，28℃ 下培养约 10 天得到孢子斜面；制成孢子悬液菌种后，接入 500L 种子发酵罐，在 28～29℃、180r/min、1∶0.4（20h 前）～1∶0.5（20h 后）的通风条件下培养约 40h，转入发酵；在接种量 10%、28～29℃、180r/min 条件下进行搅拌发酵，通风量分别控制为 1∶0.4（20h 前）、1∶0.6（20～24h 后）和 1∶0.8（40～50h）。发酵过程中，pH 控制为 5.5（24h 后）或更低一些。大约 34h 后 pH 开始上升，进入产酶阶段，酶开始逐步积累，泡沫急剧增加，应注意加油消泡，直至发酵结束。发酵结束时，残糖含量不超过 1.5%。发酵结束后，向发酵液中加入氯化钙溶液，再用硫酸铵沉淀，过滤、干燥后即得蛋白酶成品。放线菌中性蛋白酶在 35℃ 下稳定，最适反应 pH 为 7～8，钙离子对其有激活作用，明矾、乙二胺四乙酸（EDTA）对其有失活作用。

（3）碱性蛋白酶　碱性蛋白酶的产生菌较多，用于生产的菌株主要为芽孢杆菌中的若干种，如地衣芽孢杆菌、解淀粉酶芽孢杆菌、短小芽孢杆菌等。另外，灰色链霉菌、费氏链霉菌等也常用作碱性蛋白酶的产生菌。

以地衣芽孢杆菌 2709 碱性蛋白酶生产为例，其生产过程简述如下。

地衣芽孢杆菌 2709 碱性蛋白酶是我国最早（1971 年）投产的碱性蛋白酶，也是产量最大的一类蛋白酶，占商品酶制剂总产量的 20% 以上，除食品、医药方面的应用外，其最大的工业用途还在于制造加酶洗涤剂、丝绸脱胶和制革等轻化工领域。

将储存于 5℃ 下的斜面菌种接入茄形瓶中，培养并制成菌悬液，再接入种子罐，经 18～20h 培养后接入发酵罐。10000L 发酵罐接入培养基 5000L，36℃ 下通风培养，通风量在前期为 1∶1.5、在后期为 1∶0.2，搅拌 40h 后，酶活可达到最大，结束发酵。其培养基配方见表 4-8。

表 4-8　地衣芽孢杆菌 2709 发酵制备碱性蛋白酶的培养基配方

培养基	牛肉膏	蛋白胨	黄豆饼粉	玉米粉	氯化钠	Na_2HPO_4	NaH_2PO_4	Na_2CO_3	琼脂	pH
斜面	1%	1%			0.5%				2%	7.2
茄形瓶	1%	1%			0.5%				2%	7.2
种子罐			3%	2%		0.4%	0.1%	0.1%		自然
发酵罐			3%	2%①		0.3%				9.0

① 用麸皮替代玉米粉。

　　地衣芽孢杆菌由于菌体比较小，发酵液黏度大，不宜使用常规的固-液分离方法。目前，国内多采用无机盐凝聚法或者直接将发酵液进行盐析。前者是向发酵液中加入一定量的无机盐，使菌体和杂蛋白等凝集到一起形成较大颗粒，然后进行压滤；后者是直接将发酵液进行盐析，得到酶、菌体、杂蛋白的混合体系，再进一步提纯、精制。

●●●●●● ● 思考与练习 ● ●●

　　1. 最早的氨基酸制备技术是（　　）技术，至 1956 年实现了发酵法生产（　　），才开始大规模工业化生产氨基酸。

　　2. 现已报道的谷氨酸生产菌均不能利用（　　），只能以葡萄糖、果糖等作为发酵碳源。

　　3. 以糖质为碳源的谷氨酸几乎都是（　　）缺陷型，发酵过程中必须加入（　　）；但如果添加过量，则谷氨酸发酵转为（　　）发酵，因此应将添加量控制在（　　）的水平。

　　4. 谷氨酸发酵过程中，应如何控制通气量？

　　5. 赖氨酸生产菌与谷氨酸生产菌相比，两者在菌营养类型上有什么异同点？

　　6. 黑曲霉发酵生产酸性蛋白酶与巨大芽孢杆菌发酵生产中性蛋白酶，这两种发酵都是哪种类型，各自有什么工艺特点？请简述之。

实践五　四环素类抗生素药物的发酵制备

一、实验目的

加深对抗生素代谢调控发酵的理解；

掌握抗生素研究、生产中常用的比色、纸色谱等实验技术。

二、实验原理

　　四环素族抗生素包括金霉素、四环素和土霉素，具有共同的结构特点，以四并苯为基本母核，拥有不同的环上基团或不同的基团位置。例如，金霉素与四环素具有相同的结构，只是金霉素比四环素多 1 个氯离子。利用这一特性，在发酵液中加入能阻止氯离子进入四环素分子的分子，可使菌种产生较多的四环素。

　　本实验利用溴离子在生物合成过程中对氯离子有竞争性抑制作用的原理，通过加入 2-巯基苯并噻唑（即 M-促进剂）抑制氯化酶的作用，增加四环素的产量。实验利用比色法测定四环素和金霉素的效价。四环素和金霉素在酸性条件下加热，可产生黄色的脱水金霉素和脱水四环素，其色度与含量成正比。碱性条件下，四环素较稳定，金霉素则会生成无色的异金霉素。

　　根据上述原理，可以在酸性条件下，利用比色法测定四环素、金霉素混合液的总效价。四环素效价的测定：可在碱性条件下使金霉素生成无色的异金霉素，再在酸性条件下使四环素生成黄色的脱水四环素，经比色测得四环素效价。总效价与四环素效价两者之差即为金霉素效价。

发酵液中加入乙二胺四乙酸二钠盐（EDTA-Na$_2$）作为螯合剂，消除金属离子的干扰。优化四环素脱水条件（降低酸度或延长加热时间），可以减少发酵液中所含杂质对比色反应的干扰。

三、实验用品

1. 仪器与材料

摇瓶（三角瓶）、容量瓶、吸管、滤纸、展开槽、分光光度计等。

2. 试剂

（1）培养基

① 孢子培养基（g/L）：小麦麸皮 35、琼脂 20、合成溶液 [MgSO$_4$ 0.1、KH$_2$PO$_4$ 0.2、(NH$_4$)$_2$HPO$_4$ 0.3]，蒸馏水配制，自然 pH。

② 种子培养基（g/L）：黄豆饼粉 20、淀粉 40、酵母粉 5、蛋白胨 5、(NH$_4$)$_2$HPO$_4$ 3、MgSO$_4$ 0.25、KH$_2$PO$_4$ 0.2、CaCO$_3$ 4。

③ 发酵培养基（g/L）：黄豆饼粉 40、淀粉 100、酵母粉 2.5、蛋白胨 15、(NH$_4$)$_2$HPO$_4$ 3、MgSO$_4$ 0.25、CaCO$_3$ 4、α-淀粉酶（活力为 10^5 U/mL）0.1mL。

（2）试剂　草酸、EDTA-Na$_2$、HCl、NaOH、pH3.0 柠檬酸缓冲液、正丁醇、氨水。

（3）菌种　金色链霉菌（*Strerptomyces aureofaciens*）。

四、实验步骤

1. 孢子制备

金霉素霉菌接种在杀菌后的孢子斜面培养基上，37℃培养 5 天，当孢子长成灰色时，可用于接种。

2. 种子制备

将种子培养基 25mL 分别加入到 250mL 摇瓶中，杀菌后接种 1cm^2 斜面孢子，置 28℃培养 20h，观察浓度，达到要求时可转接发酵摇瓶。

3. 发酵

在发酵培养基中分别加入下列成分进行发酵，比较它们对四环素产生的影响。

① 加入 0.2％的 NaBr。

② 加入 0.2％的 KCl。

③ 加入 0.2％的 NaBr、0.0025％ M-促进剂（原始溶液浓度为 50％）。

④ 对照（除发酵培养基外不加入其他物质）。

于 500mL 摇瓶中装入发酵培养基 50mL，杀菌后接入 10％种子，在 28℃摇床培养 5 天，每隔 12h 分别采用纸色谱法测定效价，质量测定法测定菌体量。

4. 四环素效价测定

取一定量发酵液，加草酸调节 pH 至 1.5～2.0 后过滤，取滤液 1mL（效价约为 1000 U/mL）于 50mL 容量瓶中，加入 1％的 EDTA-Na$_2$ 溶液，加水 9mL，再加入 1mL 3mol/L 的 NaOH，20～25℃保温 15min 后，加入 2.5mL 6mol/L 的 HCl，煮沸 15min 后冷却，在分光光度计上于 440nm 处测定吸光值。

5. 纸色谱鉴定

在 pH2.5 的磷酸缓冲液中将滤纸条（长 24cm）浸湿，取出后用干滤纸将多余的缓冲液吸去，晾干。用毛细管将四种发酵液和四环素以及金霉素标准品溶液分别滴在处理过的滤纸上，圆点直径不大于 0.4cm，间距 3cm。一般效价控制在 1000U/mL 以上滴 3 点，500～1000U/mL 滴 4 点，200～500U/mL 滴 5 点。滴好样品后将滤纸放入展开剂中饱和 6h 以上；用 pH3.0 柠檬酸缓冲液饱和的正丁醇做展开剂，在室温下展开 6～8h（与温度有关）。展开后将滤纸取出，于溶剂前沿画记号，晾干，用氨水熏数秒后即可在紫外灯下显影，画出黄色斑点后再分别计算。

五、实验数据处理

发酵培养时，每一种培养基用 500mL 摇瓶 12 只，分别在 0h 和间隔 12h 取 1 瓶，除测定四环素效价外，采用质量法测定菌体量，记录结果于表 4-9 中。

表 4-9　不同发酵时间菌体生长状况及四环素的效价

时间/h	四环素效价/(U/mL)	菌体量/(g/L)	单位菌体产量/(U/g)	菌体生产率/[U/(g·h)]
0				
12				
24				
36				
48				
60				
72				
84				
96				
108				
120				

六、结果与讨论

① 四环素类抗生素是由糖和—NH_2 衍生而成，四环素的母核是由乙醚或丙二酸单位缩合形成的四连环，氨甲酰基和 N-甲基分别来自 CO_2 和甲硫氨酸。根据该原理，试讨论四环素的生物合成途径。

② 除表 4-9 给出的数据外，以时间为横坐标、表 4-9 中数据为纵坐标绘图，分析各量的变化规律。

③ 在实验报告中给出完整的实验步骤，讨论各步骤的注意事项与必要性。

实践六　青霉素的萃取与萃取率计算

一、实验目的

学会利用溶剂萃取的方法对料液进行提纯；
掌握碘量法测定青霉素含量的方法，并计算出青霉素的萃取率。

二、实验原理

萃取过程是利用在两个不混溶的液相中各组分溶解度的不同，而达到分离组分的目的。当 pH=2.3 时，青霉素在乙酸丁酯中比在水中的溶解度大，因而可以将乙酸丁酯加到青霉素溶液中，并使其充分接触，使青霉素被萃取浓集到乙酸丁酯中，达到分离提纯的目的。

$$青霉素萃取率=\frac{（萃取前青霉素含量－萃取后青霉素含量）}{萃取前青霉素含量}×100\%$$

萃取前、后青霉素含量的测定采用碘量法。碘量法的基本原理：青霉素类抗生素经碱水解的产物青霉噻唑酸可与碘作用（8mol 碘原子可与 1mol 青霉素反应），根据消耗的碘量可计算青霉素的含量。利用碘量法测定青霉素含量时，为了消除供试样品中可能存在的降解产物及其他能消耗碘的杂质干扰，还应做空白试验。做空白试验时，青霉素不经碱水解。剩余的碘用 $Na_2S_2O_3$ 滴定（$Na_2S_2O_3 : I_2 = 2 : 1$）。

三、实验用品

1. 仪器与材料

分液漏斗、烧杯、电子天平、酸式滴定管、移液管、容量瓶、量筒、玻棒、pH 试纸等。

2. 试剂

$Na_2S_2O_3$（0.1mol/L）：取 $Na_2S_2O_3$ 约 2.6g 与无水 Na_2CO_3 0.02g，加新煮沸过的冷蒸馏水适量溶解，定容到 100mL。

碘溶液（0.1mol/L）：取碘 1.3g，加 KI 3.6g 与水 5mL 使之溶解，再加 HCl 1～2 滴，定容到 100mL。

乙酸-乙酸钠（pH4.5）缓冲液：取 83g 无水乙酸钠溶于水，加入 60mL 冰醋酸，定容到 1L。

NaOH 溶液（1mol/L）、HCl 溶液（1mol/L）、淀粉指示剂、乙酸丁酯、稀 H_2SO_4、蒸馏水。

四、实验步骤

1. $Na_2S_2O_3$ 标定

取 $K_2Cr_2O_3$ 0.15g 于碘量瓶中，加入 50mL 水使之溶解，再加 KI 2g，溶解后加入稀 H_2SO_4 40mL，摇匀，密塞，在暗处放置 10min。取出后再加水 25mL 稀释，用 $Na_2S_2O_3$ 滴定临近终点时，加淀粉指示剂 3mL，继续滴定至蓝色消失，记录 $Na_2S_2O_3$ 消耗的体积。

2. 青霉素的萃取

用电子天平称取 0.12g 青霉素钠，溶解后定容到 100mL（以此模拟青霉素发酵液进行实验操作）。

准确移取 10mL 青霉素钠溶液，用稀 H_2SO_4 调节 pH2.3～2.4，取 15mL 乙酸乙酯液，与青霉素钠溶液混合，置分液漏斗中，摇匀，静置 30min。

待溶液分层后，将下方萃余相置于烧杯中备用，将上方萃取液回收。

3. 萃取率的测定

（1）测定萃取前青霉素钠溶液消耗的碘　取 5mL 定容好的青霉素钠溶液于碘量瓶中，加 NaOH 液（1mol/L）1mL 后放置 20min，再加 1mL HCl 液（1mol/L）与 5mL 乙酸-乙酸钠缓冲液，精密加入碘滴定液（0.1mol/L）5mL，摇匀，密塞，在 20～25℃的暗处放置 20min，用 $Na_2S_2O_3$ 滴定液（0.1mol/L）滴定，临近终点时加淀粉指示剂 3mL，继续滴定至蓝色消失，记录 $Na_2S_2O_3$ 消耗的体积（$V_{前}$）。

（2）测定空白消耗的碘　另取 5mL 定容好的青霉素钠溶液于碘量瓶中，加入 5mL 乙酸-乙酸钠缓冲液，再精密加入碘滴定液（0.1mol/L）5mL，摇匀，密塞，在 20～25℃的暗处放置 20min，用 $Na_2S_2O_3$ 滴定液（0.1mol/L）滴定，临近终点时加淀粉指示剂 3mL，继续滴定至蓝色消失，记录 $Na_2S_2O_3$ 消耗的体积（$V_{空白}$）。

（3）测定萃取后萃余相中青霉素钠消耗的碘　取萃余相 5mL 于碘量瓶中，按步骤（1）

的方法进行测定，记录 $Na_2S_2O_3$ 消耗的体积（$V_{后}$）。

五、实验数据处理

实验数据处理如下：

① 青霉素含量计算。

因青霉素：$I_2 = 1:4$，若把青霉素所消耗的碘简写为青 I_2，则青霉素含量＝青 $I_2/4$。而青 I_2＝总 I_2－杂 I_2－余 I_2。所以，青霉素含量可按下式计算：

$$青霉素含量 = \frac{总\ I_2 - 杂\ I_2 - 余\ I_2}{4}$$

式中，总 I_2 为滴定时总的碘含量；杂 I_2 为青霉素以外的杂质所消耗的碘；余 I_2 为青霉素和杂质消耗剩余的碘。

总 $I_2 = 0.1 \times 5 \times 10^{-3}$ （mol/L）

杂 $I_2 = 总\ I_2 - c_{Na-S} \times V_{空白}/2$

式中，c_{Na-S} 为 $Na_2S_2O_3$ 的浓度。

余 $I_2 = c_{Na-S} \times V_{Na-S}/2$

式中，V_{Na-S}，指当计算萃取前的青霉素含量时代入 $V_{前}$，计算萃取后的青霉素含量时代入 $V_{后}$。

②　　　$$萃取率 = \frac{萃取前青霉素含量 - 萃取后青霉素含量}{萃取前青霉素含量} \times 100\%$$

六、结果与讨论

① 讨论：pH 的调节在提高青霉素萃取效率方面有哪些重要性。

② 填写实践报告及分析。

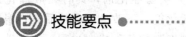 **技能要点**

发酵工程是利用生物细胞（包括微生物细胞、动物细胞、植物细胞及其固定化细胞）的特定功能，通过现代工程技术手段（主要是发酵罐或生物反应器的自动化、高效化、功能多样化和大型化）生产各种特定的有用物质，或者把微生物直接用于某些工业化生产的一种生物技术。根据操作方式的不同，发酵过程主要有分批发酵、连续发酵和补料分批发酵三种类型。控制发酵工艺的主要参数有温度、pH 值和溶解氧等。

主要的发酵技术药物包括：抗生素、维生素类、核酸类、氨基酸类、药用酶和辅酶及其他药理活性物质等。抗生素的工业生产方法主要有发酵法、化学合成法和半化学合成法。青霉素是第一个应用于临床的 β-内酰胺类抗生素，常用的生产菌种为产黄青霉菌株。维生素是维持人体正常代谢功能所必需的生物活性物质，如维生素 B_1、维生素 B_2、维生素 B_{12}、维生素 H、维生素 C，以及维生素 A 原等都可以用微生物发酵制备，或者由微生物发酵制备前体物质后再经化学合成而制得。核酸类药物的生产方法主要有酶解法、化学合成法和发酵法。其中，发酵法生产的主要有肌苷、肌苷酸和鸟苷酸等。氨基酸的制备方法主要有蛋白质水解法、化学合成法、微生物发酵法与酶法。酶类药物也可以由微生物发酵产生。微生物发酵生产蛋白酶的方法一般有固态发酵法和液体深层发酵法。

第五章　酶工程技术与生化反应制药

 学习目标

【学习目的】　学习酶工程、固定化酶及固定化细胞的基本概念，酶的固定化方法，固定化酶的特性，酶的固定化方法及固定化酶在氨基酸和核苷酸等药物生产中的应用，海藻酸钠固定蛋白酶的方法。

【知识要求】　了解酶工程、固定化酶及固定化细胞的定义，掌握固定化酶及固定化细胞的方法及怎样利用固定化酶生产氨基酸和核苷酸类药物，熟悉固定化酶的特性及固定化酶的应用。

【能力要求】　掌握怎样固定化酶和细胞，怎样利用固定化酶制备氨基酸和核苷酸等药物。

第一节　酶工程与固定化细胞技术

一、概述

1. 酶的特性与酶工程

酶是由细胞产生的具有催化活性的蛋白质，又称为生物催化剂，具有一般催化剂的特性，即参与化学反应过程时加快反应速率，降低反应活化能，不改变反应性质，自身的数量和性质在反应前后没有改变。酶存在于细胞体内，控制细胞的各种代谢过程，将营养物质转化成能量和用于细胞合成，部分酶分泌到细胞外，在生物体外，只要条件适宜，某些酶亦可催化各种生化反应。所有生命活动都是在酶的催化下发生并完成的。

酶的化学本质是蛋白质，基本组成单位是氨基酸，是由各种氨基酸通过肽键连接而成的大分子化合物，具有完整的化学结构和空间结构。酶的结构决定了酶的性质和功能。根据这一特点，可以对酶进行分子修饰，改变酶的某些特性和功能。

> **课堂互动**
>
> 想一想：酶反应和微生物发酵反应之间有什么内在联系？

酶的生理作用在于其具有的高效催化特性。与非酶催化剂相比，酶的催化特性表现为：效率更高，通常比化学催化剂高出几个数量级；反应专一性更强，几乎没有副产物；反应条件十分温和，在低于100℃的常温、常压和比较温和的pH环境中发生反应；酶的催化活性可以受到调节和控制。

酶工程又称为酶技术，将酶或者包含酶的微生物细胞、动植物细胞、细胞器等装载于生物反应装置中，利用酶所具有的生物催化功能，借助工程手段将原料转化成相应的有用物质，是酶学与工程学相互结合渗透、涉及酶的工程化应用的一门技术。

近年来，随着酶在各领域中的发展与应用，酶工程内容也不断丰富。酶工程主要包括酶的制备、分离纯化、酶固定化、酶及固定化酶反应器、酶修饰与改造、酶与固定化酶的应用等。

2. 酶的来源与制备

酶作为生物催化剂，普遍存在于动植物和微生物中，可直接从生物体中分离得到，是比较特殊的蛋白质的制备。虽然用化学合成法可以制得酶，但受工艺、成本的限制，目前还很难获得实际应用。

早期酶的生产多以动植物为原料直接从生物体中提取分离，如从猪颌下腺中提取激肽释放酶、从菠萝中制取菠萝蛋白酶、从木瓜汁液中制取木瓜蛋白酶等。随着酶制剂应用范围的日益扩大，单纯依赖动植物来源的酶已不能满足要求，而且动植物原料生产周期长、来源有限，受地理、气候等多方面因素的影响，不适合大规模生产。现在，市场上的酶制剂大多采用微生物发酵法来生产。

利用微生物生产酶制剂有着突出的优点：微生物种类繁多，凡是动植物体内存在的酶几乎都能从微生物中得到；微生物繁殖快、生产周期短、培养简便，并可以通过控制培养条件来提高酶的产量；微生物具有较强的适应性，通过各种遗传变异的手段，能培育出新的高产菌株。常用的产酶微生物见表5-1。生产菌和目的酶不同，其菌种的制备、发酵工艺、酶的分离提纯方法也各不相同。

表 5-1　常用的产酶微生物

菌　种	工业酶品种	菌　种	工业酶品种
大肠杆菌	谷氨酸脱羧酶、天冬氨酸酶、青霉素酰化酶、β-半乳糖苷酶	青霉菌	葡萄糖氧化酶、青霉素酰化酶、5′-磷酸二酯酶、脂肪酶
枯草杆菌	α-淀粉酶、β-葡萄糖氧化酶、碱性磷酸酯酶	木霉菌	纤维素酶
啤酒酵母	转化酶、丙酮酸脱羧酶、乙醇脱羧酶	根霉菌	淀粉酶、蛋白酶、纤维素酶
黑(黄)曲霉	糖化酶、蛋白酶、淀粉酶、果胶酶、葡萄糖氧化酶、氨基酰化酶、脂肪酶	链霉菌	葡萄糖异构酶

🐦 知识链接

我国早在4000年前的夏禹时代，就盛行酿酒。酒是酵母菌发酵的产物，是其中酶作用的结果。在3000年前的周朝，用麦芽粉制造饴糖（麦芽糖）。麦芽糖是麦芽中的淀粉酶水解淀粉的产物。虽然古人已经利用了酶的催化作用，但是，他们并不知道酶的本质。1896年，德国巴克纳兄弟从酵母的无细胞抽提液中发现了能将葡萄糖转变成乙醇和 CO_2 的酶。这一重大发现，促进了酶的分离提纯、理化性质、酶促反应动力学等研究。1961年国际生物化学联合会酶学委员会按酶所催化的反应类型，将酶分成6大类：氧化还原酶类、转移酶类、水解酶类、裂合酶类、异构酶类与合成酶（或称连接酶）类。

二、酶与细胞的固定化

酶反应几乎都是在水溶液中进行的，为均相反应。均相酶反应系统自然简便，但也有许多缺点，如溶液中的游离酶只能一次性使用，并且增加产品分离的难度，影响产品的质量，酶的性质也不稳定，容易变性和失活。如果能将酶制成既能保持其原有的催化活性、性能稳定，又不溶于水的固形物，即固定化酶，则可以像一般固定催化剂那样使用和处理，大大提高酶的利用率。同样，能分泌产生酶的生物细胞也可以固定化。固定化的细胞既有细胞特性和生物催化的功能，也具有固相催化剂的特点。

酶和细胞固定化是酶工程的中心任务，特别是固定化细胞，是当今酶工程的一个热门课题。

固定化技术克服了天然酶在工业应用方面的不足之处，又发挥酶反应的特点，是酶技术现代化的一个重要里程碑。

1. 固定化酶的制备

所谓固定化酶，是指限制或固定于特定空间位置的酶，具体来说，是指经物理或化学方法处理，使酶变成不易随水流失即运动受到限制，而又能发挥催化作用的酶制剂。制备固定化酶的过程称为酶的固定化。固定化所采用的酶，可以是经提取分离后得到的有一定纯度的酶，也可以是结合在菌体（死细胞）或细胞碎片上的酶或酶系。

酶类可粗分为天然酶和修饰酶。固定化酶属于修饰酶，其最大特点是既具有生物催化剂的功能，又具有固相催化剂的特性。与天然酶相比，固定化酶具有下列优点。

① 可以多次使用，多数情况下提高了酶的稳定性，如固定化的葡萄糖异构酶，可以在 $60\sim65℃$ 下连续使用超过 $1000h$；固定化黄色短杆菌的延胡索酸酶用于生产 L-苹果酸，可以连续反应一年。

② 反应后，酶与底物和产物易于分开，产物中无残留酶，易于纯化，产品质量高。

③ 反应条件易于控制，可实现转化反应的连续化和自动控制。

④ 酶的利用效率高，单位酶催化的底物量增加，酶的用量减少。

⑤ 比水溶性酶更适合于多酶反应。

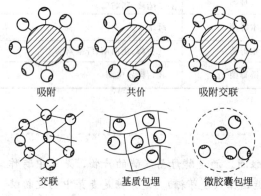

吸附　　　　共价　　　　吸附交联

交联　　　基质包埋　　　微胶囊包埋

图 5-1　酶固定化方法示意图

迄今为止，酶和细胞的固定化方法达百种以上，但几乎没有一种固定化技术能普遍适用于每一种酶，所以要根据酶的应用目的和特性来选择固定化方法。酶固定化方法有载体结合法、共价结合法、包埋法及交联法。酶的固定化方法见图 5-1。

（1）载体结合法　这种方法通过载体表面和酶分子表面间的次级键相互作用而达到固定目的，是最简单的固定化方法。酶与载体之间的亲和力是范德华力、疏水相互作用、离子键和氢键等。该方法又可分为物理吸附法、离子吸附法。

① 物理吸附法　利用水不溶性的固相载体表面直接吸附酶而使酶固定化。常用的固相载体有活性炭、氧化铝、高岭土、多孔玻璃、硅胶、石英砂、羟基磷灰石等无机载体，也有如纤维素、胶原、淀粉及面筋等有机载体。其中，以活性炭的应用最广。α-淀粉酶、糖化酶、葡萄糖氧化酶等都曾采用过此法进行固定化。进行物理吸附法操作时，可将酶的水溶液与具有高度吸附能力的载体混合，然后洗去杂质和未吸附的酶，即得固定化酶。

物理吸附法不会明显改变酶分子的高级结构，因此不易使酶分子活性中心受到破坏。其缺点是酶分子与载体间的相互作用较弱，尤其是无机载体，吸附容量比较低，酶容易脱落。

课堂互动

想一想：因为酶是有催化活性的蛋白质，那么在制备固定化酶时，应如何避免酶活性的损失？

② 离子吸附法　利用离子键使酶与载体结合而将酶固定。载体是不溶于水的离子交换剂。常用的阴离子交换剂有 DEAE-纤维素、TEAE-纤维素、ECTEOLA-纤维素、DEAE-葡聚糖凝胶

等；阳离子交换剂有 CM-纤维素、纤维素柠檬酸盐等。

离子吸附法在操作时，先将解离状态的酶溶液与离子交换剂混合，洗去未吸附的酶和杂质，即得固定化酶。离子吸附法操作简便，处理条件较温和，酶分子的高级结构和活性中心很少改变，能得到活性较高的固定化酶。与物理吸附法相比，离子交换剂的蛋白质结合能力较强，但容易受缓冲液种类和 pH 的影响，在离子强度较大的状态下，酶分子容易从载体上脱落。

（2）共价结合法　这是目前研究最广泛、内容最丰富的固定化方法，其原理是酶分子上的官能团（如氨基、羧基、羟基、咪唑基、巯基等）和载体表面的反应基团之间形成共价键，从而将酶固定在载体上。共价结合法有数十种，如重氮化、叠氮化、酸酐活化法、酰氯法、异硫氰酸酯法、缩合剂法、溴化氰活化法、烷基化法及硅烷化法等。在共价结合法中，必须首先活化载体，使载体获得能与酶分子的某一特定基团发生特异反应的活泼基团；另外还要考虑酶蛋白上提供共价结合的官能团不能影响酶的催化活性；反应条件尽可能温和。

共价结合法与离子结合法和物理吸附法相比，反应条件苛刻，操作复杂。由于采用了比较强烈的反应条件，会引起酶蛋白高级结构的变化，破坏部分活性中心，固定化酶活性往往不高，甚至酶的专一性等性质也会变化。但是酶与载体结合牢固，一般不会因底物浓度高或存在盐类等原因而轻易脱落。

（3）交联法　交联法是使用双功能或多功能试剂，使酶分子之间相互交联呈网状结构的固定化方法。交联法又可分为交联酶法、酶与辅助蛋白交联法、吸附交联法及载体交联法 4 种。有酶分子内交联、分子间交联或辅助蛋白与酶分子间交联；也可以先将酶或细胞吸附于载体表面而后再交联或者在酶与载体之间进行交联。常用的交联剂有戊二醛、双重氮联苯胺-2,2-二磺酸、1,5-二氟-2,4-二硝基苯、己二酰亚胺二甲酯等。参与交联反应的酶蛋白官能团有 N 末端的 α-氨基、赖氨酸的 ε-氨基、酪氨酸的酚基、半胱氨酸的巯基、组氨酸的咪唑基等。交联法与共价结合法一样也是利用共价键固定酶的，所不同的是它不使用载体。

交联法的反应条件比较强烈，固定化酶的酶活回收一般较低，但是尽可能降低交联剂的浓度和缩短反应时间可提高固定化酶的比活。最常用的交联剂是戊二醛，戊二醛的两个醛基可与酶分子的游离氨基反应，彼此交联，形成固定化酶。

一般用交联法所得到的固定化酶颗粒小、结构性能差、酶活性低，故常与吸附法或包埋法联合使用。如先使用明胶包埋，再用戊二醛交联；或先用尼龙（聚酰胺类）膜或活性炭、Fe_2O_3 等吸附后，再交联。由于酶的官能团，如氨基、酚基、羧基、巯基等参与了反应，会引起酶活性中心结构的改变，导致酶活性下降。为避免和减少这种影响，常在被交联的酶溶液中添加一定量的辅助蛋白如牛血清白蛋白，以提高固定化酶的稳定性。

（4）包埋法　包埋法可分为网格型和微囊型两种。网格型包埋是将酶或细胞包埋在高分子化合物形成的细微网格中；将酶或细胞包埋在高分子半透膜中的称为微囊型。

① 网格型包埋　也称为凝胶包埋，应用十分广泛，所使用的高分子化合物分为天然型（如淀粉、明胶、胶原、海藻胶和角叉菜胶等）与合成型（包括聚丙烯酰胺、聚乙烯醇和光敏树脂等）两类。包埋法一般不需要酶蛋白的氨基酸残基参与反应，很少改变酶的高级结构，酶活损失也较少。

凝胶包埋操作的基本过程是：先将凝胶材料（如卡拉胶、海藻胶、琼脂及明胶等）与水混合，加热使之溶解，再降至其凝固点以下的温度，然后加入预保温的酶液，混合均匀，最后冷却凝固成型和破碎，即成固定化酶。此外，也可以在聚合单体的聚合反应同时实现包埋法固定化（如聚丙烯酰胺包埋法），其过程是向酶、混合单体及交联剂缓冲液中加入催化剂，在单体产生聚合反应形成凝胶的同时，将酶限制在网格中，经破碎后即成为固定化酶。

　　用合成和天然高聚物凝胶包埋时，可以通过调节凝胶材料的浓度来改变包埋率和固定化酶的机械强度。高聚物浓度越大，包埋率越高，固定化酶的机械强度就越大。为防止酶或细胞从固定化酶颗粒中渗漏，可以在包埋后再用交联法使酶更牢固地保留于网格中。

　　② 微囊型包埋　是将酶定位于具有半透性膜的微小囊内，酶存在于类似细胞内的环境中，不易脱落，增加了酶的稳定性。包有酶的微囊半透膜的表面积与体积比越大，包埋酶量越多。微囊型包埋法的反应条件要求高，制备成本也高。常用于制造微胶囊的材料有聚酰胺、火棉胶、醋酸纤维素等。

　　包埋法制备固定化酶的条件温和，不改变酶的结构，操作时保护剂及稳定剂均不影响酶的包埋率，适用于多种酶制剂的固定化。但包埋的固定化酶只适用于催化小分子底物及小分子产物的转化反应，不适用于催化大分子底物或产物的反应，而且因扩散阻力会导致酶的动力学行为发生改变，降低酶活力。

能力拓展

　　微囊型包埋的基本制备方法主要有界面沉降法及界面聚合法两类。

　　① 界面沉降法　利用某些在水相和有机相界面上溶解度极低的高聚物成膜过程将酶包埋。其基本过程是先将酶液在有机相中乳化形成油包水的微滴，再用另一种不能溶解高聚物的有机相使高聚物在油水界面上沉淀、析出及成膜，通过乳化作用将形成的微囊膜从有机相中转移至水相，即成为固定化酶。常用的高聚物有硝酸纤维素、聚苯乙烯及聚甲基丙烯酸甲酯等。微囊化的条件温和，制备过程不易引起酶的变性，但完全除去半透膜上残留的有机溶剂比较难。

　　② 界面聚合法　利用不溶于水的高聚物单体在油-水界面上聚合成膜的过程制备微囊，属于化学制备法。成膜的高聚物有尼龙、聚酰胺等。

　　此外，还有近年开发的脂质体包埋法，通过由表面活性剂和磷脂酰胆碱等形成的液膜包埋酶，其特征是底物或产物的膜透性不依赖于膜孔径的大小，而只依赖于对膜成分的溶解度。

　　（5）固定化载体　在酶的固定化过程中，所用的水不溶性固体支持物称为载体或基质。固定化的载体种类很多，其来源、结构和性质各不相同。固定化过程中使用的载体需符合如下条件：固定化过程中不引起菌体的变性，对酸碱有一定的耐受性，有一定的机械强度，有一定的亲水性及良好的稳定性，有一定疏松、均匀的网状结构，具有可共价结合的活化基团，有耐受酶和微生物细胞的能力，以及廉价易得。酶的固定化载体见表5-2。

表 5-2　常用的固定化酶载体

吸附法			包埋法	共价结合法
物理吸附法		离子吸附法		
矾土	淀粉	DEAE-纤维素	卡拉胶	葡聚糖凝胶
膨润土	皂土	TEAE-纤维素	海藻胶	琼脂
胶棉	多孔玻璃	羟甲基纤维素	聚丙烯酰胺凝胶	琼脂糖
碳酸钙	二氧化硅	DEAE-葡聚糖胶	甲壳素	苯胺多孔玻璃
活性炭	煤渣	阳离子交换树脂	硅胶	对氨基苯纤维素
氧化铝	磷酸钙凝胶	阴离子交换树脂	丙烯酸高聚物	聚丙烯酰胺
纤维素	羟基磷灰石		琼脂	胶原
石英粉			琼脂糖	多聚氨基酸
			明胶	金属氧化物

2. 固定化细胞的制备

将细胞限制或定位于特定空间位置的方法称为细胞固定化技术，被限制或定位于特定空间位置的细胞称为固定化细胞，它与固定化酶同被称为固定化生物催化剂。细胞固定化技术是酶固定化技术的发展，因此固定化细胞也称为第二代固定化酶。固定化细胞主要是利用细胞内酶和酶系，其应用比固定化酶更为普遍。现在，细胞固定化技术已扩展至动植物细胞，甚至线粒体、叶绿体及微粒体等细胞器的固定化，在医药、食品、化工、医疗诊断、农业、分析、环保、能源开发等领域得到广泛应用。

（1）固定化细胞的特点　固定化细胞既有细胞特性，也有生物催化剂功能，又具有固相催化剂特点。其优点在于：无需进行酶的分离纯化；细胞保持酶的原始状态，固定化过程中酶的回收率高；细胞内酶比固定化酶稳定性更高；细胞内酶的辅因子可以自动再生；细胞本身含多酶体系，可催化一系列反应；抗污染能力强。

固定化细胞对传统发酵工艺的技术改造具有重要影响。目前工业上已应用的固定化细胞有很多种，如固定化 *E.coli* 生产 L-天冬氨酸或 6-氨基青霉烷酸，固定化黄色短杆菌生产 L-苹果酸，固定化假单胞杆菌生产 L-丙氨酸等。

（2）固定化细胞的制备方法　细胞的固定化技术是酶固定化技术的延伸。细胞固定化主要适用于胞内酶，要求底物和产物容易透过细胞膜，细胞内不存在产物分解系统及其他副反应；若存在副反应，应具有相应的消除措施。固定化细胞的制备方法有载体结合法、包埋法、交联法及无载体法等。

① 载体结合法　这是将细胞悬浮液直接与水不溶性的载体相结合的固定化方法，其原理与吸附法制备固定化酶基本相同，所用的载体主要为阴离子交换树脂、阴离子交换纤维素、聚氯乙烯等。优点是操作简单，符合细胞的生理条件，不影响细胞的生长及其酶活性；缺点是吸附容量小，结合强度低。目前虽有采用有机材料与无机材料构成杂交结构的载体，或将吸附的细胞通过交联及共价结合来提高细胞与载体的结合强度，但载体结合法在工业上尚未得到推广应用。

② 包埋法　将细胞定位于凝胶网格内的技术称为包埋法，这是固定化细胞中应用最多的方法。常用的载体有卡拉胶、聚乙烯醇、琼脂、明胶及海藻胶等。包埋细胞的操作方法与包埋酶的方法相同。优点在于细胞容量大，操作简便，酶的活力回收率高；缺点是扩散阻力大，容易改变酶的动力学行为，不适于催化大分子底物与产物的转化反应。现在，已有凝胶包埋的 *E.coli*、黄色短杆菌及玫瑰暗黄链霉菌等多种固定化细胞，并已实现 6-氨基青霉烷酸、L-天冬氨酸、L-苹果酸及果葡糖的工业化生产。

③ 交联法　用多功能试剂对细胞进行交联的固定化方法称为交联法。由于交联法所用化学试剂的毒性能破坏细胞，进而损害细胞活性，如用戊二醛交联的 *E.coli* 细胞，其天冬氨酸酶的活力仅为原细胞活力的 34.2%，故这种方法的应用较少。

④ 无载体法　靠细胞自身的絮凝作用制备固定化细胞的技术称为无载体法。本法是通过助凝剂或选择性热变性的方法实现细胞的固定化，如含葡萄糖异构酶的链霉菌细胞经柠檬酸处理，使酶保留于细胞内，再加絮凝剂脱乙酰甲壳素，获得的菌体干燥后即为固定化细胞。无载体法的优点是可以获得高密度的细胞，固定化条件温和；缺点是机械强度差。

三、固定化方法与载体的选择依据

1. 固定化方法的选择

比较各种固定化方法的特点，可以为选择合适的方法提供必要的依据。酶和细胞的固定化方法很多，同一种酶或细胞采用不同的固定方法，制得的固定化酶或细胞的性质可能相同或相差甚远。不同的酶或细胞也可以采用同一种固定方法，制得不同性质的固定化生物催化剂。因此酶和细胞的固定化方法没有特定的规律可以遵循，需要根据具体情况和试验摸索出具体可行的方法。另外如果是为了工业化应用，还必须考虑各种制备试剂和原材料的价格便宜和易得、制备方法简便易行的原则。应考虑下述几个因素来选择固定化的方法。

① 固定化酶应用的安全性　尽管固定化生物催化剂比化学催化剂更为安全，但也需要按照药物和食品领域的检验标准作出必要的检查。因为除了吸附法和几种包埋法外，大多数固定化操作都涉及化学反应，必须了解所用的试剂是否有毒性和残留，应尽可能选择无毒性试剂参与的固定化方法。

② 固定化酶在操作中的稳定性　在选择固定化的方法时要求固定化酶在操作过程中十分稳定，能长期反复使用，在经济上有极强的竞争力。因此应考虑酶和载体的连接方式、连接键的多寡和单位载体的酶活力，从各方面进行权衡，选择最佳的固定化方法，以制备稳定性高的固定化酶或细胞。

③ 固定化的成本　固定化成本包括酶、载体和试剂费用，也包括水、电、气、设备及劳务投资。如酶、载体及试剂价格较高，但由于固定化酶（细胞）能长期反复使用，利用效率有提高，即使固定化成本不低于原工艺，仍然可以通过改进或简化原工艺来提高产品质量和收率，节省劳务，使其拥有实用价值。此外，固定化酶成本通常仅占生产成本的极小部分，在价格昂贵的药品生产中，固定化酶对产品纯度和收率的提高是极有利的，因此仍然可以考虑。当然，为了工业应用，应尽可能采用操作简单、活力回收率高及载体和试剂价格低廉的固定化方法。

2. 载体的选择

为了工业化应用，最好选择工业化生产中已大量应用的廉价材料为载体，如聚乙烯醇、卡拉胶及海藻胶等。离子交换树脂、金属氧化物及不锈钢碎屑等，也都是有应用前途的载体。载体的选择还应考虑底物的性质，当底物为大分子时，包埋型的载体不能用于转化反应，只能用可溶性的固定化酶；若底物为小分子，完全溶解或黏度大，宜采用密度高的不锈钢碎屑或陶瓷等材料制备吸附型的固定化酶，以便实现转化反应和回收固定化酶。

各种固定化方法和特性的比较见表 5-3。

表 5-3　固定化方法及其特性的比较

特　征	吸附法		包埋法	交联法	共价结合法
	物理吸附法	离子吸附法			
制备	易	易	难	易	难
结合力	弱	中	强	强	强
酶活性	中	高	高	低	高
载体再生	能	能	不能	不能	极少用
底物专一性	不变	不变	不变	变	变
稳定性	低	中	高	高	高
固定化成本	低	低	中	中	高
应用性	有	有	有	无	无
抗微生物能力	无	无	有	可能	无

四、固定化酶的形状与性质

1. 固定化酶的形状

由于应用目的和反应器类型的不同，需要不同物理形状的固定化酶。固定化酶的物理形状也与基质的性质和制备方法有关。不同的材料可制成相同形状的固定化酶，如卡拉胶、琼脂和海藻胶均可制成酶片或酶块。同一种材料也可以制成不同形状的固定化酶，如海藻胶既可以制成酶片或酶块，也可以制成酶珠。此外，同一种方法可以制造出不同形状的固定化酶，如包埋法既可制成酶珠，也可制成酶胶囊。不同的方法也可以制造出相同形状的固定化酶，如交联法、吸附法和共价结合法均可以制成酶粉。因此制造何种形状的固定化酶，需要根据底物和产物的性质、基质材料的性能、固定化的方法、酶反应的性质、反应器的类型和应用目的来决定。

① 颗粒状固定化酶　　颗粒状的固定化酶包括酶珠、酶块、酶片和酶粉等，颗粒比表面积大，转化效率高，适用于各种类型的反应器。如海藻胶溶液和酿酒酵母的混合液经喷珠机压入到 $CaCl_2$ 溶液中，即可制成固定化的酵母酶珠，用于工业化中乙醇的大规模生产。

② 纤维状固定化酶　　某些材料用适当的溶剂溶解后与酶混合，再采用喷丝的方法就可制成酶纤维。如将含酶的甘油水溶液滴入三醋酸纤维素的二氯甲烷溶液中，乳化后经喷丝头喷入含丙酮的凝固液中即成为纤维状，取出后真空干燥，得纤维状固定化酶。纤维状固定化酶的比表面积大，转化效率高，但只适用于填充床反应器。此外，酶纤维也可以织成酶布，用于填充床反应器。

③ 膜状固定化酶　　膜状固定化酶也称为酶膜，可以通过共价结合法将酶偶联到滤膜上制备，也可以将酶和某些材料（如火棉胶、硝酸纤维素、骨胶原和明胶等）用戊二醛交联或其他方法处理后制成膜状。酶膜的表面积大，渗透阻力小，可用于酶电极，破碎后也可用于填充床反应器。目前已有制备出的木瓜酶、葡萄糖氧化酶、过氧化物酶、氨基酰化酶和脲酶等多种酶膜。

④ 管状固定化酶　　管状固定化酶称为酶管，某些管状载体如尼龙管、聚氯苯乙烯和聚丙烯酰胺等，经活化后与酶偶联即得酶管。如尼龙管用弱酸水解后释放出氨基和羧基，用亚硝酸破坏其氨基，在碳二亚胺的存在下，酶分子的氨基与载体的羧基缩合生成管状固定化酶；也可以将酶与经弱酸部分水解的尼龙管用戊二醛交联来制备酶管。目前已制备出糖化酶、转化酶和脲酶等酶管。酶管可用于化学分析的连续测定。酶管机械强度大，切短后可用于填充床反应器，也可以组装成列管式反应器。

2. 固定化酶的性质

酶在水溶液中以自由的游离状态存在，但是经过固定后，酶分子从游离状态转变为固定状态，受扩散限制、空间障碍、微环境变化和化学修饰等因素的影响，可能会导致酶学性质和酶活力的变化。

(1) 酶活力的变化　　酶经过固定化后活力大多下降，这主要是因为酶的活性中心的重要氨基酸与载体发生了结合，酶的空间结构发生了变化，或者酶与底物结合时存在空间位阻效应。包埋法制备的固定化酶活力下降的原因还有底物和产物的扩散阻力增大等。要减少固定化过程中酶活力的损失，反应条件要温和。此外，在固定化反应体系中加入抑制剂、底物或产物，可以保护酶的活性中心。如在用聚丙烯酰胺凝胶对乳糖酶进行包埋固定化时，加入乳糖酶的抑制剂（葡萄糖酸-δ-内酯），可以获得高活力的固定化乳糖酶；又如在用聚丙烯酰胺凝胶包埋天冬氨酸酶时，在天冬氨酸底物（延胡索酸铵）或其产物（L-天冬氨酸）的存在下，也可以获得高活力的固定化天冬氨酸酶。

(2) 酶稳定性的变化　　固定化酶的稳定性包括对温度、pH、蛋白酶变性剂和抑制剂的耐受程度。酶经过固定化后，酶分子之间的相互作用受到限制，有的还可以增加酶构型的牢固程度，因此稳定性获得提高。但是如果固定化的过程影响到酶的活性中心和酶的高级结构的敏感区域，也可能引起酶活性的降低，不过大部分酶在固定化后，其稳定性和有效寿命均比游离酶高，这对酶的应用是非常有利的。固定化酶稳定性增强主要表现在如下几个方面。

① 操作稳定性 固定化酶的操作稳定性是能否实际应用的关键因素。操作稳定性通常用半衰期表示，即固定化酶的活力下降为初活力一半时所经历的连续操作时间。一般来说，半衰期达到 1 个月以上，才会有工业应用价值。

② 储藏稳定性 酶经过固定化后最好立即投入使用，否则活力会逐渐降低。如果在储存液中添加底物、产物、抑制剂和防腐剂等，并于低温下放置，可显著延长酶的储藏有效期。如固定化的胰蛋白酶在 0.0025mol/L 磷酸缓冲液中，于 20℃下可保存数月，其活力仍不减弱。

③ 热稳定性 固定化酶的热稳定性越高，工业化的意义就越大。许多酶如乳酸脱氢酶和脲酶等，固定化后的热稳定性均比游离酶高。酶的存在形式不同或固定化方法不同，其热稳定性也不一样，如游离的葡萄糖异构酶用多孔玻璃吸附后，在 60℃下连续操作，其半衰期为 144 天；但细胞内的葡萄糖异构酶用胶原固定后，于 70℃连续操作，半衰期为 50 天。因此，要制备热稳定性高的固定化酶，需要考虑多种因素。

④ 对蛋白酶的稳定性 大多数天然酶经固定化后对蛋白酶的耐受力有所提高。如用尼龙或聚丙烯酰胺凝胶包埋的固定化天冬酰胺酶对蛋白酶极为稳定，而在同样条件下的游离酶几乎完全失活。因此，在工业生产中应用固定化酶是极为有利的。

⑤ 酸碱稳定性 多数固定化酶的酸碱稳定性高于游离酶，稳定 pH 范围变宽。极少数酶固定化后酸碱稳定性下降，可能是由于固定化过程使酶活性构象的敏感区受到牵连而导致的。

五、固定化细胞的特性

1. 固定化细胞的形状

由于细胞的固定化技术是酶的固定化技术的延伸，许多方法都相同，因此许多固定化细胞的形状与固定化酶的形状相同，如珠状、块状、片状或纤维状等。固定化细胞的方法主要是包埋法，其次是交联法或二者相结合的方法，用无载体法制备的为粉末状固定化细胞。工业上应用最多的是用包埋法制备的各种形状的固定化细胞。

2. 固定化细胞的性质

细胞被固定化后，其中酶的性质、稳定性、最适 pH、最适温度等的变化基本上与固定化酶相仿。固定化细胞利用的主要是胞内酶，因此固定化的细胞主要用于催化小分子底物的反应，而不适于大分子底物。无论用哪种固定化方法，都需用适当的措施来提高细胞膜的通透性，以提高酶的活力和转化效率。

细胞固定化后最适 pH 的变化无特定规律，如聚丙烯酰胺凝胶包埋的 *E.coli*（含天冬氨酸酶）和产氨短杆菌（含延胡索酸酶）的最适 pH 与各自游离的细胞相比，均向酸性侧偏移；但用同一方法包埋的无色短杆菌（含 L-组氨酸脱氨酶）、恶臭假单胞菌（含 L-精氨酸脱亚氨酶）和 *E.coli*（含青霉素酰胺酶）的最适 pH 均没有变化。因此，可选择适当的细胞固定化方法，使其最适 pH 符合反应要求。

细胞被固定化后，最适温度通常与游离细胞相同，如用聚丙烯酰胺凝胶包埋的 *E.coli*（含天冬氨酸酶、青霉素酰胺酶）和液体无色短杆菌（含 L-组氨酸脱氨酶），最适温度和游离细胞相同，但用同一方法包埋的恶臭假单胞菌（含 L-精氨酸脱亚胺酶）的最适温度却提高 20℃。

固定化细胞的稳定性一般都比游离细胞高，如含天冬氨酸酶的 *E.coli* 经三醋酸纤维素包埋后，用于 L-天冬氨酸的生产，于 37℃连续运转 2 年后，仍保持原活力的 97%；用卡拉胶包埋的黄色短杆菌（含延胡索酸酶）生产 L-苹果酸，在 37℃连续运转 1 年后，其活力仍保持不变。由此可见，细胞的固定化具有广阔的工业应用前景。

●●●●● 思考与练习 ●●●●●●●●●●●●●●●●●●●●●●●●●●●●●●●●●●●●

1. 什么是酶工程？酶工程包括哪些内容？
2. 酶和细胞的固定化有什么区别？
3. 酶的固定化方法有很多种，请简述物理吸附法与离子吸附法之间的异同点？
4. 请简述包埋法制备固定化细胞的基本工艺流程。
5. 应如何选择酶和细胞的固定化载体？请简述之。
6. 细胞固定化之后，与原有的反应工艺相比有什么不同？

第二节 氨基酸、核苷酸的酶反应制备

酶促反应的专一性强，反应条件温和。酶工程的优点是工艺简单、效率高、生产成本低、环境污染小，而且产品收率高、纯度好，还可制造出化学法无法生产的产品。酶工程技术在医药工业中具有可观的发展前景和极大的应用价值。

一、固定化酶法生产 L-氨基酸

氨基酸在医药、食品以及工农业生产中的应用越来越广。以适当比例配成的混合液可以直接注射入人体内，用以补充营养。目前，用作药物的氨基酸有 100 多种。氨基酸在医药上主要用来制备复方氨基酸输液，也用作治疗药物和用于合成多肽药物。以氨基酸为原料的激素、抗生素、抗癌剂等生物活性多肽日益增多。已工业生产的多肽有谷胱甘肽、促胃液素、催产素、促 ACTH 及降钙素等。

氨基酸拥有不对称的碳原子，呈旋光性，因空间排列位置不同而分为 D、L 两种构型。组成蛋白质的氨基酸，都属 L 型。经蛋白质水解所得的氨基酸均为 L-氨基酸。

现在商业上的氨基酸大多为人工合成。通过化学合成法得到的氨基酸都是无光学活性的 DL-外消旋混合物，还需要进行光学拆分，才能获得 L-氨基酸。外消旋氨基酸拆分的方法有物理化学法、酶法等，其中以酶法最为有效，能够产生纯度较高的 L-氨基酸。图 5-2 描述了氨基酰化酶拆分 DL-氨基酸外消旋混合物的反应原理。

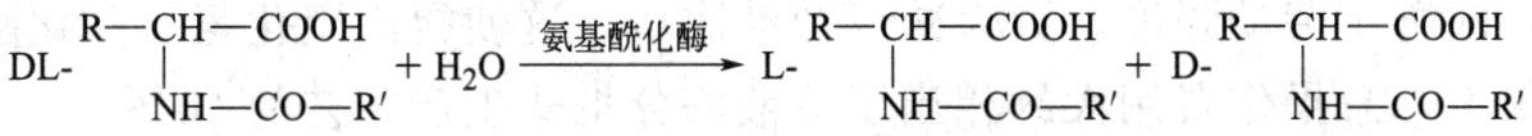

$$DL-\begin{array}{c} R-CH-COOH \\ | \\ NH-CO-R' \end{array} + H_2O \xrightarrow{\text{氨基酰化酶}} L-\begin{array}{c} R-CH-COOH \\ | \\ NH-CO-R' \end{array} + D-\begin{array}{c} R-CH-COOH \\ | \\ NH-CO-R' \end{array}$$

图 5-2 氨基酰化酶拆分 DL-氨基酸外消旋混合物

N-酰化-DL-氨基酸经过氨基酰化酶的水解得到 L-氨基酸和未水解的 N-酰化-D-氨基酸，这两种产物的溶解度不同，因而很容易分离。未水解的 N-酰化-D-氨基酸经过外消旋作用后又成为 DL 型，可再次进行拆分。

1969 年，日本的千畑一郎等通过离子交换法将氨基酰化酶固定在 DEAE-葡聚糖载体上，从而制得了世界上第一个适用于工业生产的固定化酶，实现了连续拆分酰化-DL-氨基酸。这种固定化酶的制备方法如下：将预先用 pH7.0、0.1mol/L 磷酸缓冲液处理的 DEAE-葡聚糖 A-25 溶液 1000L，

> **课堂互动**
>
> 想一想：固定化细胞法生产氨基酸和发酵法生产氨基酸，两者的生产工艺有什么主要区别？

在 35℃下与 1100~1700L 的天然氨基酰化酶水溶液一起搅拌 10h，过滤得 DEAE-葡聚糖-氨基酰化酶复合物，再用水洗涤后得到固定化酶。

用此法制得的固定化氨基酰化酶，可以装柱连续拆分 DL 型外消旋氨基酸。针对不同 L-氨基酸的生产，所加入的底物（N-酰化-DL-氨基酸）流速各不相同。例如，乙酰-DL-蛋氨酸加入的体积流速可控制在 2.8L/(h·L 床体积)，而乙酰-DL-苯丙氨酸的体积流速为 2L/(h·L 床体积)（图 5-3）。水解反应的速率与底物溶液的流向无关，但由于溶液升温时有气泡产生，通常采用自上而下的进料流向。实验中发现，只要酶柱充填均匀、溶液流动平稳、体积相同，则固定化酶柱的尺寸大小对反应速率没有影响。DEAE-葡聚糖-氨基酰化酶酶柱的操作稳定性很好，半衰期可达 65 天。由于酶柱的制备是用离子交换法，因此只需加入一定量的游离氨基酰化酶，便能使酶柱完全活化，实现再生。

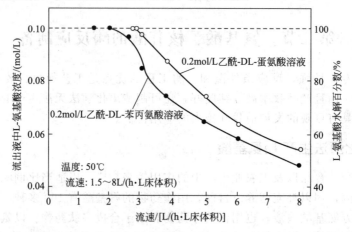

图 5-3 乙酰-DL-氨基酸通过 DEAE-葡聚糖-氨基酰化酶酶柱后的水解程度

将酶柱流出液蒸发浓缩，调节 pH，使 L-氨基酸在等电点条件下沉淀析出。通过离心分离后，可收集得到 L-氨基酸粗品和母液。粗品在水中进行重结晶，进一步纯化。母液中可加入适量乙酐，加热到 60℃，使其中的乙酰-D-氨基酸发生外消旋反应，产生乙酰-DL-氨基酸混合物，在 pH1.8 左右时析出外消旋混合物，收集后，重新作为底物进入酶柱水解。

用固定化酶连续生产 L-氨基酸，产物的纯化过程简单，收率更高，所需的底物量少。固定化氨基酰化酶非常稳定，大大减少了酶的使用成本。固定化氨基酰化酶酶柱生产工艺还可以自动控制，改善了劳动强度，大大减少劳动成本，这使得固定化氨基酰化酶连续生产工艺的经济意义很大，总操作费用大约相当于溶液酶分批式生产工艺的 60%。

 能力拓展

L-甲硫氨酸是人体及动物必需的氨基酸，具有重要的生理功能，并被广泛应用于医药、食品等行业。在医药领域，L-甲硫氨酸主要应用于复方氨基酸注射液、片剂、胶囊、颗粒剂和口服液等。同样，L-甲硫氨酸的生产也是用拆分 DL-甲硫氨酸的方法，所使用的酶是脱乙酰基酶，该酶只能使 L-乙酰甲硫氨酸脱去乙酰基，对 D-乙酰甲硫氨酸则无此作用，因此可使得两种构型的氨基酸得以分离。这种酶一般有三种来源：利用米曲霉发酵制得；从猪肾提取；利用 DNA 重组技术构建工程菌来表达产生。基因工程菌产生的酶，具有来源方便、成本低、活性高、拆分效果更优的特点。应用 DNA 重组技术表达脱乙酰基酶，并将其固定化，展示出更加广阔的应用前景。

二、固定化酶法生产 5′-复合单核苷酸

工业化生产核苷酸的方法主要有化学合成法、微生物发酵法及酶解提取法。利用酶法生产核苷酸，酶反应收率较高，是当前生产核苷酸的主要方法。核糖核酸（RNA）经 5′-磷酸二酯酶作用可分解为腺苷、胞苷、尿苷及鸟苷的一磷酸化合物，即 AMP、CMP、UMP 和 GMP。四种 5′-复合单核苷酸可用于治疗白细胞下降、血小板减少及肝功能失调等疾病。5′-磷酸二酯酶存在于橘青霉菌细胞、谷氨酸发酵菌细胞及麦芽根等生物材料中。利用橘青霉发酵生产出的核酸酶与从酵母中提取的 RNA 反应，即可得到四种 5′-核苷酸的混合物，将该混合物经离子交换树脂分离纯化可以得到四种核苷酸的纯品。还可以从麦芽根中提取 5′-磷酸二酯酶，再利用其固定化酶来制备 5′-核苷酸。

酶解法生产 5′-核苷酸是历史最长、技术最成熟的生产方法。在日本，有近 40% 的核苷酸是以 RNA 为底物酶解得到的。以下介绍以麦芽根为材料制取 5′-磷酸二酯酶，并用其固定化酶水解酵母生产 5′-复合单核苷酸注射液的工艺方法（图 5-4）。

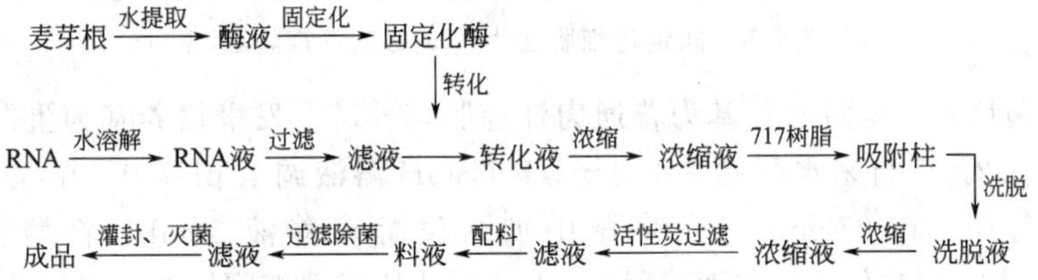

图 5-4　固定化酶法生产 5′-复合单核苷酸的技术路线

① 5′-磷酸二酯酶的制备　取干麦芽根，加 9～10 倍体积（质量/体积）的水，用 2mol/L HCl 调 pH 至 5.2，于 30℃ 条件下浸泡 15～20h，然后加压去渣，浸出液过滤，滤液冷却至 5℃；然后，在 5℃ 下，加入 2.5 倍体积（体积/体积）的 95% 经预冷的工业乙醇，静置 2～3h；再吸去上层清液，回收乙醇，下层离心收集沉淀，用少量丙酮及乙醚先后洗涤 2～3 次，真空干燥，粉碎得 5′-磷酸二酯酶，备用。

② 固定化 5′-磷酸二酯酶的制备　取上述 5′-磷酸二酯酶 0.2kg（控制固定化后的固定化酶比活在 100U/g 以上），用 1.5% 的 $(NH_4)_2SO_4$ 溶液溶解，过滤得酶液；另取湿 ABXE-纤维素 40kg，在 0～5℃ 下，加入预冷的蒸馏水至 80L，再先后加入 1mol/L HCl 和 5% $NaNO_2$ 溶液各 10mL，搅拌下反应 150min 后，抽滤，滤饼迅速用预冷的 0.05mol/L HCl 和蒸馏水各洗 3 遍，抽干后将滤饼投入上述 5′-磷酸二酯酶溶液中，搅拌均匀后用 1mol/L Na_2CO_3 溶液调 pH8.0，搅拌反应 30min，用冷水洗 3～4 次，抽干，得固定化 5′-磷酸二酯酶，备用。

③ 转化反应　取 2kg RNA，缓慢加入预热至 60～70℃ 的 360L、pH5.0 的 10^{-3}mol/L $ZnCl_2$ 溶液中，用 1mol/L NaOH 溶液调至 pH5.0～5.5，滤除沉淀，将清液升温至 70℃，加入上述湿的固定化 5′-磷酸二酯酶 40kg（酶的比活＞100U/g），于 67℃ 维持 pH5.0～5.5，搅拌反应 1～2h。根据增色反应，用紫外吸收法判断转化反应平衡点。转化完成后，滤出转化液，用于分离 5′-复合单核苷酸。固定化酶再继续用于下一批转化反应。

④ 5′-复合单核苷酸的分离纯化　将上述转化液用 6mol/L HCl 调 pH 至 3.0，滤除沉淀，滤液用 6mol/L NaOH 溶液调 pH 至 7.0，加入已处理好的 Cl^- 型阴离子交换树脂柱（φ30cm×100cm），流速为 2～2.5L/min，吸附后，用 250～300L 去离子水洗涤柱床，然后用 3% NaCl 溶液以 1～1.2L/min 流速洗脱，当流出液 pH 达到 7.0 时开始分部收集，直至洗脱液中不含核苷酸为止，合并含核苷酸钠的洗脱液进行精制。

⑤ 精制及灌封　上述核苷酸钠溶液用薄膜浓缩器减压浓缩后，测定核苷酸含量，再用无热原水稀释至 20mg/mL，加入 0.5%～1.0%（g/mL）药用活性炭，煮沸 10min 脱色和除热原，滤除活性炭，滤液经 6 号除菌漏斗或 0.45μm 孔径的微孔滤膜过滤除菌后灌封，即为 5′-复合单核苷酸注射液。

三、固定化细胞法生产 6-氨基青霉烷酸

青霉素 G（或青霉素 V）经青霉素酰化酶作用，水解除去侧链后的产物称为 6-氨基青霉烷酸（6-APA），也称无侧链青霉素。6-APA 是生产半合成青霉素的基本原料。截至目前，由 6-APA 为原料已合成了几万种衍生物，并已筛选出数十种耐酸、低毒及具有广谱抗菌作用的半合成青霉素。6-APA 可以用固定化细胞法生产，其工艺过程（图 5-5）如下。

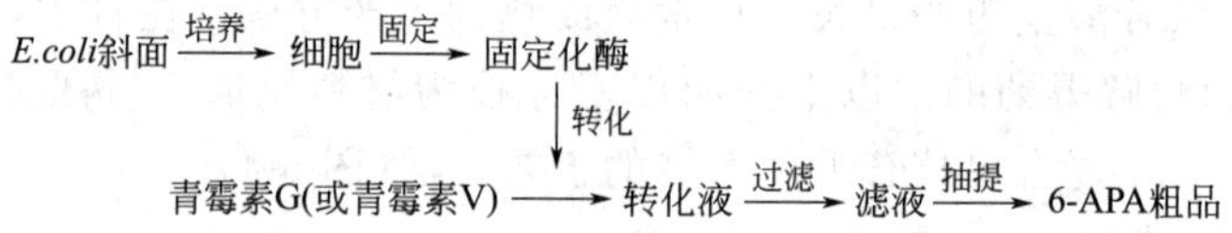

图 5-5　固定化细胞法生产 6-氨基青霉烷酸

① 大肠杆菌培养　斜面培养基为普通肉汁琼脂培养基。发酵培养基为蛋白胨 2%、NaCl 0.5%、苯乙酸 0.2%，自来水配制。用 2mol/L NaOH 溶液调至 pH7.0，在 55.16kPa 压力下灭菌 30min 后备用。在 250mL 三角烧瓶中加入发酵培养液 30mL，将培养 18～30h 的 *E.coli* D816（产青霉素酰化酶）斜面菌用 15mL 无菌水制成菌细胞悬液，取 1mL 悬浮液接种至装有 30mL 发酵培养基的三角瓶中，在 28℃、170r/min 下振荡培养 15h，如此依次扩大培养，直至 1000～2000L 规模的通气搅拌培养。培养结束后用高速管式离心机离心收集菌体，备用。

② *E.coli* 固定化　取 *E.coli* 湿菌体 100kg，置于 40℃ 反应罐中，在搅拌下加入 50L 10% 明胶溶液，搅拌均匀后加入 25% 戊二醛 5L，再转移至搪瓷盘中，使之成为 3～5cm 厚的液层，室温放置 2h，再转移至 4℃ 冷库过夜，待形成固体凝胶块后，经粉碎、过筛，获得直径为 2mm 左右的颗粒状固定化 *E.coli* 细胞，用蒸馏水及 pH7.5、0.3mol/L 磷酸缓冲液先后充分洗涤，抽干，备用。

③ 固定化 *E.coli* 反应柱制备　将上述充分洗涤后的固定化 *E.coli* 细胞（产青霉素酰化酶）装填于带保温夹套的填充床式反应器中，即成为固定化 *E.coli* 反应柱，规格为 φ70cm×160cm。

④ 转化反应　取 20kg 青霉素 G（或青霉素 V）钾盐，加入到 1000L 配料罐中，用 0.03mol/L、pH7.5 的磷酸缓冲液溶解并使青霉素钾盐浓度为 3%，用 2mol/L NaOH 溶液调 pH 至 7.5～7.8，将反应器及 pH 调节罐中反应液温度升到 40℃，维持反应体系 pH 在 7.5～7.8，以 70L/min 的流速使青霉素钾盐溶液通过固定化 *E.coli* 反应柱，进行循环转化，直至转化液 pH 不再变化为止。循环时间一般为 3～4h。反应结束后，放出转化液，再进入下一批反应。

⑤ 6-APA 的提取　上述转化液经过滤澄清后，滤液用薄膜浓缩器减压浓缩至 100L 左右；冷却至室温后，于 250L 搅拌罐中加 50L 醋酸丁酯，充分搅拌 10～15min；取下层水相，加 1%（g/mL）活性炭于 70℃ 下搅拌脱色 30min，滤除活性炭；滤液用 6mol/L HCl 调 pH 至 4.0 左右，5℃ 下放置，结晶过夜；次日滤取结晶，用少量冷水洗涤，抽干，115℃ 烘 2～3h，得成品 6-APA。按青霉素 G 计，收率一般为 70%～80%。

整个工艺流程如图 5-6 所示。

还可以将产天冬氨酸-β-脱羧酶的假单胞菌用凝胶包埋法制成固定化天冬氨酸-β-脱羧酶，生产 L-丙氨酸。

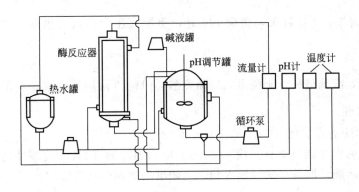

图 5-6 青霉素酰化酶转化流程图

●● 思考与练习 ●●

1. 为什么医用氨基酸必须是 L-氨基酸？怎样才能在化学合成制备的氨基酸中获得 L-氨基酸？简述其工艺流程。

2. 请问，酶法生产 L-氨基酸工艺中的固定化酶是何种酶？采用何种反应形式？

3. 5′-复合单核苷酸固定化酶法的底物原料是什么？所使用的固定化酶是哪一种？来自何种材料？

4. 固定化细胞法生产 6-氨基青霉烷酸时，是否需要微生物的发酵培养？如果需要，其目的是什么？

实践七 海藻酸钠固定中性蛋白酶

一、实验目的
了解中性蛋白酶的性质；
掌握中性蛋白酶的固定化方法。

二、实验原理
酶的固定化是利用化学或物理手段将游离酶定位于限定的空间区域，并使其保持活性和可反复使用的一种技术。固定化方法主要有吸附、包埋、共价键结合、肽键结合和交联法等。其中包埋法不需要化学修饰酶蛋白的氨基酸残基，反应条件温和，很少改变酶结构，应用最为广泛。包埋法对大多数酶、粗酶制剂甚至完整的微生物细胞都适用。包埋材料主要有琼脂、琼脂糖、卡拉胶、明胶、海藻酸钠、聚丙烯酰胺、纤维素等，其中海藻酸钠具有无毒、安全、价格低廉、材料易得等特点，是食品酶工程中常用的包埋材料之一。

中性蛋白酶是一种来源于枯草杆菌的胞外蛋白水解酶，它能迅速水解蛋白质生成肽类和部分游离氨基酸。近年来，许多研究者致力于中性蛋白酶的固定化研究，但由于固定化条件不同，其固定化酶的稳定性较差，不能在实际生产中广泛应用。因此，本试验对影响海藻酸钠固定化中性蛋白酶的主要因素进行了研究，确定了中性蛋白酶固定化的最佳条件，并对固定化酶的稳定性进行了研究，为固定化中性蛋白酶的应用提供理论依据。

三、实验用品
1. 仪器与材料
分光光度计，电热恒温水浴槽，循环式多用真空泵，恒温磁力搅拌器，台式水浴恒温振荡器，10mL 注射器，8 号针头，精密 pH 计，手提式压力蒸汽灭菌器，电热鼓风干燥箱，电子调温电热套等。

2. 试剂

中性蛋白酶，海藻酸钠，干酪素，L-酪氨酸，pH7.0 磷酸缓冲液，氯化钙。

四、实验步骤

1. 中性蛋白酶的固定化

称取一定量的中性蛋白酶粉，用 0.02mol/L（pH7.0）的磷酸盐缓冲溶液稀释 250 倍，制成中性蛋白酶溶液。取适量酶液加入到一定浓度的海藻酸钠溶液中，充分搅拌均匀。用灭菌后的注射器吸入上述混合液，以约 5 滴/s 注入浓度为 3% 的 $CaCl_2$ 溶液中制成凝胶珠，将形成的凝胶珠在 0～4℃ 的 $CaCl_2$ 溶液中放置一段时间使其进一步硬化。然后抽滤得到硬化的凝胶珠，用无菌生理盐水洗涤 3～5 次，以洗去表面的 $CaCl_2$ 溶液，即得到直径为 1.5～2.0mm 的球状固定化中性蛋白酶。

2. 酶活性的测定

游离中性蛋白酶和固定化中性蛋白酶活性测定均采用福林酚法。游离中性蛋白酶是用 0.02mol/L、pH7.0 磷酸盐缓冲溶液溶解后测定，活性单位为 U/mL；固定化中性蛋白酶是分别测定固定化前酶的活性和固定化后上清液酶的活性，然后计算固定化酶活性，单位为 U/g。

3. 固定化率测定

分别测定固定化过程中加入游离酶的总活性以及固定化后上清液酶的总活性，计算固定化率。

$$固定化率 = \frac{（加入游离酶的总活性 - 固定化后上清液酶的总活性）}{加入游离酶的总活性} \times 100\%$$

五、结果与讨论

① 用此方法制备的固定化酶的固定化率可达到 97.5%，固定化酶的活性为 3600U/g。

② 讨论：pH 的调节在提高青霉素萃取效率方面有哪些重要性。

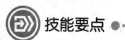 **技能要点**

酶是由细胞产生的具有催化活性的蛋白质。可以将酶或者包含酶的生物细胞装载于生物反应装置中，利用酶的催化功能来生产有用物质的酶应用技术称为酶工程。酶工程的主要内容包括酶的制备、分离纯化、酶的固定化、酶及固定化酶的反应器、酶的修饰与改造、酶与固定化酶的应用等。将酶限制或固定于特定的空间，使其既有生物催化活性，又能被固定而不易流失，这称为酶的固定化。酶产生于细胞内，将酶固定化技术延伸，即细胞的固定化。酶固定化技术大多可以用于细胞的固定化。酶与细胞的固定化是酶工程的中心任务。

酶和细胞的固定化主要有载体结合法、包埋法和交联法。针对不同的酶和细胞，可采用相同或不同的固定化方法与固定化载体。固定化酶与固定化细胞可以有不同的形状，多数情况下稳定性有明显提高。

酶促反应的专一性强，反应条件温和。利用固定化酶和固定化细胞，通过酶促反应，可以制备氨基酸、核苷酸等众多产品。

第六章　细胞工程技术与免疫技术药物

 学习目标

【学习目的】　学习生化反应制药中所应用的免疫学、细胞工程的基本概念，免疫学及细胞工程的技术、方法，了解细胞工程技术与免疫技术药物发展的现状与趋势。

【知识要求】　掌握免疫学、细胞工程的基本概念，掌握疫苗、免疫蛋白、单克隆抗体、免疫诊断试剂的概念、种类，熟悉其应用。

【能力要求】　掌握典型的疫苗、免疫蛋白、单克隆抗体、免疫诊断试剂的制备手段，掌握利用动、植物细胞作为制药载体的基本实验方法。

第一节　免疫学基础与细胞工程技术

一、什么是免疫

所谓"免疫"原由拉丁文"immunis"而来，其原意为"免除税收"，也包含着"免于疫患"之意。现在的免疫，是指机体识别和排除抗原性异物，免除传染性疾病的能力，是机体的一种保护性功能，又称为免疫性或免疫力。

长期以来，免疫一直被理解为机体的抗感染能力，被描述为宿主对病原微生物的不同程度的不感受性。随着研究的不断深入，人们对免疫的了解也逐渐深入，认识到免疫是既可防御传染和保护机体，又可造成免疫损害和引起疾病的一个生物学过程。也就是说，免疫是生物体对一切非己分子进行识别与排除的过程，是维持机体相对稳定的一种生理反应，是机体自我识别的一种普遍的生物学现象。

免疫学（immunology）就是研究机体自我识别和对抗原性异物排斥反应的一门科学，其对象是机体免疫系统组成、结构和功能。免疫学与神经生物学、分子生物学并列为生命科学的三大支柱学科。

1. 免疫功能

现代免疫学认为，机体的免疫功能是对抗原刺激的应答，而免疫应答又表现为免疫系统识别自己和排除非己的能力，即免疫功能根据免疫识别来发挥作用。免疫功能具体表现如下。

① 免疫防御　指机体排斥外源性抗原异物的能力，包括机体抗感染的功能（即传统的免疫概念）与机体排斥异种或同种异体的细胞和器官的功能。

② 免疫自稳　指机体识别和清除自身衰老残损的组织、细胞的能力，即免疫调节作用。这是机体赖以维持正常体内环境稳定的重要机制。

③ 免疫监视　指机体发现和清除异常突变细胞的能力。

免疫功能可以在正常条件下发挥相应的作用和保持相对的平衡，维持机体的生存。如果免疫功能发生异常，必然导致机体平衡失调，出现免疫病理变化。如免疫防御反应过度，可引起变态反应或免疫缺陷症；免疫稳定失衡可造成识别紊乱，或导致自身免疫病的发生；而免疫监视功能的失调，可导致癌症或持续性感染的发生。免疫通常对机体是有利的，但在某些条件下也可对机体造成损害，例如过敏就是由免疫力过强引起的。

现在，人们已经将免疫应答反应应用于机体的生长、遗传、衰老、感染、肿瘤、移植以及自身免疫疾病的发生机理等许多方面，在细胞生物学、生物化学、分子生物学、分子遗传学以及临床医学的各个领域获得了大量的研究成果，并用来制备各种免疫学药物和诊断试剂。例如，预防脊髓灰质炎、麻疹、白喉、百日咳、破伤风等常见传染病；研究白喉毒素、破伤风毒素、蓖麻毒素、巴豆毒素、蛇毒、蜘蛛毒等动植物毒素；以及放射免疫、免疫荧光和酶免疫等新型的生物学实用技术和研究手段。

 知识链接

　　早在 1000 多年前，人们就发现了免疫现象，并用来预防传染病。我国最早发明用人痘痂皮接种以预防天花，这种方法在 15 世纪中后期的明朝隆庆年间得到较大改进，并获得广泛应用，先后传播到日本、朝鲜、俄国、土耳其和英国等许多国家。后来，英国医生琴纳据此研究出用牛痘菌预防天花的方法。全世界能在 20 世纪 70 年代末消灭天花，接种牛痘菌发挥了巨大作用。至 19 世纪末，法国人巴斯德在琴纳的启发下，用减毒炭疽杆菌苗株制成的疫苗来预防动物的炭疽病，用减毒狂犬病毒株制成疫苗来预防人类的狂犬病等，由此引起了医学实践的重大变革。

2. 免疫系统

机体的免疫应答是一个十分复杂的过程，是许多反应的综合作用。包括体内淋巴细胞、巨噬细胞、粒细胞、抗体、补体以及其他一些免疫分子等均参与这种复杂的相互作用，并受到基因的遗传控制。体内的这种与其他系统（神经系统、循环系统、呼吸系统、内分泌系统等）相似的、专司体内免疫应答的系统，称为免疫系统。机体的免疫系统由免疫器官、免疫细胞和免疫分子组成。

（1）免疫器官　免疫器官由淋巴组织组成，是机体免疫应答进行的地点，也是免疫细胞发生、分化、成熟的场所。免疫器官可分为中枢免疫器官与外周免疫器官。

① 中枢免疫器官　包括胸腺、骨髓及鸟类的法氏囊，是免疫细胞发生、分化、成熟的场所。胸腺是淋巴上皮器官，可分泌胸腺激素，已经由胸腺

> **课堂互动**
>
> 　　想一想：为什么生病时，通过检验血液中白细胞数量可以判断机体是否有炎症？身体有炎症时，为什么扁桃体常常会增大？

中提取了多种激素，如胸腺素、胸腺生成素Ⅰ和Ⅱ、泛素等，这些激素有的促进幼稚淋巴细胞的分化成熟，有的加速 T 细胞的分裂增殖等。骨髓是一切血细胞的来源，也是重要的中枢免疫器官，各种免疫细胞都是从骨髓中的多能干细胞分化而来，是造血干细胞、B 细胞、单核吞噬细胞、粒细胞和血小板等生成、分化和成熟的场所。法氏囊有类似胸腺在 T 细胞分化成熟中的作用，是鸟类 B 细胞分化成熟的场所。

② 外周免疫器官　包括淋巴结、脾脏和肠道相关淋巴组织，这是接受抗原刺激产生免疫应答的场所，也是成熟的 T 细胞、B 细胞等定居之处。淋巴结中主要包含有 B 淋巴细胞、网状细胞、巨噬细胞、树突细胞及成熟的浆细胞等，具有过滤和产生免疫应答的作用。脾脏

对进入血液的细胞、病毒具有重要的免疫功能。肠道内有许多淋巴细胞，弥散存在或聚集堆积在肠管内壁黏膜上，主要生成 IgA 细胞。

（2）免疫细胞 免疫细胞指具有识别抗原，能进一步增殖分化为具有不同免疫效应功能的细胞。免疫应答就是指体内的各种免疫活性细胞相互作用的表现。淋巴细胞是免疫系统的基本成分，在体内分布很广泛，主要是 T 淋巴细胞（T 细胞）、B 淋巴细胞（B 细胞），受抗原刺激而被活化，分裂增殖，发生特异性免疫应答。此外，还有 K 淋巴细胞（K 细胞）、NK 淋巴细胞（NK 细胞）、肥大细胞和巨噬细胞等。

① T 细胞 又叫胸腺依赖性淋巴细胞，起源于骨髓，成熟于胸腺。成熟的 T 细胞经血流分布至外周免疫器官的胸腺依赖区定居，并可经淋巴管、外周血和组织液等进行再循环，通过这种再循环，T 细胞广泛接触进入体内的抗原物质，发挥细胞免疫及免疫调节等功能。T 细胞的细胞膜上有许多不同由巨蛋白分子构成的表面标志，主要是表面抗原和表面受体。

T 细胞是相当复杂的一个群体，能在体内不断更新，在同一时间可以存在不同发育阶段或功能的亚群。按照免疫功能的不同，可将 T 细胞分成若干亚群：辅佐 T 细胞（TH），具有协助体液免疫和细胞免疫的功能；抑制性 T 细胞（TS），具有抑制细胞免疫及体液免疫的功能；效应 T 细胞（TE），具有释放淋巴因子的功能；细胞毒 T 细胞（TC），具有杀伤靶细胞的功能；迟发型超敏 T 细胞（TD），能释放淋巴因子，激活其他免疫细胞，发挥和扩大细胞免疫作用；放大 T 细胞（TA），可作用于 TH 和 TS，有扩大免疫效果的作用；记忆 T 细胞（TM），能记忆特异性抗原刺激，再次感染后可诱发机体产生更快、更强的效应。

② B 细胞 又叫骨髓依赖性淋巴细胞，来源于骨髓的多能干细胞，主要执行体液免疫功能。B 细胞在受到抗原刺激后，增殖分化出大量浆细胞，浆细胞可合成和分泌抗体并在血液中循环。B 细胞的细胞膜上也有许多巨蛋白分子的表面标志，主要是表面抗原及表面受体。

人类 B 细胞发育分两个阶段。第一阶段为抗原非依赖性的，骨髓中的多能造血干细胞分化为定向干细胞、原 B 细胞、前 B 细胞、未成熟 B 细胞和成熟 B 细胞。B 细胞仅对外来抗原应答，对自身耐受。第二阶段为抗原依赖性的，在外周淋巴组织中进行，在抗原刺激下，B 细胞分化增殖为浆细胞，产生抗体，发挥体液免疫效应。目前，很多疫苗免疫机体后，都是通过诱发机体产生特异性的抗体而发挥免疫保护作用。

T 细胞不产生抗体，而是直接起作用，所以 T 细胞的免疫作用叫作"细胞免疫"。B 细胞是通过产生抗体起作用，抗体存在于体液里，所以 B 细胞的免疫作用叫作"体液免疫"。大多数抗原物质在刺激 B 细胞形成抗体过程中需 T 细胞的协助。在某些情况下，T 细胞有抑制 B 细胞的作用；同样，在某些情况下，B 细胞也可控制或增强 T 细胞的功能。

③ K 细胞 又称抗体依赖淋巴细胞，直接从骨髓的多能干细胞衍化而来，表面无抗原标志，但有抗体 IgG 的受体，具有杀伤靶细胞的功能。K 细胞约占人外周血中淋巴细胞总数的 5%～10%，但杀伤性却很高。凡结合有 IgG 抗体的靶细胞，均有被 K 细胞杀伤的可能性，然而 K 细胞发挥杀伤作用时必须首先识别靶细胞，这种识别完全依赖于特异性抗体的识别作用。

④ NK 细胞 也叫自然杀伤细胞，其确切来源还不十分清楚，一般认为是直接从骨髓中衍生的，主要分布于外周血中。NK 细胞较大，含有胞浆颗粒，又称为大颗粒淋巴细胞。NK 细胞可在不需要预先由抗原致敏，也不需要抗体参与的情况下非特异性地直接杀伤靶细胞，这些靶细胞主要是肿瘤细胞、病毒感染细胞、较大的病原体（如真菌和寄生虫）、同种异体移植的器官或组织等。

⑤ 肥大细胞 位于结缔组织和黏膜上皮内的碱性细胞，是一种具有强嗜碱性颗粒的组织细胞，这种颗粒存在于血液中，含有肝素、组胺、5-羟色胺，可在组织内引起速发型过敏

反应（炎症）。

⑥ 巨噬细胞系统 亦称单核吞噬细胞系统，是一类具有强烈吞噬及防御机能的细胞群，包括分散在全身各器官组织中的巨噬细胞、单核细胞及幼稚单核细胞，这些细胞具有共同的起源——造血干细胞，在骨髓中分化发育，经幼稚单核细胞发育成为单核细胞，经血液中停留后进入结缔组织和其他器官，转变成巨噬细胞。巨噬细胞能进行变形运动及吞噬活动。人的巨噬细胞能生活数月至数年。许多疾病都能引起巨噬细胞的大量增生，表现为肝、脾、淋巴结肿大。

（3）免疫分子 免疫分子包括免疫球蛋白、补体、细胞因子（如淋巴因子和单核因子）等。

① 免疫球蛋白（Ig） 指具有抗体活性的动物蛋白。主要存在于血浆中，也见于其他体液、组织和一些分泌液中。免疫球蛋白可以分为五类：免疫球蛋白 G(IgG)、免疫球蛋白 A(IgA)、免疫球蛋白 M(IgM)、免疫球蛋白 D(IgD) 和免疫球蛋白 E(IgE)。所有的免疫球蛋白都有相类似的分子结构，即两对长短不同的肽链组成"Y"形结构，其中的长链称为重链（H 链）、短链称为轻链（L 链）。

Ig 是机体受抗原（如病原体）刺激后产生的，特异性和多样性是 Ig 的两个重要特征。Ig 在免疫应答中主要有两个功能：一是与抗原起免疫反应，发生特异性结合，生成抗原-抗体复合物，从而阻断病原体对机体的危害；二是与体内组织细胞或蛋白成分相互作用，表现多种不同的效应，如活化补体、巨噬细胞吞噬异物及微生物、触发肥大细胞释放血管活性物质等，从而使病原体失去致病作用。另一方面，Ig 有时也有致病作用，如临床上的过敏症状［如花粉引起的支气管痉挛、青霉素导致全身过敏反应、皮肤荨麻疹（俗称风疹块）等］。

在五类免疫球蛋白中，IgG 是人体的主要免疫球蛋白，占总免疫球蛋白的 70%～75%，具有较强的抗感染、中和毒素和免疫调理作用，大多数抗菌、抗毒素和抗病毒性的抗体都属于 IgG。IgA 主要由黏膜相关淋巴组织中的浆细胞产生，分血清型和分泌型两类，具有杀菌和抗病毒活性；IgM 主要分布于血液中，具有补体激活功能，在防止发生菌血症、败血症方面起重要作用；IgM 不是细胞，但可结合补体，属于高效能的抗生物抗体，其杀菌、溶菌、促吞噬和凝集作用比 IgG 高 500～1000 倍，在机体的早期防御中起着重要的作用。IgD 在血清中仅占 Ig 总量的 1%，是 B 细胞的重要标志，在防止免疫耐受方面可能具有一定作用。IgE 常附在肥大细胞与嗜碱性粒细胞表面，占血清总 Ig 的 0.002%，主要由鼻咽部、扁桃体、支气管、胃肠道等黏膜固有层的浆细胞产生，这些部位是变应原进入机体的主要门户，也是许多超敏反应的好发场所，可引起 I 型超敏反应。

免疫球蛋白制剂能增强人体抗病毒的能力，可作药用。现在，各种特异性 Ig 已被广泛应用于临床疾病的预防、治疗和诊断。

② 补体 这是存在于高等动物血清中的一组非特异性血清蛋白，因具有增强抗体的补助功能而得名。补体不仅存在于体液中，也存在于细胞膜表面，具有溶解细胞、促进吞噬、参与炎症等防御功能，但同时在变态反应性疾病和自身免疫性疾病的发病机制中具有重要作用。

③ 细胞因子 指一类由免疫细胞（淋巴细胞、单核巨噬细胞等）和相关细胞（纤维细胞、内皮细胞等）产生的调节细胞功能的多活性多功能蛋白质多肽分子。细胞因子在机体免疫应答反应中起十分重要的作用。例如，白介素(IL)-2、干扰素(IFN)-γ、肿瘤因子(TNF)-β 等参与激活细胞免疫；IL-4、IL-5、IL-6、IL-10 等参与激活体液免疫。

3. 免疫机理

免疫系统具有特殊的"自我识别"能力，能识别机体的自我物质与异己物质。对于前者，免疫系统不产生反应；而对于后者，免疫系统会产生排斥反应，把异己物质杀死、解毒、分解和清除，从而使机体处于相对的平衡和稳定。这一系列的反应，就是免疫应答。免疫应答有识别异物与清除异物两种作用。根据免疫反应识别能力的大小和清除效率的高低，可分为非特异性免疫与特异性免疫。

非特异性免疫又称先天免疫或自然免疫，指生物体先天即有、相对稳定、无特殊针对性的对付病原体的天然抵抗能力。这种免疫的识别作用较粗，只能区别自我与非我异物，对异物无特异识别性，对异物的清除效率也较低，主要表现为吞噬细胞的吞噬作用或炎症反应。

特异性免疫又称为获得性免疫或适应性免疫，是机体在后天受内外环境因素的刺激而获得的免疫功能，具有识别特异性，能识别不同的异物，对所识别的异物的清除效率也很高。这种特异性识别的功能由免疫淋巴细胞来完成，并引起各种特异性的免疫应答。这种应答包括两种情况：一种是抗原刺激后产生特异性抗体或致敏淋巴细胞，称为正应答；另一种是相应的抗原刺激后不产生可见的免疫反应，但仍能对其他抗原保持正常反应的能力，称为负应答。

按照免疫获得方式的不同，特异性免疫可分为主动免疫与被动免疫。主动免疫指由机体自身接受刺激而产生的免疫；被动免疫指从其他已建立免疫的个体接受，或人工输入免疫组分而产生的免疫。

按照机体免疫应答方式的不同，特异性免疫又可分为体液免疫与细胞免疫。体液免疫指在抗原刺激下，B 细胞发生增殖并分化为浆细胞，由它合成抗体并释放到体液中发挥免疫作用；细胞免疫指在抗原刺激下，由细胞毒性 T 细胞直接攻击靶细胞，产生特异性细胞毒性的杀伤作用或由迟发型变态反应 T 细胞介导，间接地释放一些淋巴因子，发挥特异性的免疫作用。

正常情况下，免疫应答是机体识别与排除异己的生理适应过程。但免疫系统在功能异常的情况下，也能造成组织损伤，产生免疫病理作用或形成免疫性疾病。

●⋯● 🦅 知识链接 ●⋯●

艾滋病（AIDS）：全称是"获得性免疫缺陷综合征"，是人体感染人类免疫缺陷病毒（HIV，艾滋病病毒）后，自身免疫系统削弱而引起的一种综合症状。由于免疫系统的削弱，使人体极易感染上各种"机会性感染病"，如肺炎、脑膜炎、肺结核等。所以说，艾滋病本身不是一种病，而是一种无法抵抗其他疾病的状态。人不会死于艾滋病，但是会死于由此引起的相关疾病。

自身免疫性疾病：指在某些因素影响下，机体的组织成分或免疫系统本身出现了某些异常，致使免疫系统误将自身成分当成外来物进行攻击。这时，免疫系统会产生针对机体自身一些成分的抗体及活性淋巴细胞，损害破坏自身组织脏器，导致疾病。如果不加以及时有效地控制，其后果十分严重，最终甚至危害生命。常见的有系统性红斑狼疮、类风湿性关节炎等，都需要用免疫抑制剂来抑制针对自身机体的免疫反应。

（1）抗原　抗原（antigen，Ag）又叫免疫原，是指能刺激机体免疫系统引发免疫应答，并能与免疫应答产物抗体和致敏淋巴细胞在体外结合，发生免疫效应（特异性反应）的物质。

抗原的基本能力有两种：免疫原性与反应原性。免疫原性指抗原能够刺激机体形成特异性抗体或致敏淋巴细胞的能力；反应原性指抗原能与由它刺激所产生的抗体或致敏淋巴细胞在体内或体外发生特异反应的能力。兼有两种能力的抗原称为完全抗原（简称抗原），如病原体（细菌、病毒等）、异种动物血清等；只具有反应原性而没有免疫原性的物质，称为半抗原，如青霉素、磺胺、绝大多数多糖（如肺炎球菌的荚膜多糖）和所有的类脂等。半抗原不会引起免疫反应，但在某些情况下能和大分子蛋白结合后获得免疫原性而变成完全抗原。例如，青霉素进入体内后，如果其降解物和组织蛋白结合，就获得了免疫原性，刺激免疫系统产生抗青霉素抗体，当青霉素再次注射入体内时，抗青霉素抗体立即与青霉素结合，产生病理性免疫反应，出现皮疹或过敏性休克，甚至危及生命。

抗原有多种分类方法。除根据抗原性质分成完全抗原和半抗原（不完全抗原）之外，还可以根据抗原与宿主亲缘相关性分为异种抗原、同种异型抗原和自身抗原，或根据抗原的化学性质分为蛋白抗原、多糖抗原和核酸抗原等，还可以根据抗原的制备方法分成天然抗原、人工抗原与合成抗原等。

异种抗原指来源于不同物种的抗原，如细菌、病毒等病原微生物及动物蛋白对于人来说都是异种抗原，还有细菌外毒素、类毒素等。一般来说，异种抗原的免疫原性比较强，容易引起较强的免疫应答。同种异型抗原指来源于同一物种的不同个体的抗原，如来自于另一个个体的血型抗原、主要组织相容性抗原等。自身抗原是指来自于自身的抗原，如眼晶状体蛋白等。

此外，还有异嗜性抗原，指存在于不同物种间的共同抗原，可存在于动物、植物、微生物及人类中，如溶血性链球菌与肾小球基底膜和心肌组织等可存在着共同的抗原。在临床上常借助异嗜性抗原对某些疾病作辅助诊断。

也可以根据抗原刺激 B 细胞产生抗体是否需要 T 细胞协助分类，分为胸腺依赖性抗原（TD-Ag）和胸腺非依赖性抗原（TI-Ag）。TD-Ag 是指需要 T 细胞辅助和巨噬细胞参与才能激活 B 细胞产生抗体的抗原性物质，其特点是既能引起体液免疫应答也能引起细胞免疫应答，能产生 IgG 等多种类别抗体；TI-Ag 是指无需 T 细胞辅助可直接刺激 B 细胞产生抗体的抗原，特点是只能引起体液免疫应答，只产生 IgM 类抗体。

（2）抗体　抗体（antibody）是机体在抗原刺激下，由 B 淋巴细胞分化成的浆细胞所产生的、可与相应抗原发生特异性结合反应的免疫球蛋白（Ig）。主要存在于血液中，也见于其他体液与外分泌液中，是构成机体体液免疫的主要成分。

① 抗体的分类　抗体是由侵入人体的特异性抗原的刺激，引起各种免疫细胞相互作用而产生的免疫球蛋白。并不是所有的 Ig 都是抗体。按作用对象，可分为抗毒素、抗菌抗体、抗病毒抗体和亲细胞抗体（能与细胞结合的免疫球蛋白，吸附在靶细胞膜上）；按理化性质和生物学功能可分为 IgM、

> **课堂互动**
>
> 想一想：抗原-抗体之间的特异性反应，除机体免疫之外，还可以有哪些用途？

IgG、IgA、IgE、IgD 五类；按与抗原结合后是否出现可见反应，可分为在介质参与下出现可见结合反应的完全抗体和不出现可见反应但能阻抑抗原与其相应的完全抗体结合的不完全抗体；按抗体的来源，可分为天然抗体和免疫抗体。

② 抗体的功能　抗体有许多重要的生物学功能。

a. 结合特异性抗原，即依靠其分子上的特殊结合部位与特异性抗原结合，在体内导致生理或病理效应，在体外产生各种直接或间接的可见的抗原-抗体结合反应。

b. 激活补体，抗体与相应抗原结合后，能借助暴露的补体结合点去激活补体系统，激

发补体的溶菌、溶细胞等免疫作用。

c. 结合细胞，抗体是免疫球蛋白，不同类别的免疫球蛋白可结合不同种的细胞，参与免疫应答。

d. 自然被动免疫，IgG 能通过胎盘进入胎儿血流而使胎儿形成自然被动免疫，IgA 可通过消化道及呼吸道黏膜以实现黏膜局部抗感染免疫。

e. 具有抗原性，即抗体也具有刺激机体产生免疫应答的性能，不同的免疫球蛋白具有不同的抗原性。

f. 具有与一般球蛋白相同的理化特性，不耐热（60～70℃即被破坏），易被各种酶及蛋白质凝固变性物质所破坏，可被中性盐类沉淀等。在生产上常可用硫酸铵或硫酸钠从免疫血清中沉淀出含有抗体的球蛋白，再经透析法将其纯化。

③ 抗体的规律　初次反应产生抗体：当抗原第一次进入机体时，需经一定的潜伏期才能产生抗体，且抗体产生的量也不多，在体内维持的时间也较短。再次反应产生抗体：当相同抗原第二次进入机体后，因原有抗体中的一部分与再次进入的抗原结合而使开始时的抗体量略为降低，但随后的抗体效价迅速大量增加，可比初次反应产生的多几倍到几十倍，在体内留存的时间亦较长。回忆反应产生抗体：经过一定时间后，由抗原刺激机体产生的抗体会逐渐消失，此时若再次接触抗原，可使已消失的抗体快速上升。这种与初次相同的再次刺激机体的抗原引起抗体的产生，称为特异性回忆反应；若与初次反应不同，则称为非特异性回忆反应。非特异性回忆反应引起的抗体的上升是暂时性的，短时间内即很快下降。

●⋯⋯● 实例分析 ●⋯⋯⋯⋯⋯⋯⋯⋯⋯⋯⋯⋯⋯⋯⋯⋯⋯⋯⋯⋯⋯⋯⋯⋯⋯⋯⋯⋯⋯⋯⋯⋯⋯⋯

实例：生物制品可用于人类疾病的预防、治疗和诊断。请问：国家对生物制品的质量标准管理的依据主要是什么？都有哪些种类？哪些属于预防类的抗原制品？

分析：《中华人民共和国药典》2010 年版第三部对生物制品品种的质量标准作出了明确规定。生物制品包括细菌类疫苗、病毒类疫苗、重组 DNA 制品、抗毒素及抗血清、血液制品、细胞因子、生长因子、酶、诊断制品、毒素、抗原、变态反应原、单克隆抗体、抗原-抗体复合物、免疫调节剂及微生态制剂等，其中细菌类疫苗、病毒类疫苗、重组 DNA 疫苗属于预防类抗原制品。

评述：HBsAg 是机体感染 HBV 后最先出现的血清学指标，本身不具有传染性，具有免疫原性，可以刺激机体产生相应抗体。20 世纪 80 年代，各国相继采用无症状乙肝携带者的血浆制成血源性疫苗。由于血源性疫苗的安全性及携带者的血浆来源等问题，这种方法的应用受到限制，基因工程乙肝疫苗应运而生。随着生物技术的发展，会有越来越多的重组 DNA 替代产品得到应用。

二、什么是细胞工程技术

自牛痘疫苗被发明用来预防天花成功以来，应用免疫学原理开发的生物制品就逐步走进了人们的视野，在预防、控制及消灭人类传染病方面发挥越来越重要的作用。生物制品指应用包括微生物发酵、细胞培养、蛋白质分离以及基因工程等现代生物技术获得的生物材料，包括各类细菌性和病毒性疫苗、抗毒素与免疫血清、血液制品、免疫蛋白制剂、细胞因子、体内及体外免疫诊断制剂等。除前述的发酵工程技术、生化分离技术与酶技术之外，以动植物细胞为基本原料，通过细胞培养来获取上述产品，已经成为生物药物制备的一项基本技术。

所谓细胞工程，是指应用细胞生物学、遗传学、发育生物学和分子生物学方法，按照人们的设计和需要，在细胞水平上研究改造生物遗传特性和生物学特性，以获得特定的细胞、细胞产品或新生物体的一门综合性技术科学。简单地讲，细胞工程就是在细胞水平上进行人工操作，也称作细胞操作技术。广义的细胞工程包括所有的生物组织、器官及细胞离体操作和培养技术，狭义的细胞工程是指细胞培养、细胞融合与细胞重组技术。

课堂互动

想一想：细胞工程和发酵工程有什么区别与联系？

细胞工程的内容包括细胞培养、细胞遗传操作、细胞保藏及将已转化的细胞用于生产实践等。按照研究对象的不同，可分为植物细胞工程和动物细胞工程；按照遗传操作的不同又可分为细胞融合工程和细胞拆分工程等。

细胞工程最早用于疫苗的生产，20 世纪 20 年代，人们已经能够利用动物组织来生产多种病毒或细菌疫苗，如流感疫苗、伤寒疫苗、霍乱疫苗等。50 年代初，动物细胞体外培养液的发明，标志着动物细胞培养技术步入大规模培养的时代。与此同时，也出现了培养植物细胞来生产生物化学物质的专利。至 60 年代细胞贴壁培养载体问世后，使得动物细胞也可以像微生物细胞一样在搅拌反应器中培养，大大提高了生产效率。随后出现的基因重组技术和杂交瘤技术，大大促进了细胞工程技术的发展，许多外源基因可以转入细胞并高效表达。由于真核生物细胞更能够表达真核生物基因，所翻译、修饰和加工的蛋白质更加准确，更加接近于天然产物，因此，哺乳动物细胞已经成为一种比较合适的宿主表达细胞，广泛应用于各种生物药物的表达和生产。目前人们已经能采用大规模细胞培养的细胞工程技术，生产多种单克隆抗体、激素、细胞因子、疫苗和具有特殊功能的效应细胞等。

1. 细胞的生长特点

同微生物细胞一样，动植物细胞也都具有相同的基本结构：细胞膜、细胞质和细胞核等（图 6-1、图 6-2）。动植物细胞的细胞质中均含有各种细胞器或者显微结构，有些相同（如线粒体、高尔基体、核糖体等），有些不同（如液泡、叶绿体、中心粒等）。从细胞培养的角度看，动植物细胞间最显著的区别在于：动物细胞没有细胞壁，植物细胞含有细胞壁。动植物细胞具有不同的生理特点。

（1）动物细胞的生长特点　绝大多数动物细胞的生长需要贴附在一定的基质上（体液细

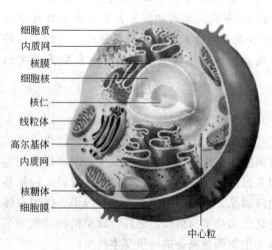

图 6-1　动物细胞显微结构示意图

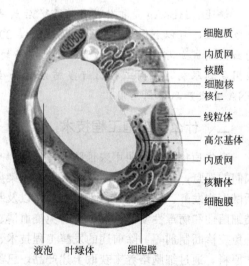

图 6-2　植物细胞显微结构示意图

胞例外）才能生长繁殖，当细胞增殖汇合成片（细胞之间相互接触）时，细胞会停止增殖，此为接触抑制现象。但如果细胞转为异倍体，则该抑制可解除。动物细胞没有细胞壁，对周围环境十分敏感，环境参数（渗透压、酸度、离子浓度、剪切力、微量元素等）的微小变化，都会影响细胞的生长。动物细胞生长缓慢，要求环境有更好、更持久的稳定控制。动物细胞合成的蛋白质多数为糖蛋白，需要进行糖基化（细菌细胞则没有糖基化过程），可以分泌到细胞外，更接近于天然蛋白，适合临床应用。动物细胞的培养传代次数有限，但如果在培养基中加入表皮生长因子或经过自然和人为因素转为异倍体之后，该细胞可转为无限细胞系，更适合于工业生产。

因此，动物细胞对营养成分的要求非常高，除需要多种必需氨基酸、维生素、无机盐、微量元素、葡萄糖以外，还需要多种细胞生长因子和贴壁因子；培养工艺极为严格，例如常采用空气、氧气、CO_2 和氮气的混合气体进行供氧，同时应及时清除代谢物。除微生物细胞培养时所必需的检测项目外，动物细胞培养时还需要对细胞形态结构、倍增时间、产物表达情况、表达产物结构特征等进行检测和控制，检控指标繁多；绝大多数动物细胞需要附着在载体上生长，必须采用贴壁培养的方式。常用的细胞生长载体有两种：中空纤维和微载体。也有一些哺乳动物细胞既可以和体液细胞一样悬浮培养，也可以贴壁培养。

（2）植物细胞的生长特点　植物细胞具有细胞壁，有一定的抗剪切性；细胞生长较慢，培养时需添加抗生素；细胞培养过程中容易聚集成团，需适当地搅拌；培养时需供氧，但不能耐受强力通风搅拌；细胞具有结构和功能的全能性，可以分化成完整的植株。

2. 动物细胞的培养

（1）生产用动物细胞系　生产中使用的动物细胞是按照生产条件选择、驯化的，适于大量培养，用于制备生物产品。通常用于生产的主要有以下四种动物细胞系。

① 原代细胞系　即直接取自动物组织/器官，经破碎消化获得的细胞，如鸡胚细胞、原代兔肾细胞或鼠肾细胞、血液淋巴细胞等。

② 二倍体细胞系　原代细胞经传代培养后仍然具有二倍染色体特征、具有明显贴壁依赖性和接触抑制性、仅有有限增殖能力且无致瘤性等"正常"细胞特点的细胞，如 WI-38、MRC-5 等成纤维细胞。

③ 连续细胞系　从正常细胞转化而来，分化不够成熟，获得无限增殖能力的一种细胞。常由于染色体异常而变成异倍体，失去"正常"细胞的特点，又称为转化细胞系。直接从肿瘤组织获得的细胞也属于这一类。这类细胞由于具有无限的生命力，倍增时间短，对生长条件要求低，特别适用于大规模生产使用。常用的这类细胞有：从中国仓鼠卵巢中分离的上皮样细胞（CHO-K1 细胞，用于构建工程菌）、从仓鼠幼鼠肾脏中分离的成纤维样细胞（BHK-21 细胞，用于构建工程菌）、从非洲绿猴肾中分离的成纤维细胞（Vero 细胞，用于制备疫苗）和淋巴瘤细胞（Namalwa 细胞，用于生产干扰素）。

④ 基因工程细胞系　通过基因工程技术手段，将编码蛋白质的基因在分子水平上设计、改造、重组后再转移到新的宿主细胞而获得的细胞。

> **课堂互动**
>
> 想一想：动物细胞培养与微生物细胞、植物细胞相比有何不同？

（2）动物细胞的保藏　保藏细胞可以有效地降低生产成本并保持良好的细胞生产特性。动物细胞的保藏一般使用冷冻法。在低于 $-70^{\circ}C$ 的超低温条件下，细胞内部的生化反应极慢，甚至终止，而当以适当方法将冻存的细胞恢复至常温时，即可恢复正常的细胞活性。

不同的细胞，冷冻保存的温度可以不同，液氮（$-196℃$）是目前最理想的冷冻保存温度。一般的生物细胞在$-196℃$下均可以保存 10 年以上。用$-80\sim-70℃$保存时，短期内对细胞活性无明显影响，但随着冻存时间延长，细胞存活率明显降低。而$-40\sim0℃$范围内保存细胞的效果不佳。

除合适的温度外，细胞的冻存还必须有最佳的冷冻速率、合适的冷冻保护剂，复苏时也必须有最佳的复温速率，这样才能保证获得最佳的冷冻效果。这里的冷冻剂，是指可以保护细胞免受冷冻损伤的物质，常常配制成一定浓度的溶液。一般来说，只有红细胞、极少数哺乳动物细胞和大多数微生物细胞可以悬浮在不加冷冻保护剂的水溶液或简单盐溶液中、在最适冷冻速率下获得活的冻存物；绝大多数哺乳动物细胞冻存时都必须加入冷冻保护剂。常用的冷冻保护剂有两类：可渗透到细胞内的渗透性冷冻保护剂，多为小分子物质，如甘油、二甲基亚砜（DMSO）、乙二醇、丙二醇、乙酰胺、甲醇等；不能渗透到细胞内的非渗透性冷冻保护剂，多为大分子物质，如聚乙烯吡咯烷酮（PVP）、蔗糖、聚乙二醇、葡萄糖、白蛋白、羟乙基淀粉等。目前，多将两种以上的冷冻保护剂联合使用。

（3）动物细胞的培养条件 动物细胞培养需要满足以下条件。

① 无菌、无毒的环境 培养液应进行无菌处理。特别是所使用的材料，必须严格无菌、无毒，且适合细胞的贴壁培养。通常还要添加一定量的抗生素，以防培养过程中的污染，并定期更换培养液，以防止代谢产物积累对细胞自身造成危害。

② 适宜的温度、湿度和光线 哺乳动物及人源细胞的最适温度是$35\sim37℃$，$39℃$以上受损甚至死亡，在$0\sim34℃$下，细胞能生存，但代谢降低，分裂延缓。在开放环境中培养时相对湿度宜控制在95%。由于紫外线或可见光可造成核黄素、酪氨酸、色氨酸等产生有毒的光产物，抑制细胞生长，降低其贴壁能力，因此细胞培养需避光。

③ 渗透压 细胞必须生长在等渗环境中，多数细胞对渗透压有一定耐受性。人血浆渗透压 656.9kPa，可视为培养人体细胞的理想渗透压。鼠细胞渗透压在 724.8kPa 左右。一般来说，$588.9\sim724.8$kPa 的渗透压适于大多数哺乳动物细胞的培养。

④ 营养成分 培养基组成中必须含有 12 种必需氨基酸；细胞可以进行有氧氧化与无氧酵解，一般来说对葡萄糖的吸收能力最高，对半乳糖最低，几乎所有的培养基都以葡萄糖作为必备的能源物质；生物素、叶酸、烟酰胺、泛酸、维生素 B_{12} 等都是培养基常有的成分；此外，还需要钠、钾、镁等基本无机元素和铁、锌、硒等微量元素；生长因子、各种激素对促进细胞生长、维持细胞功能、保持细胞状态（分化或未分化）都具有十分重要的作用，如胰岛素能促进细胞利用葡萄糖和氨基酸，氢化可的松可促进表皮细胞生长，泌乳素有促进乳腺上皮细胞生长作用。

⑤ pH 和气体环境 适宜的 pH 和气体环境也是细胞生存的必需条件，氧是细胞代谢所必需的，CO_2 既是细胞代谢的产物，也是细胞生长所需的成分，主要作用是维持培养液的pH。开放培养时，一般是将细胞置于95%氧气和$5\%CO_2$的混合气体环境中培养；密闭培养时，则需要加入碳酸盐缓冲体系，常用 HEPRS（羟乙基哌嗪乙硫磺酸）结合 $NaHCO_3$ 使用，可提供更有效的缓冲体系。

动物细胞培养基常分为天然培养基、合成培养基和无血清培养基三类。天然培养基包括生物性体液（如血清）、组织浸出液（如胚胎浸出液）、凝固剂（如血浆）、水解乳蛋白等，具有营养成分丰富、培养效果好的优点，缺点是成分复杂、来源有限、价格昂贵。合成培养基可根据天然培养基成分，用化学物质模拟组合而成，除前述的营养成分外，还需要添加$5\%\sim10\%$的小牛血清，血清的作用是提供基本营养物质、激素和各种生长因子、结合蛋白、促接触和伸展因子，使细胞贴壁、保护细胞等。无血清培养基是在合成培养基基础上添加了激素、生长因子、结合蛋白贴壁和生长因子等元素，避免了血清差异带来的细胞差异，提高了细胞培养的重复性，便于结果分析。

（4）动物细胞的培养工艺 根据细胞的生长特点，生产中动物细胞的培养方法主要有贴壁培养、悬浮培养、悬浮-贴壁培养和固定化细胞培养。如心肌细胞、平滑肌细胞、成骨细胞、皮肤细胞、肠管上皮细胞等，生长时必须有可以贴附支持物表面，细胞依靠自身分泌或培养基中提供的贴附因子在该表面上生长和繁殖；像淋巴细胞等，其生长不依赖于支持物表面，而是在培养液中悬浮生长。微载体可以提供细胞贴附生长的支持物，还可以悬浮于培养液中，即悬浮-贴壁培养，这种方法兼有悬浮培养和贴壁培养的特点。微载体是一种由天然葡聚糖或者合成聚合物等制成的多孔性材料，成直径 $60\sim250\mu m$ 的球状或片状等，可以作为细胞贴附生长的载体，可在持续搅动下呈悬浮状态，因此也称为微载体培养。所用的微载体包括大孔明胶载体、聚苯乙烯微载体、甲壳质微载体、聚氨酯泡沫微载体、藻酸盐凝胶微载体及磁性载体等多种类型。目前，这种方法已经广泛应用于成肌细胞、Vero 细胞、CHO 细胞等多种类型细胞的培养，生产疫苗、蛋白质等各种产品。

与微生物培养类似，动物细胞的培养也可以按照操作方式分为分批式培养、分批补料培养（流加式培养）和连续式培养；从使用的培养装置与规模上区分，又分为细胞工厂培养、灌注式反应器培养和中空纤维生物反应器培养、通风搅拌培养等。

流加式培养是当前动物细胞培养中的主流工艺，也是大规模培养的研究热点，其工艺的关键技术是基础培养基和流加浓缩的营养培养基，流加的总体原则是维持细胞生长相对稳定的培养环境。流加的营养成分主要有：葡萄糖、谷氨酰胺以及氨基酸、维生素及其他成分。动物细胞培养的一般工艺流程见图 6-3。

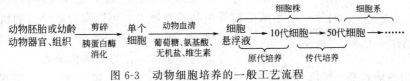

图 6-3 动物细胞培养的一般工艺流程

 能力拓展

在细胞体外培养技术中的传"代"，与细胞生物学中"亲代细胞"和"子代细胞"中"代"，是两个不同的概念。

前者的"代"，指的是传代，即将细胞转移到一个新的培养基中培养，称为传了一代。这是因为随着培养时间的延长和细胞不断分裂，因细胞之间相互接触而发生接触性抑制，生长速度减慢甚至停止；另一方面也会因营养物不足和代谢物积累而不利于生长或发生中毒。此时就需要将培养物分割成小的部分，重新接种到另外的培养器皿（瓶）内，再进行培养，这个过程就称为传代（passage）或者再培养（subculture）。对单层培养而言，80% 汇合或刚汇合的细胞是较理想的传代阶段。所以，传代培养的实质就是分割后再一次培养，可以相对地衡量培养物的培养年龄。

后者的"代"，指的是细胞的分裂次数（cell division times），即细胞的繁殖世代数，又称为细胞世代（generation）或倍增（doubling）。传代和分裂之间是一种相关关系，即传的代数越多，细胞分裂次数就越多，但很难精确定量。正常哺乳动物的干细胞大概能分裂50～70次，一般能传10代左右，也就是说，一般情况下，在细胞的一代中，细胞能倍增3～6次。

3. 植物细胞培养

植物细胞培养指在离体条件下，将愈伤组织或其他易分散的组织置于液体培养基中进行振荡培养，得到分散成游离的悬浮细胞，通过继代培养使细胞增殖，从而获得大量细胞群体的一种技术。根据培养对象，植物细胞培养主要有单细胞培养、单倍体培养、原生质体培养等；按照培养系统可分为悬浮培养、液体培养、固体培养、固定化培养等。通常所说的植物细胞培养，主要指植物组织培养和植物细胞培养。

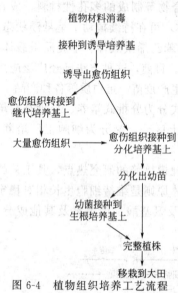

图 6-4　植物组织培养工艺流程

（1）植物组织的培养　植物细胞具有全能性，因此可以在无菌条件下，将离体的植物器官（如根尖、茎尖、叶、花、未成熟的果实、种子等）、组织（如形成层、花药组织、胚乳、皮层等）、细胞（如体细胞、生殖细胞等）、胚胎（如成熟和未成熟的胚）、原生质体（如脱壁后仍具有生活力的原生质体），培养在人工配制的培养基上，给予适宜的培养条件，诱发产生愈伤组织，最终发育成完整的植株。植物组织培养工艺流程见图 6-4。

离体的植物器官、组织或细胞，在培养了一段时间后，会通过细胞分裂形成愈伤组织，这个过程也称为植物细胞的去分化。去分化产生的愈伤组织继续进行培养，又可以重新分化成根或芽等器官，这个过程叫作再分化。再分化形成的试管苗移栽到地里，可以发育成完整的植物体。

① 培养要求　组织培养应注意三个基本问题：适当的培养基、合适的外植体、良好的除菌消毒。

植物组织的培养基一般都包含四类组分：基本成分（如氮、磷、钾、钙、镁等）、微量成分（如锰、锌、钼、铜、硼等）、有机成分（如维生素、甘氨酸、肌醇、烟酸、糖等）、生长调节物质（如细胞分裂素、生长素等）。在不同的培养基中，变化幅度最大的是生长调节物质。

选择合适的外植体，尽可能除净外植体表面的各种微生物，是成功进行植物组织培养的前提。外植体是能用来诱发产生无性增殖系的植物器官或组织切段，如单个芽、茎等。外植体的选择应综合考虑外植体的大小（组织块应达到5～10mg，2万个细胞以上才能成活）、分化能力、分化程度和分化类型。一般来说，以幼嫩的器官或组织作为外植体比较有利。

消毒剂的选择、处理时间长短与外植体对所用试剂的敏感性密切相关。通常，幼嫩材料处理时间比成熟材料要短些。外植体除菌一般程序是：外植体→自来水多次漂洗→消毒剂处理→无菌水反复冲洗→无菌滤纸吸干。所有工作都应在无菌环境下（超净工作台）完成。

② 愈伤组织的诱导与继代培养　愈伤组织是指从植物受伤部位或组织培养物产生的由分化和未分化细胞组成的一类薄壁组织，这种组织具有活跃的分裂能力，可在营养充分的情况下无限制地生长。愈伤组织的诱导与培养是植物细胞培养的开始。由最初的外植体上切下的新增殖组织培养出的一代称为"第一代培养"，连续多代的培养就称为继代培养。愈伤组织的培养主要是继代培养。

组织培养的第一步就是使外植体进行细胞分化，诱导产生愈伤组织。为确保诱导成功，培养基中一般都添加较高浓度的生长激素，可以将外植体的表面消毒后切成小段，插入或平放在培养基上即可。但这种方法容易使外植体营养吸收不均，气体及有害物质交换不畅，愈伤组织易出现极化现象；把外植体浸没在无菌的液态培养基中振荡培养，能克服这一问题。这段培养时期原则上无需光照。

愈伤组织长出后，经过 4～6 周的细胞分裂，原有培养基的水分及营养成分大量消耗，并积累了较多的代谢物，已不适合细胞的生长。因此必须进行转移（继代培养）。通过转移，愈伤组织的细胞数迅速扩增，有利于下一阶段产生更多的胚状体或小苗。

③ 愈伤组织的分化与植株再生　愈伤组织只有经过重新分化才能形成胚状体或根、茎等器官，继而长成小苗。在这一阶段，通常要将愈合组织移植于含有合适的细胞分裂素和生长素的分化培养基上，有利于更多的胚状体形成。光照是此阶段的必备条件。

人工培养条件下长出的小苗，要及时移栽到户外，在适度光、温、湿条件下生长。植物组织培养的基本过程见图 6-5。

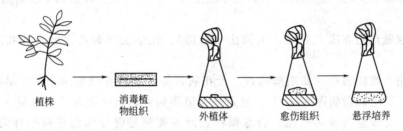

植株　　消毒植物组织　　外植体　　愈伤组织　　悬浮培养

图 6-5　植物组织培养的基本过程

（2）植物细胞的培养　植物细胞的培养相对于动物细胞来说比较宽松一些。关于植物细胞的培养，有时在概念上易产生混淆。广义上说，植物细胞的培养包括：幼苗及较大植株的培养（植物培养），从植物体各种器官的外植体增殖而形成愈伤组织的培养（愈伤组织培养），能够保持较好分散性的离体细胞或较小细胞团的液体培养（悬浮培养），离体器官的培养（器官培养）和未成熟或成熟胚胎的离体培养（胚胎培养）。狭义上说，植物细胞的培养指植物细胞的悬浮培养。

植物细胞的全能性使得植物体的任何一个细胞都具有生长分化成一个完整植株的能力。因此，植物单个细胞在模拟机体内进行体外培养时，可以通过细胞分裂形成细胞团，再经分化形成各种器官。如果控制条件，使这些细胞不发生分化，无法发挥其全能性，则可以像培养微生物细胞那样通过悬浮培养来获得大量的单细胞，用以生产特定的产品。

植物细胞培养基同组织培养基类似，除氮、磷、钾等大量元素和铁、锰、锌等微量元素外，还需要氨基酸作为有机氮源（尤其是甘氨酸），碳源主要有蔗糖、果糖和葡萄糖等，维生素主要有维生素 B_1、维生素 B_3、维生素 B_6、维生素 C、生物素、叶酸、泛酸等，以及植物生长素等生长调节素。

植物细胞的培养应特别注意温度的控制。多数细胞仅能在很窄的温度范围内才能很好地生长，通常的生长温度是 25℃。此外，还需要适度的光照。与微生物相比，植物细胞悬浮培养时的需氧量较少，但在进行次代培养时，短期内耗氧量会激增，因此应及时调整通气量。

在培养方式上，植物细胞的大规模培养主要有成批培养和连续培养。成批培养相当于微生物的分批培养，存在着同样的细胞生长规律。连续培养与微生物、动物细胞的连续培养相同。

通过植物组织的培养，可以快速繁殖、培育无病毒植物；通过大规模的植物细胞培养，可以生产药物、食品添加剂、香料、色素和杀虫剂等。

4. 细胞融合

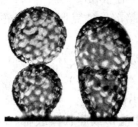

图 6-6　细胞融合

细胞融合（图 6-6）又称细胞杂交，是指在外力（诱导剂或促融剂）作用下，两个或两个以上的异源（种、属间）细胞或原生质体相互接触，发生膜融合、胞质融合和核融合并形成杂种细胞的现象。由于这种融合实际上是发生在原生质体之间，所以又称为原生质体融合。融合后形成的具有原来两个或多个细胞遗传信息的单核细胞，称为杂交细胞。

（1）动物细胞融合　一般来说，动物细胞融合指在离体条件下将两个或两个以上的体细胞合并在一起，这种体细胞的合并是在体外进行的无性杂交，可获得四倍体或多倍体细胞，能发生在种内、间或属间，甚至是动物和植物之间。动物细胞融合克服了远缘杂交的不亲和性，是研究细胞遗传、细胞免疫、肿瘤和生物新品种培育的重要手段。

动物细胞融合的方法主要有：生物法（病毒）、化学法（聚乙二醇）和物理法（电融合）。

一些致癌、致病病毒（如疱疹病毒、天花病毒等）能诱导细胞融合，最早研究的促融剂，应用最多的是仙台病毒（HVJ），这是一类被膜病毒，属于副黏液病毒属，毒性低，对人的危害小，易被紫外线等灭活。病毒颗粒表面的被膜是促使细胞浆膜融合的主要因素。病毒颗粒附在受体细胞膜上，加剧了细胞间的凝集。凝集的细胞因病毒的作用细胞膜破损，极易发生两细胞间原生质体的融合。需要说明的是，细胞的凝集是在 4℃进行，而细胞融合则需要在较高温度下完成，一般是 37℃；不同细胞的融合速度不同，快的几分钟即可。

很多化学试剂都能促进细胞融合，如聚乙二醇（PEG）、$NaNO_3$、KNO_3、$NaCl$、$CaCl_2$、$MgCl_2$、$BaCl_2$、葡聚糖硫酸钾、葡聚糖硫酸钠等，其中应用最广的是聚乙二醇（PEG），这是因为 PEG 液比病毒更容易制备和控制，活性稳定，使用方便，促细胞融合能力更强。PEG 促细胞融合的机理目前尚不清楚。研究发现，PEG 与 DMSO（二甲基亚砜）并用，效果更佳。另外，使用化学促融剂时，必须有 Ca^{2+} 的存在。

高频电场脉冲可以促进细胞膜通透性的增加。但如果电场强度过大、脉冲间隔过长，则容易导致细胞膜发生不可逆变化，最终使细胞受损。因此，控制好脉冲电场的频率和强度，可以使细胞膜达到一种可逆性降解。但仅凭这一点还不足以使原生质体融合，还必须使细胞能紧密接触。双向电泳是一种能使细胞紧密接触的技术。在双向电泳中，中性或带电荷颗粒（细胞）在非均匀交流电场中形成紧密排列的链状，此时如再施加适当强度的高频脉冲，则会在两个紧密接触的细胞之间形成膜通道，形成细胞质的交换，即可实现原生质体的融合。

（2）植物细胞杂交　将两个来自于不同植物的体细胞融合成一个杂种细胞，并且把杂种细胞培育成新的植物体的方法称为植物细胞杂交，也称为体细胞杂交，其实质是原生质体的融合。植物细胞的杂交过程见图 6-7，主要包括：细胞分离、原生质体制备、促融因素诱导、原生质体融合、杂种细胞筛选及鉴定、愈伤组织诱导分化、获得完整植株。

进行植物细胞的杂交，首先需要制备原生质体。通常，以叶片、愈伤组织及悬浮培养细胞的应用较多，其次是茎尖、根尖、子叶及胚性组织细胞。实际上，植物体的任何部位，只要是没有木质化，都能用其外植体制备出原生质体。

植物细胞含有细胞壁，因此制备原生质体时需要先预处理以破除细胞壁。破壁的方法主要是酶解法，一般是将愈伤组织或悬浮细胞液置于 $17\sim20℃$ 的酶液中静置 30min 后在 $28\sim34℃$ 下保温以达到质壁分离。有时，需要事先将外植体置于愈伤组织培养基上培养 $5\sim7$ 天后再进行酶解破壁；或是先将在室温下生长 $5\sim7$ 周的植物材料在黑暗中放置 30h 以上（暗培养），再消除细胞壁；或者将叶片于光照下 $2\sim6h$ 使其萎蔫，有利于原生质体的分离。常用的酶主要有纤维素酶、果胶酶、半纤维素酶及蜗牛酶等，这些酶需要配制在含甘露醇、山梨醇、葡萄糖、葡萄糖硫酸酯、$CaCl_2 \cdot 2H_2O$（$0.1\sim10mmol/L$）及 KH_2PO_4（$0.75mmol/L$）等渗透稳定剂中，以维持原

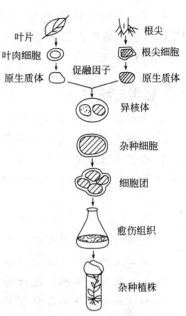

图 6-7　植物细胞的杂交过程

生质体的完整性。酶解后的反应液还需要经过200~400 目的筛网过滤，或者低速离心，以除去残留的组织和破碎的细胞，得到纯度较高的原生质体液。

原生质体自发融合的效率很低，通常采用人工诱导的方法。与动物细胞融合类似，原生质体融合主要有化学法（PEG 法）、物理法（电融合）。

原生质体融合后产生的是一个由原亲本细胞、两亲本细胞的同源融合体、两亲本细胞的异源融合体组成的混合物，需要通过培养及筛选，除去不需要的细胞，得到需要的杂交细胞。

植物原生质体的培养主要分固体培养和液体培养两种方法。固体培养的方法是将固体琼脂培养基（1.2％琼脂）熔化后冷却，与等体积的原生质体液混合制平板后，静置培养。液体培养又分浅层法、悬滴法和双层培养法。浅层法是将约 1mL 左右的原生质体悬浮液置于培养皿或三角瓶中，使其呈悬浮薄层液后静置培养；悬滴法是将原生质体悬浮液悬浮于原生质体培养基中，使其呈 $50\sim100\mu L$ 的小滴，静置培养；双层培养法是先制成固体培养基，再将原生质体悬浮液置于固体培养基上培养。

原生质体培养基的要求与植物细胞的相似。在培养中可以通过添加营养或抗性成分等进行互补法筛选，也可以根据颜色、标记等进行机械法筛选。互补法筛选包括基因互补法、抗性互补法和营养互补；机械法筛选可分为天然颜色标记分离法和荧光素标记分离法两种。

课堂互动

想一想：传统的植物嫁接和植物细胞杂交之间有什么关系？

通常，筛选得到的原生质融合体在培养 $2\sim4$ 天后会失去其特有的球形外观，这是再生形成新的细胞壁的象征。细胞壁的形成与细胞分裂有直接关系，不能再生细胞壁的原生质体不能进行正常的有丝分裂。能够分裂的原生质体再生细胞继续分裂，$2\sim3$ 周后可长出细胞团，进而形成愈伤组织。此时，可将其移到不含渗透剂的培养基中，进行一般的组织培养，可获得重新分化的胚状体或根、芽等器官，最后形成完整植株。

目前，植物体细胞杂交过程仍以植物组织培养为前提，通过植物组织培养完成杂种植株的培育过程。植物体细胞杂交的最大突破是克服远缘杂交不亲和的障碍，仍有许多理论和技术问题没有解决。

●●●●●● 思考与练习 ●●●●●●●●●●●●●●●●●●●●●●●●●●●●●●●●●●●●●●●

1. 请简述人体免疫系统的组成。

2. 抗体是怎样产生的？都有哪些功能？

3. 各种免疫细胞都是从（   ）中的多能干细胞分化而来的；接受抗原刺激产生免疫应答的场所是（   ）；执行体液免疫功能的是（   ）；而细胞免疫则指的是（   ）的免疫作用。

    A. 骨髓   B. 脾脏   C. B 细胞   D. T 细胞

4. 免疫球蛋白都有哪些种类？主要分布在机体的哪些部位？

5. 什么是抗原？什么是抗体？为什么疫苗接种需要有时间间隔？

6. 什么是细胞工程？包括哪些内容？

7. 动植物细胞培养各自有哪些特点？

8. 什么是细胞融合？促细胞融合的因素都有哪些？

9. 生产中常用哪些动物细胞系？

第二节　疫苗与免疫蛋白

一、疫苗的制备

1. 疫苗的概念与分类

疫苗是典型的免疫类药物。所谓疫苗，是指将病原微生物（如细菌、病毒等）及其代谢产物（如类毒素），经过人工减毒、灭活或利用基因工程等方法制成的用于预防传染病的主动免疫制剂。在我国，疫苗被分成两类：国家免费提供按计划接种的第一类疫苗和公民自费并自愿受种的第二类疫苗。

疫苗保留了病原菌刺激机体免疫系统的特性。当机体接触到这种不具伤害力的病原菌后，免疫系统便会产生一定的保护物质，如免疫激素、活性生理物质、特殊抗体等；当机体再次接触到这种病原菌时，机体的免疫系统便会依循其原有的记忆，制造更多的保护物质来阻止病原菌的伤害。

早期的疫苗是用减毒或弱化的病原体制成的，称为第一代疫苗，如百日咳杆菌疫苗、结核杆菌疫苗（卡介苗）、脊髓灰质炎病毒疫苗等（表 6-1）。20 世纪 70 年代以后，基因工程技术被用来生产疫苗，将病原体的抗原基因克隆在细菌或真核细胞内，由细菌或真核细胞生产病原体的抗原，利用抗原而不是病原体本身作为疫苗，安全性得到很大提高；另外，还可以将同一个病原体的不同抗原簇重组在一个基因上表达出多表位抗原，提高免疫效果；也可以将不同病原体的抗原克隆在同一个工程菌内，制成可以表达不同病原体抗原的多价疫苗。这类疫苗称为第二代疫苗。进入 90 年代后，核酸疫苗（DNA 疫苗）获得了迅速发展，通过直接将含有编码蛋白基因序列的质粒载体导入宿主体内，利用宿主细胞表达系统表达抗原蛋白，诱导宿主的免疫应答反应。这类疫苗兼有基因工程疫苗的安全性和减毒活疫苗激发机体强免疫反应的双重性，免疫效果持久，制备简便，被称为第三代疫苗。

表 6-1　已用于人类疾病预防的主要疫苗（菌苗）

疫苗	疫苗	疫苗	疫苗	疫苗
小儿麻痹	水痘	乙型肝炎	斑疹伤寒	流行性感冒
白喉-百日咳-破伤风	伤寒	风疹	痢疾	腮腺炎
流行性脑炎	鼠疫	出血热	痘苗（天花）	轮状病毒（腹泻）
狂犬病	嗜血杆菌（流感）	黄热病	卡介苗（结核病）	霍乱
麻疹-风疹-腮腺炎	麻疹	钩端螺旋体	乙型脑炎	链球菌肺炎

　　由疫苗的发展可知，疫苗的制备其实就是细菌、病毒等微生物或细胞的培养，与基因工程技术的结合而完成的生物产品加工过程。疫苗的分类有很多种，从疫苗制备的角度，按照疫苗成分、来源的不同，可分成细菌类疫苗（俗称菌苗）、病毒类疫苗（俗称毒苗）、类毒素、抗毒素、免疫蛋白、细胞因子、单克隆抗体，以及新型的亚单位疫苗、结合疫苗、合成肽疫苗及核酸疫苗等；按照疫苗的毒性大小，又可分为失去繁殖力但保留免疫原性的灭活疫苗、毒力减弱或基本无毒的减毒活疫苗，以及失去毒性但保留免疫原性的类毒素等。

2. 病毒类疫苗的制备

　　如前所述，这类疫苗主要是细菌、病毒等微生物，以及各种核酸、蛋白等生物大分子产品，其制备涉及微生物的发酵、细胞的培养、生物化学分离和基因工程技术等，是上述技术的综合应用。图 6-8 描述了病毒类疫苗制备的工艺流程。

　　（1）毒种的选择和减毒　用于制备疫苗的毒株，一般需具备以下几个条件，才能获得安全有效的疫苗。

　　① 与制备菌苗的菌种一样，毒种必须持有特定的抗原性，能使机体诱发特定的免疫力，以阻止相应疾病的发生。

　　② 毒种应有非典型的形态和感染特定组织的特性，并能在传代过程中长期保持生物学特性。

　　③ 毒种在特定的组织中能大量繁殖。

　　④ 毒种在人工繁殖过程中，不应产生神经毒素或能引起集体损害的其他毒素。

　　⑤ 制备活疫苗时，毒种在人工繁殖过程中应无恢复原致病能力的现象。

　　⑥ 毒株在分离和形成毒种的全过程中应不被其他病毒所污染，并有历史记录。

　　用于制备活疫苗的毒种，往往需要在特定的条件下将毒株经过长达数十次或上百次的传代，降低其毒力，直至无临床致病性，才能用于生产。例如，制备流感活疫苗的甲$_2$、甲$_3$和乙不同亚型的毒株，需分别在鸡胚中传 6～9 代、20～25 代及 10～15 代后才能使用。又如制备麻疹活疫苗的 Schwarz 株，需传代 148 代后方能合乎要求。

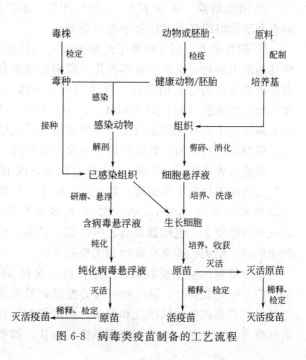

图 6-8　病毒类疫苗制备的工艺流程

知识链接

　　基因工程疫苗：是一类利用基因工程技术，通过外源目的基因的表达来使宿主获得免疫力的疫苗，又分为基因工程活疫苗和重组 DNA 疫苗。前者是将可表达某种致病性抗原蛋白的外源基因导入已知的相对安全的病毒或细菌 DNA 中，再用这种重组病毒或重组细菌来诱导机体的免疫性，又分基因缺失疫苗和载体疫苗两类；后者是将所需抗原的基因通过重组菌表达后提取抗原蛋白，经纯化后制成的重组蛋白制剂。基因工程疫苗充分利用抗原来诱导机体的免疫性，同时尽可能避免了病原体对机体的致病性，安全性得到很大提高。还可以将同一病原体的不同抗原簇重组在一个基因上以表达含不同抗原决定簇的多表位抗原，提高免疫效果；或者将不同病原体的抗原基因克隆于同一工程菌或工程细胞内，可表达不同病原体的抗原，制备成多价疫苗。

　　（2）病毒的繁殖　　所有的病毒，都只能在活细胞中繁殖。若需对病毒进行大量增殖，首先要寻找可被病毒感染的活细胞。通常情况下病毒可使用以下几种方法繁殖。

　　① 动物培养　　将病毒接种动物的鼻腔、腹腔、脑腔或皮下，使之在相应的细胞内繁殖。接种动物的种类、年龄和接种途径依病毒的种类而异。例如牛痘病毒可接种到牛的皮下、狂犬病毒可接种到羊的脑腔中等。这种繁殖方法的缺点是动物饲养管理麻烦，具有潜在病毒传播的危险，故在生产中已逐渐被淘汰，现在仅限于分离和鉴别病毒等部分实验中应用。

　　② 鸡胚培养　　这种方法是将病毒接种到 7～14 日龄鸡胚的尿囊腔、卵黄囊或绒毛尿囊膜等处，接种的部位亦因病毒种类的不同而异。鸡胚的生长管理虽较动物方便，但亦有沙门菌、支原体和鸡白血病病毒污染等潜在危险。要排除污染，需要从鸡的隔离饲养开始，这种饲养方法比较麻烦，鸡胚成本很高，不适宜大规模使用。目前，除了黏病毒（如流感病毒、麻疹病毒等）和痘病毒（如牛痘病毒等）外，其他病毒很少使用这种方法。

　　③ 组织培养　　从 20 世纪 50 年代开始，组织培养广泛用于病毒培养。目前差不多所有的人和动物组织都能在试管中进行培养。

　　④ 细胞培养　　用于疫苗生产的主要有原代细胞培养和传代细胞培养两种方法。前者是将动物组织进行一次培养而不传代，常用的细胞有猴肾细胞、地鼠肾细胞和鸡胚细胞等；后者是用细胞株进行长期传代，常用的有人胚肺二倍体细胞（如 WI-38 和 MRC-S 细胞株）、非洲绿猴肺细胞（如 DBS-FRHL-2、DBS-FCL-1 和 DBS-FCL-2 细胞株）等。由于这些细胞在长期传代中有可能因染色体成为异倍体或不成倍数而转为恶性细胞，所以在使用这些细胞生产疫苗时，传代的次数应控制在一定的范围内。

　　细胞培养多用 Eagle 液、199 综合培养基或 RPMI1640 培养基作为维持液，如作为细胞生长液则还需加入小牛血清。Eagle 液亦可掺入部分水解乳蛋白以替代部分氨基酸；199 综合培养基有 858、1066、NCTC109 等多种配方，其成分均很复杂，包括氨基酸、维生素、辅酶、核酸衍生物、脂类、碳水化合物和无机盐等。

　　细胞培养的条件控制如前所述，通常包括 pH 值、CO_2 和氧的供给、温度和时间的控制，最关键的还是培养器内壁的洁净度和细菌污染的控制。目前在疫苗的生产中，细胞多采用贴壁培养法。如果

课堂互动

　　甲型 H1N1 流感一度在全球范围内蔓延。接种甲型 H1N1 流感疫苗是控制疫情扩散的有效方法。想一想：甲型 H1N1 流感疫苗是如何制备的？

容器内壁不清洁，必将影响细胞的贴壁生长。传统的器壁清洁剂是硫酸-铬酸混合液，这是一种强氧化剂，使用中应注意防止腐蚀和污染环境；在容器洗涤后，用大量水冲去残余的硫酸和铬酸，以防止细胞"中毒"。这种混合液也可以用许多合成洗涤剂来代替，但必须通过实验确定用来代替的洗涤剂对细胞和人体均是安全的，方能用于疫苗生产。严格的无菌培养可以控制细菌的污染。培养液中还可以加入一定量的抗生素，如青霉素和链霉素，来抑制可能污染的细菌生长。

（3）疫苗的灭活　不同的疫苗，其灭活的方法不同，可以用甲醛溶液（如乙型脑炎疫苗、脊髓灰质炎灭活疫苗和斑疹伤寒疫苗等），也可以用酚溶液（狂犬疫苗）。所用灭活剂浓度则与疫苗中所含的动物组织量有关。如鼠脑疫苗、鼠肺疫苗等含有多量动物组织的疫苗，需较高浓度的灭活剂，若用甲醛溶液，用量一般为 $0.2\% \sim 0.4\%$。组织培养的疫苗一般含动物组织量少，灭活剂的浓度可低些，若用甲醛溶液，一般为 $0.02\% \sim 0.05\%$。灭活的温度和时间，需视病毒的生物学性质和热稳定性质而定。有的可于 37℃下灭活 12 天（如脊髓灰质炎灭活疫苗），有的仅需 18～20℃下灭活 3 天（如斑疹伤寒疫苗）。其原则是要以足够高的温度和足够长的时间破坏疫苗的毒力，而以尽可能的最低温度和最短时间来尽量减少疫苗免疫力的损失。这种相互对立的矛盾，往往是通过试验选取最适的灭活温度和时间来解决。

（4）疫苗的纯化　疫苗纯化的目的，是去除存在的动物组织，降低疫苗接种后可能引起的不良反应。用细胞培养所获得的疫苗，动物组织量少，一般不需特殊的纯化，但在细胞培养的过程中，得用换液的方法除去培养基中的牛血清。用动物组织所制成的痘苗，可经过乙醚化，或经透析、浓缩，或用超速离心提纯，亦可用三氯醋酸提取抗原。这些方法的工艺均较复杂，且不能达到完全消除不良反应的目的，故这种疫苗已逐渐被细胞培养的疫苗所取代。

（5）冻干　疫苗的稳定性较差，一般在 2～8℃下能保存 12 个月，但当温度升高后，效力很快降低。在 37℃下，许多疫苗只能稳定几天或几小时，故非常不利于在室温下运输。用冻干的方法使疫苗干燥，可使稳定性提高，有效期往往可以延长 1 倍或 1 倍以上；在室温下其效价的损失也较慢。冻干工艺的操作要点如下。

① 冷冻：将疫苗冷冻至其熔点以下。

② 真空升华：在真空状态下将水分直接由固态升华为气态。

③ 升温缓慢，即升温的过程尽量缓慢，不使疫苗在任何时间有融解情况发生。

④ 冻干好的疫苗应真空或充氮后密封保存，使其残余水分保持3%以下。这样的疫苗能保持良好的稳定性。

3. 细菌类疫苗和类毒素的制备

这一类产品的制备，均由细菌培养开始，但细菌类疫苗是用菌体作为进一步加工的对象，而类毒素是对细菌所分泌的外毒素进行加工。图 6-9 概况了一般菌苗和类毒素制备的工艺流程。

（1）菌种的选择　能够用于菌苗的菌种，一般应具备以下条件。

① 有特定的抗原性，能诱发机体产生特定的免疫力，以阻止有关病原体的入侵或防止机体发生相应的疾病。

② 有典型的形态、培养特性和升华特性，能在长期的传代过程中保持这些特性。

③ 应容易在人工培养基上培养。

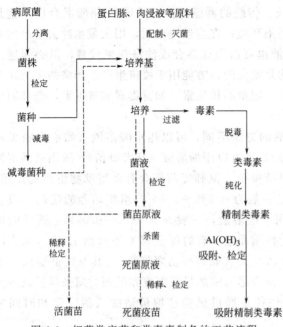

图 6-9 细菌类疫苗和类毒素制备的工艺流程

④ 如制备死菌菌苗，菌种在培养过程中产生的毒性应比较小。

⑤ 如制备活菌苗，菌种在培养过程中应无恢复原毒性的现象，以免在菌苗使用时，机体发生相应的疾病。

⑥ 如制备类毒素，则菌种在培养的过程中应能产生大量的典型毒素。

总之，制备菌苗和类毒素的菌种，应该是生物学特性稳定、副作用小、安全性好、可产生高效力产品的菌种。

（2）培养基的营养 水、糖、有机酸和脂类等碳源，动、植物蛋白的降解物和各类氨基酸等氮源，钾、镁、钴、钙、铜、硫酸盐和磷酸盐等无机盐类，都是培养微生物所需要的一般营养要素。有些微生物具有生理上的特殊性，往往需要一些特殊的营养物才能生长，例如结核杆菌需以甘油作为碳源；有些糖分解能力较差的梭状芽孢杆菌则以氨基酸作为能量及碳、氮的来源；又如百日咳杆菌生长需要谷氨酸和胱氨酸作为氮源；至于病毒，则需在细胞内寄生。

培养致病菌时，在培养基中除应含有一般碳源、氮源和无机盐成分外，往往还需要添加某种生长因子。不同的细菌需要不同的生长因子。

（3）培养条件的控制 各种细菌在生长时与空气中的氧有很大关系，往往需要严格控制培养环境中的氧分压。如培养需氧菌时，需要较高的氧分压环境；培养厌氧菌时，则需要降低并严格限制环境中的氧分压。

不同的菌有各自不同的最适生长温度和 pH 值，制备菌苗时，必须在其最适的培养温度和 pH 值下进行，以获得最大产量和保持细菌的生物学特性和抗原性。

制备疫苗的细菌，通常都不是光合细菌，不需要光线的照射，故培养时一般不应在阳光或 X 射线下进行，以防止其核糖核酸分子的变异，从而改变细菌的生物学特性。

（4）杀菌 制备死菌疫苗制剂时，制成原液后需要用物理或化学方法杀菌，而活菌苗制剂则不需要。各种菌苗所用的杀菌方法不尽相同，但杀菌的总目标是相同的，即彻底杀死细菌而又不影响菌苗的防病效力。以伤寒菌苗为例，可用加热杀菌、甲醛溶液杀菌、丙酮杀菌等方法杀死伤寒杆菌。

（5）稀释、分装和冻干 杀菌后的菌液一般用含防腐剂的缓冲生理盐水稀释至所需的浓度，再在无菌条件下分装，容器封口后保存于 2～10℃备用。有些菌苗，特别是活菌苗，亦可分装后冷冻干燥，以延长其有效期。

●●●●● ● **实例分析** ● ●●●●●

实例：流感全病毒灭活疫苗的制备。

生产流程参见图 6-8。生产用鸡胚来源于封闭房舍内饲养的无特定病原体（SPF）健康鸡群，选用 9～11 日龄无畸形、血管清晰、活动的鸡胚；毒种为 WHO 推荐的甲型、乙型流行性感冒病毒株为基础，传代建立主种子批和工作种子批，至成品疫苗病毒总传代不得超过5代（冻干毒种保存－20℃以下，液体毒种保存－60℃以下）；鸡胚尿囊腔接种后置33～35℃培养48～72h；筛选活鸡胚，置2～8℃一定时间冷胚后，收获尿囊液于容器内（即收获病毒）；单型流感病毒的尿囊液经检定合格后可合并为单价病毒合并液，加入终浓度不高于0.2mg/mL的甲醛，于适宜的温度下灭活，离心后再经超滤浓缩、柱色谱纯化，加入适宜浓度的硫柳汞作为防腐剂，即为单价病毒原液，置2～8℃保存；根据各单价病毒原液血凝素含量，将各型流感病毒按同一血凝素含量进行半成品配制；半成品检定合格后，分批、分装和冻干制成品，于2～8℃避光保存和运输。合格后，自生产之日起，有效期为12个月。

分析：系用世界卫生组织（WHO）推荐的并经国家药品管理部门批准的流感病毒株分别接种鸡胚，经培养、收获病毒液、灭活病毒、浓缩和纯化制成，用于预防甲型、乙型病毒引起的流行性感冒。

评述：生产和检定用设施，原、辅料，水，器具，动物应符合《中华人民共和国药典》要求。

二、免疫蛋白的制备

免疫蛋白是另一类免疫类药物，包括人体注射用抗毒素、免疫球蛋白、白蛋白或细胞因子等。这一类蛋白制品，不是由被接种者自己产生的，但可以调节机体的免疫机能，起到治疗或紧急预防感染的作用，属于人工被动免疫。

1. 抗毒素

抗毒素是指细菌毒素（通常指外毒素）的对应抗体或含有这种抗体的免疫血清，具有中和相对应外毒素毒性的作用。外毒素经甲醛处理后，可丧失毒性而保持免疫原性，成为类毒素。应用类毒素进行免疫预防接种，可使机体产生相应的抗毒素以预防疾病。机体经产生外毒素而致病的病原菌（如白喉、破伤风、气性坏疽等）感染，能够产生抗毒素。

抗毒素的制备，通常是选择健康的马，用细菌的外毒素、类毒素或其他毒物（如蛇毒等）对马进行免疫注射，使马产生抗毒素，然后取其血清，经浓缩提纯制成抗毒素，这不仅可以提高效价，而且可以减轻副作用。这种动物来源的抗毒素血清，对人体具有双重性：一方面对病人提供了特异性抗毒素抗体，可中和体内相应的外毒素，起到防治的作用；另一方面，具有抗原性的异种蛋白，能刺激人体产生抗马血清蛋白的抗体，以后再次接受马的免疫血清时，可引发超敏反应。用胃蛋白水解酶水解提纯的IgG分子，既能保留其抗体活性，又能除去特异性抗原决定簇，大大提高了效价并减少发生超敏反应的机会。常用的抗毒素有破伤风、白喉抗毒素、气性坏疽抗毒素及肉毒抗毒素等。

2. 免疫球蛋白

人免疫球蛋白制剂是从混合血浆或胎盘血中分离制成的免疫球蛋白浓缩剂，属于血液制品。免疫球蛋白具有抗体活性。因不同地区和人群的免疫状况不同，免疫球蛋白的抗体活性也不完全一样。不同批号制剂所含抗体的种类和效价不尽相同。为保证蛋白在效期内的稳定性，往往制成冻干制剂。

> **课堂互动**
>
> 想一想：免疫球蛋白是血液制品吗？

（1）人免疫球蛋白　人免疫球蛋白是从血浆中分离纯化而得。取健康的新鲜血浆或保存期不超过2年的冰冻血浆，每批最少应由1000名以上健康献血员的血浆混合，用低温乙醇蛋白分离法分段沉淀提取免疫球蛋白组分，经超滤或冷冻干燥脱醇、浓缩和灭活病毒处理等工序制得，免疫球蛋白纯度应不低于90％。然后配制成蛋白浓度为10％的溶液，加适量稳定剂、防腐剂、除菌滤过，无菌灌装制成。具有免疫替代和免疫调节的双重治疗作用。人免疫球蛋白制备工艺流程见图6-10。

（2）白蛋白　白蛋白又称清蛋白，是血浆中含量最多的蛋白质，约占总蛋白的55％。白蛋白为单链，由575个氨基酸残基组成，N末端是天冬氨酸，C末端是亮氨酸，可溶于水和半饱和的硫酸铵溶液中，一般当硫酸铵的饱和度为60％以上时析出沉淀，对酸较稳定，受热后可聚合变性，但仍较其他血浆蛋白质耐热，蛋白质浓度大时热稳定性会减小。在白蛋白溶液中加入NaCl或脂肪酸钠盐，能提高白蛋白的热稳定性。利用这种性质，可使白蛋白与其他蛋白质分离。

由人血浆中分离的白蛋白有两种：一种是从健康人血浆中分离制得的，称人血清白蛋白；另一种是从健康产妇胎盘血中分离制得的，称胎盘血白蛋白，制剂为淡黄色略黏稠的澄明液体或白色疏松状（冻干）固体。白蛋白的制备工艺流程如图6-11所示。

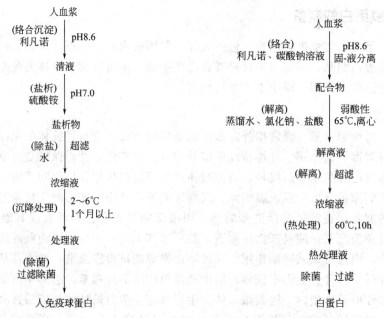

图6-10　人免疫球蛋白制备工艺流程　　　图6-11　白蛋白制备工艺流程

① 络合（利凡诺沉淀）　将收集的人血浆在搅拌下用碳酸钠溶液调pH8.6，再混合入等体积的2％利凡诺（2-乙氧基-6,9-二氨基吖啶乳酸盐，血浆蛋白制备过程中的沉淀分离剂）溶液，充分搅拌后静置2～4h，分离上清液与络合沉淀（上清液生产人两种球蛋白用）。

② 解离　沉淀加灭菌蒸馏水稀释，0.5mol/L HCl调节pH至弱酸性，加0.15％氯化钠，不断搅拌进行解离。

③ 加温　充分解离后，65℃下恒温1h，再立即用自来水冷却。

④ 分离　冷却后的解离液用离心机分离，分离液再澄清过滤。

⑤ 超滤　澄清滤液进行超滤浓缩。

⑥ 热处理　浓缩液在60℃下恒温处理10h。

⑦ 澄清和除菌　澄清过滤，再用冷灭菌系统除菌。

⑧ 分装　白蛋白含量及全项检查合格后，分瓶灌装，即得白蛋白的成品。

3. 细胞因子

细胞因子是指由活化免疫细胞或非免疫细胞（如骨髓或胸腺中的基质细胞、血管内皮细胞、成纤维细胞等）合成分泌的能调节细胞生理功能、介导炎症反应、参与免疫应答和组织修复等多种生物学效应的小分子多肽，是除免疫球蛋白和补体之外的又一类分泌型免疫分子。

（1）分类和名称

① 根据来源　细胞因子可分为淋巴因子和单核因子两类。前者指由活化淋巴细胞产生的能调节白细胞和其他免疫细胞增殖分化、产生免疫效应或引起炎症反应的生物活性介质，目前已知的有 IL-2、IL-3、IL-4、IL-5、IL-6、IL-9、IL-10、IL-11、IL-12、IL-13，以及 TNF-β 和 IFN-γ 等；后者指由单核吞噬细胞产生的能诱导淋巴细胞和其他免疫细胞活化、增生、分化、产生免疫效应和引起炎症反应的生物活性介质，主要包括 IL-1、IL-8 和 TNF-α、IFN-α 等。

② 根据功能　目前可将细胞因子粗略分为白细胞介素（IL）、干扰素（IFN）、集落刺激因子（CSF）、肿瘤坏死因子（TNF）和生长因子（CF）五大类。

（2）主要生物学功能

① 抗感染和抗肿瘤作用　某些细胞因子作为免疫效应分子可通过直接对组织细胞或肿瘤细胞作用，产生抗感染和抗肿瘤效应。如 IFN 可作用于正常组织细胞，使之产生抗病毒蛋白，从而抑制病毒在细胞内的复制，起到防止病毒感染和扩散的作用。TNF 也可发挥干扰素样的抗病毒作用，同时具有直接抑瘤和杀瘤作用。有些细胞因子则可通过激活效应细胞而发挥作用，如 IL-2、IL-12、TNF 和 IFN 等细胞因子单独或联合使用可增强 NK 细胞、LAK 细胞、TC 细胞和巨噬细胞的杀瘤活性或对胞内寄生微生物的杀伤清除作用。

② 免疫调节作用　大多数细胞因子如 IL-1、IL-2、IL-5、IL-6、IL-7、IL-12 等具有上调免疫功能的作用。它们可促进 T 细胞、B 细胞活化、增生、分化，进而合成分泌抗体和/或形成致敏（效应）淋巴细胞，产生体液和/或细胞免疫效应。

有些细胞因子如转化生长因子-β(TGF-β)、IL-4、IL-10 和 IL-13 等具有下调免疫功能的作用。其中 TGF-β 为典型的免疫抑制因子，它可抑制各种正常细胞如造血干细胞、T 细胞、B 细胞、上皮细胞和内皮细胞的生长，并可抑制巨噬细胞和 NK 细胞的吞噬和杀伤活性。IL-4 和 IL-10 则可通过抑制巨噬细胞活化和抑制 TH1 细胞产生 IFN-γ、IL-2 和 TNF-β 等细胞因子的作用，使机体细胞免疫功能下降。

③ 刺激造血细胞增生分化　有些细胞因子可刺激造血干细胞或不同发育分化阶段的造血细胞增生分化。目前的研究表明，干细胞因子（SCF）和 IL-3 可刺激早期造血干细胞增生分化，GM-CSF 可刺激晚期髓系干细胞即粒系干细胞、单核系干细胞和红系干细胞等造血细胞增生分化，G-CSF 和 M-CSF 分别对粒系干细胞和单核系干细胞起作用，红细胞生成素（EPO）对红系干细胞起作用，IL-6 和 IL-11 对巨核系干细胞起作用，而 IL-7 则对淋巴系血细胞即前 B 细胞和前 T 细胞起作用。

④ 参与和调节炎症反应　炎症是机体对外来刺激产生的一种复杂的病理反应过程，主要表现为局部的红肿热痛，病理检查可发现感染局部有大量炎性细胞浸润和组织坏死。研究表明，某些细胞因子可直接参与和促进炎症反应的发生。如 IL-1、IL-8 和 TNF-α 等具有趋化作用，可吸引单核吞噬细胞、中性粒细胞等炎性细胞聚集于炎症部位，并可诱导这些炎性细胞、血管内皮细胞和成纤维细胞活化，释放前列腺素、溶酶体酶和过氧化

氢类物质等炎症介质，引起或加重炎症反应。此外，IL-1 还可直接作用于下丘脑发热中枢，引起发热，并刺激肝细胞分泌急性期蛋白（如 C 反应蛋白），从而表现出急性炎症的特征。下调细胞免疫功能的细胞因子如 TGF-β、IL-4、IL-10 和 IL-13 等具有抑制炎症反应的作用。

（3）细胞因子的制备　细胞因子的提取方法制备的量很低，主要是通过细胞培养获得。其过程可归纳为：生长细胞体积倍增，可制备同步化的细胞，rRNA 的合成可作为细胞增大的指标；生长细胞复制 DNA，也有蛋白质含量的变化，DNA 可作为细胞增殖的指标。以上两个过程可以单独进行，也可以同步进行。

应用细胞培养方法制备细胞因子，其操作技术与动物细胞的规模化培养相同，需要控制培养基中的营养物和调节因子，以及 pH、温度、离子强度、渗透压、通气量等环境状态。

 能力拓展

目前国内批准上市的重组细胞因子类产品多为重组 DNA 产品，如采用含有目的产物基因的重组质粒转化工程菌（大肠杆菌、酵母菌、假单胞菌）或重组质粒转染工程细胞（CHO），表达目的蛋白，经过提取、纯化制得。例如，促红细胞生成素（EPO）最早是从人尿中纯化获得，目前上市的重组人红细胞生成素（rhEPO）则是采用含有人促红素基因的重组质粒转染的 CHO-dhf⁻（二氢叶酸还原酶缺陷型）细胞，表达目的糖蛋白，经过提取、纯化制得的。

糖基化对 rhEPO 的活性至关重要，对 EPO 在体内的半衰期影响极大。若糖链完全或部分去除后，在体内能很快地被肝细胞表面的去唾液酸糖蛋白受体摄取，在体内几乎不体现活性。从人尿中提取的天然 EPO 在 Asn24、Asn38 和 Asn83 上各有一条 N-糖链（NeuAc），且为四天线和部分三天线的复杂型 N-糖链。通过基因重组表达的 rhEPO 为二天线糖链的 EPO，糖型不能"忠实"反映天然蛋白。所以要采用优化的培养条件、严格的工艺控制及精密的生产线，尽可能保证 rhEPO 良好的糖基化水平，保证产品的质量。

制备中应特别注意以下几点。

① 生产中必须保证生产条件的一致性，以免影响质量。

② 使用转化细胞系（特别是肿瘤原性细胞系）作为制备细胞因子的基质，应使用严格的纯化手段，以除去可能引起安全性问题的污染物。

③ 在外来宿主中表达的天然基因编码的细胞因子，其结构、生物学或免疫学性质可能与天然的细胞因子不同。

④ 生长过程中可能带来有害的中间产物，如内毒素、表达产物中潜在的致癌性 DNA。

思考与练习

1. 什么是疫苗？疫苗的发展经历了几个阶段？

2. 制备病毒类疫苗为什么要进行减毒？如何减毒？

3. 为什么菌苗制备后还要进行灭活？菌苗的灭活都有哪些方法？

4. 疫苗为什么要冻干？请简述冻干工艺的操作要点。

5. 常用的抗毒素有哪些？其制备和抗生素的制备有什么不同？

6. 请简述白蛋白的制备工艺。

7. 淋巴因子指由活化（　　）产生的能调节白细胞和其他免疫细胞（　　），产生免疫效应或引起炎症反应的生物活性介质，目前已知的有白细胞介素、TNF-β 和 IFN-γ 等。

8. 细胞因子具有免疫调节作用，如（　　）具有上调免疫功能的作用，可促进（　　）活化、增生、分化、产生体液和/或细胞免疫效应；（　　）具有下调免疫功能的作用，可抑制（　　）的生长，并抑制（　　）的吞噬和杀伤活性；而（　　）则可通过抑制活化和抑制（　　）产生（　　）等细胞因子的作用，使机体细胞免疫功能下降。

A. IL-2　　　B. IL-4　　　C. TGF-β　　　D. IFN-γ　　　E. TH1 细胞

F. T 细胞　　G. NK 细胞　　H. 巨噬细胞　　I. 内皮细胞

9. 细胞因子制备中应注意哪些事项？

第三节　单克隆抗体、免疫诊断试剂

一、单克隆抗体

免疫反应是人类对疾病具有抵抗力的重要因素。当动物体受抗原刺激后可产生抗体。抗体的特异性取决于抗原分子的决定簇，各种抗原分子具有很多抗原决定簇，因此，免疫动物所产生的抗体实为多种抗体的混合物。用这种传统方法制备抗体效率低、产量有限，且动物抗体注入人体可产生严重的过敏反应。此外，要把这些不同的抗体分开也极困难。单克隆抗体技术的出现，有效地解决了这些问题，是免疫学领域的重大突破。

1. 单克隆抗体

抗原进入机体后，刺激机体产生免疫反应，即机体的 B 细胞在抗原分子的刺激下合成抗体。动物脾脏有上百万种不同的 B 细胞系，每个 B 细胞能合成一种抗体的遗传基因，不同的 B 细胞可以合成不同的抗体。而抗原分子上有许多的决定簇，能分别激活各个不同的 B 细胞。抗原分子上的这些决定簇称为抗原决定基或抗原表位。绝大多数的抗原分子都同时具有多个抗原表位。被激活的 B 细胞分裂增殖形成该细胞的子孙，即克隆。许多个被激活 B 细胞的分裂增殖，便形成多个克隆，合成多种抗体。

 知识链接

　　克隆可以理解为复制、拷贝，就是从原型中产生出同样的复制品。生物学的克隆指由一个祖先细胞通过无性分裂繁殖所产生的一群细胞，该群细胞如不发生变异，其基因是相同的，表现的性状也一样，通称为一个克隆，即细胞系、纯系或无性繁殖细胞系。

　　来自同一个祖先，无性繁殖出的一群个体，也叫克隆。

　　我国明代的大作家吴承恩甚至可以称为"生物技术预言家"——孙悟空经常在紧要关头拔一把猴毛变出一大群猴子，当然这是神话，但用今天的科学名词来讲就是孙悟空能迅速地克隆自己。从理论上讲，猴子毛囊含有全部的脱氧核糖核酸序列，这些 DNA 完全能够复制出同样的猴子。

制备抗体，通常是用特定的抗原免疫动物，取其血液，分离血清而得。传统的抗体制备方法是用包含多种抗原表位的抗原物质来免疫动物，刺激多细胞克隆，产生针对多种抗原表位的不同抗体，通常将这类普通抗体称为多克隆抗体（PcAb，多抗），这是一种含有千百种不同的特异性免疫球蛋白的混合物。由于多抗是针对多种抗原表位，特异性不高，易出现交叉反应，其质量也难以控制，不易标准化，这就影响了在治疗上的可靠性和检验上的准确性。如果能选出一个制造一种专一抗体的细胞进行培养，就可得到由单细胞经分裂增殖而形成细胞群，即单克隆。单克隆细胞可合成一种决定簇的抗体，称为单克隆抗体（McAb，单抗）。单抗的蛋白结构相同，成分均一，特异性强，生物活性高。

2. 单克隆抗体的技术原理

要获得单克隆抗体，必须先获得能合成专一性抗体的单克隆 B 细胞，但这种 B 细胞不能在体外生长。实验发现骨髓瘤细胞可在体外生长繁殖。应用细胞杂交技术使骨髓瘤细胞与免疫的淋巴细胞合二为一，可得到杂种的骨髓瘤细胞。这种杂种细胞具有两种亲代细胞的特性，即同时具有 B 细胞合成专一抗体的特性和骨髓瘤细胞能在体外培养增殖的特性。应用这种来源于单个融合细胞培养增殖的细胞群，可制备出由一种抗原表位决定的单克隆抗体。其基本过程如图 6-12 所示。

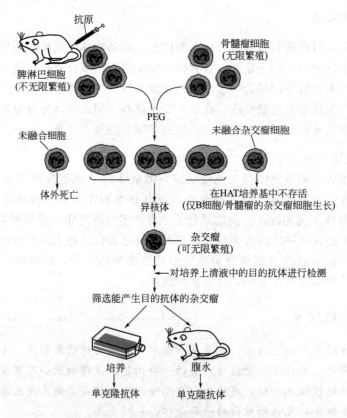

图 6-12　单克隆抗体生产的基本过程

①　增殖骨髓瘤细胞　小鼠骨髓瘤细胞在体内、外可无限增殖，但不能分泌抗体；骨髓瘤细胞通常选择次黄嘌呤鸟嘌呤磷酸核糖基转移酶（HGPRT）缺陷型细胞或胸苷激酶（TK）缺陷型细胞。

②　获得脾淋巴细胞　经抗原免疫的小鼠脾细胞（B 细胞）能产生大量抗体，但在体外不能无限增殖。可用绵羊虹细胞（SRBC）先免疫小白鼠，待其在脾内形成激活的 B 细胞

后，取出脾脏，制成 B 细胞悬液。

③ 脾细胞与骨髓瘤细胞融合　用 PEG 将免疫脾细胞（使 B 细胞带有某一抗原决定簇的信息，能产生针对一种抗原决定簇的抗体）与骨髓瘤细胞融合，在 HAT 选择培养基（H 为次黄嘌呤、A 为氨基蝶呤、T 为胸腺嘧啶脱氧核苷）中，只有融合的杂交瘤细胞能生长；未融合的骨髓瘤细胞在 HAT 培养基中不能合成 DNA，而脾细胞也不能在体外存活，因此能够生长的细胞都是融合细胞。

④ 增殖杂交瘤细胞　融合细胞是由一个 B 细胞和一个骨髓瘤细胞融合而形成的杂交瘤，是由一个 B 细胞产生的克隆。经抗体检测、反复克隆和培养，获得能产生抗体、单一且稳定的杂交瘤细胞。

⑤ 单克隆抗体的生产　可以用小鼠腹腔中繁殖和体外细胞培养等方法，获得大量单克隆抗体。

3. 单克隆抗体的应用

单克隆抗体具有三种独特的作用机制，主要包括靶向效应、阻断效应、信号传导效应等，可直接用于人类疾病的诊断、预防、治疗以及免疫机制的研究。例如，测定蛋白质的精细结构，寻找淋巴细胞亚群的表面新抗原与组织相容性抗原，分析激素和药物的放射免疫（或酶免疫），肿瘤的定位和分类，纯化微生物和寄生虫抗原，以及免疫治疗和与药物结合的免疫-化学疗法（即"导弹"疗法，利用单克隆抗体与靶细胞特异性结合，将药物带至病灶部位）。单克隆抗体为人类恶性肿瘤的免疫诊断与免疫治疗开辟了广阔前景，是生物医药行业增长最快的领域，成为全球生物医药技术市场上利润最高的品种之一。

> **课堂互动**
>
> 想一想：为什么制备单克隆抗体所使用的动物必须先经过抗原免疫？

4. 单克隆抗体的制备

（1）抗原提纯与动物免疫　制备抗体，要求抗原的纯度越高越好，尤其是初次免疫所用的抗原。如为细胞抗原，可取 1×10^7 个细胞作腹腔免疫。可溶性抗原需加入佐剂并充分乳化，常用的佐剂为福氏完全佐剂、福氏不完全佐剂；如为聚丙烯酰胺电泳纯化的抗原，可将抗原所在的电泳条带切下，研磨后直接用于动物免疫。

> **知识链接**
>
> 　　导弹是长了眼睛的武器，能击中事先被选中的目标。单抗就好比是导弹，能特异性地准确识别体内的敌人——病原。但是，仅仅依靠单抗本身，对病原的攻击力量有限，尤其是对癌细胞，往往还需要增强单抗的攻击力，如抗癌药物。目前正在研究的"生物导弹"（又称"药物导弹"或免疫毒素）是一种导向性极强的药物，单抗是其运载体，而"弹头"则是对肿瘤细胞有巨大杀伤力的药物，例如白喉毒素、绿脓杆菌外毒素、蓖麻毒蛋白、蛇毒蛋白或相思子毒蛋白等。蓖麻毒蛋白和相思子毒蛋白都是具有高度毒性的毒蛋白，极微小的剂量即可使人致死。然而，当它们被制成"药物导弹"后，可大大减少用药剂量，而且有极强的定向性，可用于肝癌等恶性肿瘤的治疗。

常用的骨髓瘤品系来自 BALB/c 小鼠和 Lou 大鼠，目前开展杂交瘤技术多选用纯种BALB/c 小鼠，鼠龄在 8～12 周，雌雄不限，较温顺，离窝的活动范围小，体弱，食量及排污较小，一般环境洁净的实验室均能饲养成活。为避免小鼠反应而不佳或免疫过程中死亡，可同时免疫 3~4 只小鼠。

　　免疫过程和方法与多克隆抗血清制备基本相同，因动物、抗原形式、免疫途径不同而异，以获得高效价抗体为最终目的。免疫间隔一般 2~3 周。一般被免疫动物的血清抗体效价越高，融合后细胞产生高效价特异抗体的可能性就越大，而且单克隆抗体的质量（如抗体的浓度和亲和力）也与免疫过程中小鼠血清抗体的效价和亲和力密切相关。末次免疫后 3~4 天，分离脾细胞融合。

　　选择合适的免疫方案对于细胞融合杂交的成功，获得高质量至关重要。一般在融合前两个月左右根据确立的免疫方案开始初次免疫，免疫方案应根据抗原的特性不同而定。免疫方案见表 6-2。

表 6-2　免疫方案

免疫方案	可溶性抗原		颗粒抗原	
	抗原剂量	注射方式	抗原剂量	注射方式
初次免疫	1~50μg，加福氏完全佐剂	皮下多点注射或脾内注射（一般 0.8~1mL，0.2mL/点）	$1×10^7/0.5mL$	IP
3 周后第二次免疫	1~50μg，加福氏不完全佐剂	皮下或 IP（腹腔内注射）（IP 剂量≤0.5mL）	$1×10^7/0.5mL$	IP
3 周后第三次免疫	1~50μg，不加佐剂	IP（5~7 天后采血测其效价）	$1×10^7/0.5mL$	IP 或 IV
2~3 周后加强免疫	50~500μg	IP 或 IV（静脉内注射）		
3 天后	取脾融合		取脾融合	

　　（2）骨髓瘤细胞及饲养细胞的制备　选择瘤细胞株的最重要的一点是与待融合的 B 细胞同源，这样杂交融合率高，也便于接种杂交瘤在同一品系小鼠腹腔内产生大量 McAb。如果待融合的是脾细胞，则各种骨髓瘤细胞株均可应用。

　　骨髓瘤细胞的培养可用一般的培养液，如 RPMI1640、DMEM 培养基。小牛血清的浓度一般在 10%~20%，细胞浓度以 $10^4~5×10^5/mL$ 为宜，最大浓度不得超过 $10^6/mL$。融合细胞应选择处于对数生长期、细胞形态和活性佳的细胞。骨髓瘤细胞株在融合前应先用含 8-氮鸟嘌呤的培养基作适应培养，在细胞融合的前一天用新鲜培养基调细胞浓度为 $2×10^5/mL$，次日一般即为对数生长期细胞。

　　在体外培养条件下，单个或少数分散的细胞不易生长，细胞的生长依赖于适当的细胞密度，若加入其他活细胞，则可促进这些细胞生长繁殖。因而，在培养融合细胞或细胞克隆化培养时，还需加入其他饲养细胞。在制备 McAb 的过程中，许多环节都需要加入饲养细胞，如杂交瘤细胞的筛选、克隆化和扩大培养等过程。常用的饲养细胞有：小鼠腹腔巨噬细胞（较为常用）、小鼠脾脏细胞或胸腺细胞、大鼠或豚鼠的腹腔细胞。使用小鼠的腹腔细胞作为饲养细胞时，可用冷冻果糖液注入小鼠腹腔，轻揉腹部数次，吸出后的液体中即含小鼠腹腔细胞。注意：切忌使针头刺破动物的消化器官，否则所获细胞会有严重污染。饲养细胞调至 $1×10^5/mL$，提前一天或当天置板孔中培养。

　　（3）细胞融合　细胞融合是杂交瘤技术的中心环节，基本步骤是：将两种细胞混合后，加入 PEG 使细胞彼此融合；融合后再将培养液稀释，消除 PEG 的作用；将融合后的细胞适当稀释，分置培养板孔中培养。融合过程中应特别注意以下几点。

　　① 细胞比例　骨髓瘤细胞与脾细胞的比值可从 1:2 到 1:10 不等，常用 1:4 的比例。应保证两种细胞在融合前都具有较高活性。

② 反应时间　在两种细胞的混合细胞悬液中，第 1min 滴加 4.5mL 培养液；间隔 2min 滴加 5mL 培养液，尔后加培养液 50mL。

③ 培养液的成分　对融合细胞，良好的培养液尤其重要，其中的小牛血清、各种离子和营养成分均需严格配制。如融合效率降低，应随时核查培养基情况。

（4）选择杂交瘤细胞及抗体检测　脾细胞和骨髓瘤细胞经 PEG 处理后，会形成多种细胞的混合体，只有脾细胞与骨髓细胞形成的杂交瘤细胞才有意义。在 HAT 选择培养液中培养时，由于骨髓瘤细胞缺乏胸苷激酶或次黄嘌呤鸟嘌呤核糖转移酶，故不能生长繁殖，而杂交瘤细胞具有上述两种酶，在 HAT 选择培养液可以生长繁殖。

在用 HAT 选择培养 1～2 天内，将有大量瘤细胞死亡；3～4 天后瘤细胞消失，杂交细胞形成小集落；7～10 天后更换 HT 培养液；维持 2 周，改用一般培养液。选择培养期间，一般每 2～3 天换一半培养液。当杂交瘤细胞布满孔底 1/10 面积时，即可开始检测特异性抗体，筛选出所需要的杂交瘤细胞系。

检测抗体的方法应根据抗原的性质、抗体的类型不同，选择不同的筛选方法，一般以快速、简便、特异、敏感的方法为原则。单抗的 Ig 类型和亚型可用抗小鼠 Ig 类型和亚型的标准抗血清，经琼脂扩散法或 ELISA 夹心法测定；单抗的特异性可用免疫荧光法、ELISA 法、间接血凝和免疫印迹等技术鉴定，同时还需做免疫阻断等试验；单抗的效价可用凝集反应、ELISA 或放射免疫测定。必要时还可以测定单抗的亲和力和识别抗原表位的能力测定。

测定的方法不同，测得的效价也不同。采用凝集反应，腹水效价可达 5×10^4。而采用 ELISA 检查，腹水效价可达 1.0×10^6。单抗的效价以培养上清液和腹水的稀释度来表示。

（5）单克隆抗体的制备和冻存　筛选出的阳性细胞株应及早进行抗体制备，因为融合细胞随培养时间延长，增加了发生污染、细胞死亡的概率。抗体制备有如下两种方法。

① 增量培养法　即杂交瘤的克隆化，将杂交瘤细胞在体外培养，从培养液中分离单克隆抗体。一般是将阳性抗体孔进行克隆。在实际工作中，经过 HAT 筛选后，一个孔内可能会有数个甚至更多的克隆，包括抗体分泌细胞、抗体非分泌细胞、所需要的抗体（特异性抗体）分泌细胞和其他无关抗体的分泌细胞。一般来说，抗体非分泌细胞的生长速度比抗体分泌的细胞生长速度快，二者竞争的结果会使抗体分泌的细胞丢失。所以，对于检测抗体阳性的杂交细胞应尽早进行克隆化。克隆化过的杂交瘤细胞也需要定期再克隆，以防止杂交瘤细胞的突变或染色体丢失，丧失产生抗体的能力。

克隆化的方法很多，最常用的是有限稀释法和软琼脂平板法。前者是将融合细胞进行有限稀释（一般稀释至 0.8 个细胞/孔）后，待细胞培养至覆盖≤20％孔底时，吸取培养上清液用 ELISA 检测抗体含量，依抗体的分泌情况筛选出高抗体分泌孔，再将孔中细胞进行克隆化，用 ELISA 法测定抗原的特异性，选取高分泌特异性细胞株扩大培养或冻存；后者是用含 20％NCS（小牛血清）的 2 倍浓缩的 RPMI1640 制成的软琼脂培养基（内含饲养细胞）来培养需克隆的细胞悬液。克隆化方法需用特殊的仪器设备，一般应用无血清培养基，以利于单克隆抗体的浓缩和纯化。

② 小鼠腹腔接种法　这是普遍采用的方法。选用 BALB/c 小鼠或其亲代小鼠，先用降植烷或液体石蜡行小鼠腹腔注射，一周后将杂交瘤细胞接种到小鼠腹腔中去。通常在接种一周后即有明显的腹水产生，每只小鼠可收集 5～10mL 的腹水，有时甚至超过 40mL。该法制备的腹水抗体含量高，每毫升可达数毫克甚至数十毫克水平。此外，腹水中的杂蛋白也较少，便于抗体的纯化。接种细胞的数量应适当，一般为 5×10^5/鼠，可根据腹水生长情况适当增减。

筛选出的阳性细胞株应及早冻存。冻存的温度越低越好，冻存于液氮的细胞株活性仅有轻微的降低，而冻存在－70℃冰箱则活性改变较快。细胞不同于微生物菌种，冻存过程中需格外小心。二甲基亚砜（DMSO）是普遍应用的冻存保护剂。冻存细胞复苏后的活性多在50%～95%。如果低于50%，则说明冻存复苏过程有问题。

二、免疫诊断试剂

免疫诊断试剂是利用免疫学原理，通过放射免疫诊断技术（如 RIA）、酶免疫测定技术（如 ELISA）、荧光免疫技术、胶体金免疫技术等，实现生物学诊断的一类试剂的统称。近年来，免疫诊断试剂在临床检验、生物学研究中获得越来越广泛的应用，发挥了巨大的作用。

免疫诊断试剂在诊断试剂盒中品种最多，根据诊断类别，可分为传染性疾病、内分泌、肿瘤、药物检测、血型鉴定等。从结果判断方法上又可分为 EIA、胶体金、化学发光、同位素等不同类型试剂。这里简述几种主要的免疫诊断试剂。

> **课堂互动**
>
> 想一想：免疫诊断试剂都有哪些用途？

1. 放射免疫诊断试剂

放射免疫诊断试剂采用的是放射免疫分析法（RIA），应用同位素标记技术来检测抗原、抗体反应。但由于同位素放射免疫的试剂存在对环境的污染，目前在国际市场上已经被淘汰，国内还有少量使用。

（1）试剂的制备　　放射免疫抗原是放射免疫诊断试剂的主体成分。可用于放射免疫诊断的抗原可以是完全抗原，也可以是结合有蛋白大分子的半抗原。如果是完全抗原，则为了保证免疫反应的特异性，要求抗原的纯度较高，必须在90%以上，通常采用电泳、凝胶过滤、离子交换色谱等技术来获得，并经过纯度鉴定后才能使用。如果是半抗原，则必须将半抗原与蛋白质大分子的载体结合起来形成一个完全抗原，才能获得较好的免疫原性，这种载体蛋白通常包括血清白蛋白、球蛋白、纤维蛋白、甲状腺球蛋白、鸡卵蛋白等。抗原上还需要加入标记物，以便能够用放射线进行检测。常用的 γ 射线标记物有 ^{125}I、^{131}I、^{60}Co、^{57}Cr，β 射线标记物有 ^{14}C、^{3}H、^{32}P。其中，^{125}I 比活性较高，有合适的半衰期，低能量且易于标记，是目前常用的 RIA 标记物。标记 ^{125}I 的方法有以下两种。

① 直接标记法　　将 ^{125}I 直接结合于蛋白质侧链残基的酪氨酸上。此法优点是操作简便，能使较多的 ^{125}I 结合在蛋白质上，具有高度比放射性。但此法只能用于标记含酪氨酸的化合物。如果含酪氨酸的残基具有蛋白质的特异性和生物活性，则该活性易因标记而受到损伤。

② 间接标记法　　又称连接法，先将 ^{125}I 标记在载体上，纯化后再与蛋白质结合。由于操作较复杂，标记蛋白质的比放射性明显低于直接法。但此法可标记缺乏酪氨酸的肽类及某些蛋白质，标记反应较为温和，可以避免因蛋白质直接加入 ^{125}I 液引起的生物活性的丧失。

放射免疫诊断试剂可用于测定各种激素（如甲状腺激素、性激素、胰岛素等）、微量蛋白质、肿瘤标志物（如 AFP、CEA、CA-125、CA-199 等）和药物（如苯巴比妥、氯丙嗪、庆大霉素等）等。在动物免疫学中，为病毒、细菌、寄生虫等的微量抗原、抗体和体液内微生物性抗原物质的检定提供了新的手段。目前在对东方马脑炎、西方马脑炎、猪传染性胃肠炎、马传染性贫血、猪水泡病、鸡新城疫和口蹄疫等检测中也有应用。

（2）试剂的使用

① 超微量分析　　用其检测血清抗体时，用同位素如 ^{3}H、^{14}C、^{32}P、^{131}I 或 ^{125}I 标记的病毒

抗原与被检血清在 37℃条件下一起孵育 2h，使二者相遇结合后，再加入抗 γ-球蛋白时，便与上述的抗原-抗体复合物联结在一起，离心后，形成大的复合物沉淀下来，此时可用闪烁探测仪分别测量上清液和沉淀物的脉冲数，并计算出沉淀物放射性占总放射性的百分率，以此为指标，判定被检血清中有无相应抗体及其含量。也可用本法测抗原，依据的原理与上述测抗体的方法大致相同。

② 电泳测定　这种方法实际上是放射自显影与单向定量免疫电泳相结合的一种测定技术，其分辨力很高，能精确地测出细胞内分子水平的放射性物质分布。检测时，先将被检抗原用 ^{3}H、^{131}I 标记，滴加于含一定量的抗血清琼脂凝胶板孔中；电泳时，抗原在移动过程中，与琼脂板中的抗体形成抗原-抗体复合物。然后在经过干燥后的琼脂凝胶板上贴以 X 射线胶片，曝光、显影后，即可根据感光图形的峰高对被测标本进行检定。

③ 双向扩散自显影　即将以 ^{131}I 等标记的阳性血清滴入琼脂板的中央孔内，再将阳性抗原及被检抗原滴加于周围的相应孔中，放湿盒中，于温箱内进行双扩散，反应毕，按上述方法对 X 射线胶片曝光，自显影，最后根据胶片上出现的感光图形作分析。

 能力拓展

用放射免疫测定（双抗体法）检测乙型肝炎表面抗原

^{125}I 标记试剂盒由以下试剂组成：^{125}I-HBsAg 标记液；干燥抗 HBsAg 血清；羊抗马 IgG；稀释液；参考血清冻干品。

利用 ^{125}I-HBsAg 与乙型肝炎患者血清中 HBSAg 对特异性抗体的竞争反应，形成抗原-抗体复合物，加入第二抗体，复合物沉淀，而游离的 ^{125}I-HBsAg 留在上清液中，离心取上清液，测定沉淀物的放射性，用以表示血清中 HBsAg 的浓度。

2. 酶免疫诊断试剂

酶免疫诊断试剂是采用酶免疫分析法（EIA），应用酶标记技术来检测抗原-抗体反应，是把抗原、抗体的特异性反应和酶的高效催化作用相结合而建立的，即把具有催化活性的酶类通过化学方法和抗体（或抗原）结合起来成为酶标记物。这种酶标记物同时具有免疫学反应性和化学反应性，将其与待测的抗原或抗体结合，通过酶的活性降解底物呈现出颜色反应从而显示出该免疫学反应的存在。酶的活性与底物及显色反应呈一定的比例关系。显色越深，说明酶降解底物量越大，与酶标抗体（抗原）检测对应的抗原（或抗体）量也就越多。

酶联免疫吸附法（ELISA，酶标法）是基于抗原或抗体的固相化及抗原或抗体的酶标记，近年来发展很快，已被广泛用于各种抗原和抗体的检测中。

（1）ELISA 试剂的制备　ELISA 试剂由固相的抗原或抗体、酶标记的抗原或抗体和与标记酶直接关联的酶反应底物组成。

① 固相载体　很多物质都可作为 ELISA 的载体。聚苯乙烯为塑料，价格低廉，可制成各种形式，具有较强的吸附蛋白质的性能，抗体或蛋白质抗原吸附其上后能保留原来的免疫活性，是最常用的载体。在 ELISA 测定过程中，聚苯乙烯可作为载体和容器，不参与化学反应。

ELISA 载体形式主要有三种：小试管、小珠和微量反应板。其中，小试管的特点是还能兼作反应的容器，最后放入分光光度计中比色。小珠一般为直径 0.6cm 的圆球，表面经磨砂处理后吸附面积增加。如用特殊的洗涤器，在洗涤过程中使圆珠滚动淋洗，效果更好。

最常用的载体形式为微量反应板，通用的标准板型是 8×12 的 96 孔式。其特点是可以同时进行大量标本的检测，通过加样、洗涤、保温、比色等步骤，可在酶标仪上迅速读出结果。

除塑料制品外，固相酶免疫测定的载体还有两种材料：一种是微孔滤膜，如硝酸纤维素膜、尼龙膜等；另一种载体是以含铁的磁性微粒制作的，反应时固相微粒悬浮在溶液中，具有液相反应的速率，反应结束后用磁铁吸引作为分离的手段，洗涤也十分方便，但需配备特殊的仪器。

② 抗原和抗体 在 ELISA 实施过程中，抗原和抗体的质量是实验是否成功的关键因素，要求所用抗原纯度高，抗体效价高、亲和力强。

ELISA 所用抗原有三个来源：天然抗原、重组抗原和合成多肽抗原。天然抗原取材于动物组织或体液、微生物培养物等，一般含有多种抗原成分，需经纯化，提取出特定的抗原成分后才可应用，因此也称提纯抗原。重组抗原和合成多肽抗原均为人工合成品，使用安全，而且纯度高，干扰物质少。

用于 ELISA 的抗体有多抗和单抗。抗血清成分复杂，应从中提取 IgG 才可用于包被固相或酶标记。含单克隆抗体的小鼠腹水中的特异性抗体含量较高，有时可适当稀释后直接进行包被。制备酶结合物用的抗体的质量往往要求有较高的纯度。经硫酸铵盐析纯化的 IgG 可进一步用各种分子筛色谱提纯。也可用亲和色谱法提纯特异性 IgG，如用酶消化 IgG 后提取的 Fab 片段，则效果更好。

③ 免疫吸附剂 固相的抗原或抗体称为免疫吸附剂。将抗原或抗体固相化的过程称为包被。载体不同，包被的方法也不相同。以聚苯乙烯 ELISA 板为例，通常是将抗原或抗体溶于缓冲液（常用的为 pH9.6 的碳酸盐缓冲液）中，加入到 ELISA 板孔里，4℃ 下过夜，经清洗后即可应用。如果包被液中的蛋白质浓度过低，固相载体表面没有被此蛋白质完全覆盖，其后加入的血清标本和酶结合物中的蛋白质也会部分地吸附于固相载体表面，最后产生非特异性显色而导致本底偏高。在这种情况下，如在包被后再用 1%～5% 牛血清白蛋白包被一次，可以消除这种干扰，这一过程称为封闭。包被好的 ELISA 板可在低温下放置一段时间而不会失去其免疫活性。

④ 酶和底物 ELISA 中所用的酶要求纯度高、催化反应的转化率高、专一性强、性质稳定、来源丰富、价格不贵，制备成的酶标抗体或抗原性质稳定，继续保留着它的活性部分和催化能力。最好在受检标本中不存在与标记酶相同的酶。常用的酶为辣根过氧化酶（HRP）和从牛肠黏膜或大肠杆菌提取的碱性磷酸酶（AP），以及葡萄糖氧化酶、β-半乳糖苷酶和脲酶等。

⑤ 结合物 酶标记的抗原或抗体称为结合物。抗原由于化学结构不同，可用不同的方法与酶结合。如为蛋白质抗原，基本上可参考抗体酶标记的方法。

制备抗体酶结合物的方法通常有戊二醛交联法和过碘酸盐氧化法，前者可用于 HRP 和 AP 的交联，后者只用于 HRP 交联。

⑥ 应用亲和素和生物素的 ELISA 亲和素是一种糖蛋白，可由蛋清中提取，分子质量 60kDa，由 4 个亚基组成，一个亲和素分子可结合 4 个生物素分子。现在使用更多的是从链霉菌中提取的亲和素。亲和素与生物素的结合，虽不属免疫反应，但特异强，亲和力大，两者一经结合就极为稳定。把亲和素和生物素与 ELISA 偶联起来，可大大提高 ELISA 的敏感度。

（2）ELISA 试剂的应用 酶免疫诊断试剂具有高度的敏感性和特异性，几乎所有的可溶性抗原-抗体系统均可用以检测。与放射免疫诊断试剂相比，酶免疫诊断试剂的优点是标记试剂比较稳定，且无放射性危害。但酶免疫诊断试剂在医学检验中的普及应归功于商品试剂盒和自动或半自动检测仪器的问世。

商品 ELISA 试剂盒中应包含包被好的固相载体、酶结合物底物和洗涤液等。先进的试剂盒不仅提供全部试剂成分，而且所有试剂均已配制成应用液，并在各种试剂中加色素，使之呈现不同的颜色，既方便操作又有利于减少操作错误。可用以检测的项目包括以下几个方面。

① 病原体及其抗体　广泛应用于各种传染病的诊断，如肝炎病毒、风疹病毒、疱疹病毒、轮状病毒等，链球菌、结核分枝杆菌、幽门螺杆菌和布氏杆菌等，以及弓形体、阿米巴、疟原虫等寄生虫。

② 蛋白质　如各种免疫球蛋白、补体组分、肿瘤标志物（例如甲胎蛋白、癌胚抗原、前列腺特异性抗原等）、各种血浆蛋白质、同工酶（如肌酸激酸 MB）、激素（如 HGG、FSH、TSH）。

③ 非肽类激素　如 T3、T4、雌激素、皮质醇等。

④ 药物和毒品　如地高辛、苯巴比妥、庆大霉素、吗啡等。

3. 免疫荧光诊断试剂

免疫荧光诊断试剂是采用免疫荧光技术或荧光抗体法（FAT），将血清抗体以化学方法与荧光素结合，并保留其免疫特性，当带有荧光素的抗体与抗原结合后，则在抗原的部位有荧光抗体的沉着，在荧光显微镜下观察就可以看到发亮的荧光。

荧光素可以用来标记抗体，也可以用来标记抗原，但由于抗原结构和理化性质的多样性，标记条件不易控制，所以多用荧光素标记抗体，通常称为荧光抗体技术。是一种快速、敏感的诊断方法，可以检查抗原也可以检查抗体，同时还可以对抗原、抗体进行组织或细胞内的定位。

（1）荧光物质

① 荧光色素　许多物质都可产生荧光现象，但并非都可用作荧光色素。只有能产生明显的荧光并能作为染料使用的有机化合物才能称为免疫荧光色素或荧光染料。常用的荧光色素有：异硫氰酸荧光素（FITC），呈明亮的黄绿色荧光，应用最广泛；四乙基罗丹明（RIB200），呈橘红色荧光；四甲基异硫氰酸罗丹明（TRITC），呈橙红色荧光。

② 其他荧光物质　某些化合物本身无荧光效应，一旦经酶作用便形成具有强荧光的物质。例如，4-甲基伞酮-β-D-半乳糖苷受 β-半乳糖苷酶的作用可分解成 4-甲基伞酮，后者可发出荧光，激发光波长为 360nm，发射光波长为 450nm；某些 3 价稀土镧系元素如铕（Eu^{3+}）、铽（Tb^{3+}）、铈（Ce^{3+}）等的螯合物经激发后也可发射特征性的荧光，其中以 Eu^{3+} 应用最广，其激发光波长范围宽，发射光波长范围窄，荧光衰变时间长，最适合用于分辨荧光免疫测定。

（2）抗体的荧光素标记　用于标记的抗体，要求具有高特异性和高亲和力。所用抗血清中不应含有针对标本中正常组织的抗体。一般需经纯化提取 IgG 后再作标记。作为标记的荧光素应符合以下要求。

① 应具有能与蛋白质分子形成共价键的化学基团，与蛋白质结合后不易解离，而未结合的色素及其降解产物易于清除。

② 荧光效率高，与蛋白质结合后，仍能保持较高的荧光效率。

③ 荧光色泽与背景组织的色泽对比鲜明。

④ 与蛋白质结合后不影响蛋白质原有的生化与免疫性质。

⑤ 标记方法简单、安全无毒。

⑥ 与蛋白质的结合物稳定，易于保存。

常用的标记蛋白质的方法有搅拌法和透析法两种。以 FITC 标记为例，搅拌法是先将待标记的蛋白质溶液用 0.5mol/L pH9.0 的碳酸盐缓冲液平衡，在磁力搅拌下逐滴加入 FITC 溶液，室温搅拌 4～6h 后离心，上清液即为标记物，此法适用于标记体积较大、蛋白含量较高的抗体溶液；透析法是将待标记的蛋白质溶液装入透析袋中，置于含 FITC 的 0.01mol/L pH9.4 的碳酸盐缓冲液中反应过夜，再用 PBS 透析去除游离色素，低速离心后取上清液，此法适用于标记样品量少、蛋白含量低的抗体溶液。

标记完成后，还应对标记抗体进一步纯化以去除未结合的游离荧光素和过多结合荧光素的抗体。纯化方法可采用透析法或色谱分离法。

荧光抗体在使用前应对抗体效价及荧光素与蛋白质的结合比率进行鉴定。

(3) 免疫荧光诊断试剂的应用　免疫荧光诊断试剂在临床检验上已用作细菌、病毒和寄生虫的检验及自身免疫病的诊断等。

① 菌种鉴定　在细菌学检验中用于菌种鉴定。标本材料可以是培养物、感染组织、病人分泌排泄物等。本法较其他鉴定细菌的血清学方法速度快、操作简单、敏感性高。但在细菌实验诊断中，一般只能作为一种补充手段使用，而不能代替常规诊断。荧光抗体染色法对脑膜炎奈氏菌、痢疾志贺菌、霍乱弧菌、布氏杆菌和炭疽杆菌等的实验诊断有较好效果。荧光间接染色法测定血清中的抗体，可用于流行病学调查和临床回顾诊断。免疫荧光用于梅毒螺旋体抗体的检测是梅毒特异性诊断常用方法之一。免疫荧光技术在病毒学检验中有重要意义，因为普通光学显微镜看不到病毒，用荧光抗体染色法可检出病毒及其繁殖情况。

② 自身抗体检测　广泛应用于自身免疫病的实验诊断中，突出优点是能以简单方法同时检测抗体和与抗体起特异反应的组织成分，并能在同一组织中同时检查抗不同组织成分的抗体，主要有抗核抗体、抗平滑肌抗体和抗线粒体抗体等。抗核抗体的检测最常采用鼠肝作核抗原，可做成冰冻切片、印片或匀浆。用组织培养细胞如 Hep-2 细胞或 HeLa 细胞涂片还可检出抗着丝点抗体、抗中性粒细胞浆抗体等。应用免疫荧光技术可以检出的其他自身抗体有抗（胃）壁细胞抗体、抗双链 DNA 抗体、抗甲状腺球蛋白抗体、抗甲状腺微粒体抗体、抗骨髓肌抗体及抗肾上腺抗体等。

⚙ **能力拓展**

间接荧光法：采用荧光素标记抗 IgG 抗体（即第二抗体），可制成荧光抗抗体。在待检抗原标本上加入已知抗体，使之相互结合并经充分洗涤后，加入荧光抗抗体（第二抗体）则可与第一抗体结合，镜下可见荧光。此时表示已知抗体与待检抗原相对应而固定于抗原标本上。

人类巨细胞病毒（HCMV）感染细胞后，经短期培养（48～72h）可产生早期蛋白抗原（HCMV-EA），应用已知抗 HCMV-EA 的单克隆抗体（McAb-20K）与之结合，再加入荧光素（FITC）标记羊抗人 IgG 荧光抗体，在荧光镜下检查，可见细胞核内或胞浆内有黄绿色荧光。

利用这种方法可以检测人类巨细胞病毒早期抗原（HCMV-EA）。

③ 寄生虫感染诊断　　间接免疫荧光试验（IFAT）是当前公认的最有效的检测疟疾抗体的方法。常用抗原为疟疾患者血液中红内期裂殖体抗原。IFAT 对肠外阿米巴，尤其是阿米巴肝脓肿也有很高的诊断价值，所用抗原是阿米巴培养物悬液或提取的可溶性抗原。

④ 流式细胞分析　　在这种分析方法中，检测仪器不是荧光显微镜，检测对象也不是固定了的标本，而是将游离细胞作荧光抗体特异染色后，在特殊设计的仪器中通过喷嘴逐个流出，经单色激光照射发出的荧光信号由荧光检测计检测，并自动处理各数据。这种方法可用于检测细胞大小、折射率、黏滞度等，更常用于 T 细胞亚群等的检测。

4. 胶体金试剂

胶体金又称金溶胶，是指分散相粒子直径在 $1\sim150nm$ 的金溶胶，属于多相不均匀体系，颜色呈橘红色到紫红色，可以作为标记物用于免疫组织化学，近 10 多年来胶体金标记已经发展为一项重要的免疫标记技术。胶体金免疫分析在药物检测、生物医学等许多领域都有越来越重要的应用。

（1）制备机理　　胶体金是由氯金酸（$HAuCl_4$）在还原剂如白磷、抗坏血酸、枸橼酸钠、鞣酸等作用下，聚合成为特定大小的金颗粒，并因静电而成为一种稳定的胶体状态，一般直径范围为 $3\sim30nm$。胶体金在弱碱环境下带负电荷，可与蛋白质分子的正电荷基团形成牢固的非共价结合。这种结合是静电结合，不影响蛋白质的生物特性，因而也就可以使胶体金具有免疫学特性。很多蛋白（如葡萄球菌 A 蛋白、免疫球蛋白、毒素、糖蛋白、酶、抗生素、激素、牛血清白蛋白、多肽等）都可以与胶体金结合。几种典型粒径的胶体金见表 6-3。

表 6-3　几种典型粒径的胶体金

胶体金粒径/nm	1%柠檬酸三钠加入量/mL	胶体金特性	
		呈色	λ_{max}/nm
16.0	2.00	橙色	518
24.5	1.50	橙色	522
41.0	1.00	红色	525
71.5	0.70	紫色	535

这种方法的标记物制备简便，方法敏感特异，不需要放射性同位素或有潜在致癌物质的酶显色底物，也不要荧光显微镜，能广泛应用于各种液相免疫测定和固相免疫分析以及流式细胞术等。

（2）应用

① 凝集试验　　将胶体金与抗体结合，可建立微量凝集试验检测相应的抗原，如间接血凝一样，用肉眼可直接观察到凝集颗粒。单分散的免疫金溶胶呈清澈透明的溶液，其颜色随溶胶颗粒大小而变化，当与相应抗原或抗体发生专一性反应后出现凝聚，溶胶颗粒极度增大，光散射随之发生变化，颗粒也会沉降，溶液的颜色变淡甚至变成无色，这一原理可定性或定量地应用于免疫反应，如均相溶胶颗粒免疫测定法，可直接应用分光光度计进行定量分析。

② 金标记流式细胞术　　应用荧光素标记的抗体，通过流式细胞仪计数分析细胞表面抗原，是免疫学研究中的重要技术之一。但由于不同荧光素的光谱相互重叠，区分不同的标记困难，因此必须寻找一种非荧光素标记物，用于流式细胞计数。这样可以同时进行几种标记。该标记物必须能够改变散射角，而胶体金可以明显改变红色激光的散射角，利用胶体金标记的羊抗鼠 Ig 抗体应用于流式细胞术，分析不同类型细胞的表面抗原。胶体金标记的细胞在波长 632nm 时，90°散射角可放大 10 倍以上，同时不影响细胞活性。而且与荧光素共

同标记，彼此互不干扰。

③ 胶体金固相免疫测定 这类方法主要有如下两种。

一是将斑点 ELISA 与免疫胶体金结合起来的一种方法。将蛋白质抗原直接点样在硝酸纤维膜（NC）上，与特异性抗体反应后，再滴加胶体金标记的第二抗体，结果在抗原-抗体反应处发生金颗粒聚集，形成肉眼可见的红色斑点，称为斑点免疫金染色法（Dot-IGS）。此反应也可通过银显影液增强，即斑点金银染色法（Dot-IGS/IGSS）。

二是斑点金免疫渗滤测定法（DIGFA），此法原理完全同斑点免疫金染色法，只是在硝酸纤维膜下垫有吸水性强的垫料，即为渗滤装置。在加抗原（抗体）后，迅速加抗体（抗原），再加金标记第二抗体，由于有渗滤装置，反应很快，在数分钟内即可显出颜色反应。此方法已成功地应用于人的免疫缺陷病病毒（HIV）的检查和人血清中甲胎蛋白的检测。

④ 电镜应用 胶体金能用作电镜水平的标记物，可通过不同大小的颗粒或结合酶标进行双重或多重标记。直径为 3～15nm 胶体金均可用作电镜水平的标记物，15nm 以下的胶体金多用于单一抗原颗粒的检测，而 15nm 的则多用于检测量较多的感染细胞。胶体金用于应用主要有：细胞悬液或单层培养中细胞表面抗原的观察、单层培养中细胞内抗原的检测，以及组织抗原的检测。

⑤ 光镜应用 胶体金同样可用作光镜水平的标记物，取代传统的荧光素、酶等。各种细胞涂片、切片均可应用。其主要用途是：用单克隆抗体或抗血清检测细胞悬液或培养的单层细胞的膜表面抗原、检测培养的单层细胞内抗原、组织中或亚薄切片中抗原的检测。胶体金用于光镜水平的研究，可以弥补其他标记物不可避免的本底过高和内部酶活性干扰等缺点。

⑥ 免疫色谱快速诊断 这是近几年来国外兴起的一种快速诊断技术，其原理是将特异的抗体先固定于硝酸纤维素膜的某一区带，当该干燥的硝酸纤维素一端浸入样品（尿液或血清）后，由于毛细管作用，样品将沿着该膜向前移动，当移动至固定有抗体的区域时，样品中相应的抗原即与该抗体发生特异性结合，若用免疫胶体金或免疫酶染色可使该区域显示一定的颜色，从而实现特异性的免疫诊断。

⑦ 临床应用 可检测感染性疾病的抗原、抗体，可检测的抗原有 HBsAg、HBeAg、疟原虫抗原、大肠埃希杆菌抗原等，可检测的抗体有抗结核杆菌抗体、抗幽门螺杆菌抗体、抗 HBs、抗 HIV 抗体、抗登革热抗体和梅毒抗体等；也可检测各种蛋白质，如甲胎蛋白、癌胚抗原、肌红蛋白、肌钙蛋白、尿蛋白、粪便血红蛋白等；可检测激素，如 HCG、LH、FSH、TSH，其中尿 HCG 的检测应用最广；还检测药物，主要是毒品类，如吗啡、可卡因、鸦片等。

●•● 知识链接 ●•●

尿妊纸条是可做早孕诊断的免疫色谱试纸条，其装配方法是：在塑料底板上分别将吸尿用玻璃纤维、冻干金标记抗 α-HCG（绒毛膜促性腺激素）玻璃纤维、已固定有抗 β-HCG 抗体的 NC 膜及硬质吸水滤纸用双面胶或其他黏性材料粘接。装配好的纸板按纵向剪切，裁成宽度为 4mm 的条状，即为尿妊纸条。尿妊纸条具有检测速度快、灵敏度高的特性，一般 1～2min 即可检测出最低 50 IU/L 的结果。尿妊纸条在使用中必须注意以下几点：一是温度，暂时不用的试纸条应保存于 4℃下，从冰箱刚取出的试纸条则应待其恢复至室温后再打开使用，以避免反应线模糊不清；二是正确操作，一般是在试纸条的吸尿玻璃端滴入 2 滴（约 100μL）尿液，或将吸尿端直接插入标本约 10～15mm 的深度，20s 左右后取出平放，这种方法比较麻烦且容易造成污染。比较好的方法是：取尿标本约 0.5mL 加入小试管中，然后插入试纸条，待 1～2min 反应带清晰后观察结果。

·····● 思考与练习 ●······

1. 抗体是由哪种免疫细胞产生的？什么是单抗？什么是多抗？

2. 为什么制备单抗必须要用骨髓细胞？常用的骨髓细胞主要来自哪里？请简述如何才能获得可产生单抗的细胞。

3. 为什么培养融合细胞时需要用饲养细胞？常用的饲养细胞都有哪些？

4. HAT 培养基在单抗制备中有什么作用？

5. 放射免疫诊断试剂的主体成分是什么？其常用的标记物有哪些？

6. ELISA 试剂由（　　　）的抗原或抗体、酶标记的（　　　）和与（　　　）直接关联的酶反应底物组成。

7. 常用的 ELISA 载体是（　　　），通用的标准版型是（　　　），可同时在（　　　）上进行大量标本的检测。

8. 为什么在 ELISA 操作中要进行包被和封闭？请简述之。

9. 什么样的荧光物质可以用于荧光抗体的制备？请举例。

10. 什么是胶体金？为什么胶体金可以用来制备免疫诊断试剂？

实践八　植物组织培养用培养基配制

一、实验目的

理解培养基的组成及其作用，掌握培养基的配制方法；

了解培养基在植物组织培养中的作用；

以 MS 培养基为例，学习并掌握植物组织常用培养基的组成、配制与灭菌方法。

二、实验原理

完整植株具根、茎、叶等器官，它们彼此分工协作，通过新陈代谢从环境中吸收营养，以自养方式建造自身。离体培养材料缺乏完整植株那样的自养机能，需要以异养方式从外界直接获得其生长发育所需的各种养分。配制培养基的目的就是人为提供离体培养材料的营养源，包括碳水化合物、矿质营养、维生素等，以满足离体材料的生长发育。按照不同配方配制的培养基，是为满足不同类型离体材料的营养需要。

MS 培养基是 1962 年由 Murashige 和 Skoog 为培养烟草细胞而设计的。特点是无机盐和离子浓度较高，为较稳定的平衡溶液。其养分的数量和比例较合适，可满足植物的营养和生理需要。它的硝酸盐含量较其他培养基为高，广泛地用于植物的器官、花药、细胞和原生质体培养，效果良好。有些培养基是由它演变而来的。

培养基是提供植物生长发育所需各种养分的介质。在离体培养条件下，不同植物以及同种植物不同部位的组织细胞对营养要求不同，只有满足了它们各自的特殊要求，才能更好地生长发育。因此，理解培养基的组成及其作用，掌握培养基的配制方法是取得组培成功的关键环节之一。

三、实验用品

1. 仪器与材料

电子天平、烧杯、量筒、三角瓶或培养瓶、移液管、药匙、玻棒、pH 试纸、吸耳球、牛皮纸、皮筋、高压灭菌锅、冰箱等。

2. 试剂

MS 培养基所需试剂：见表 6-4。

植物激素：2,4-二氯苯氧乙酸（2,4-D）、萘乙酸（NAA）、吲哚乙酸（IAA）、吲哚丁酸（IBA）、6-苄基嘌呤（6BA）、激动素（KT）、玉米素（ZT）。

95%乙醇、蒸馏水、0.1mol/L NaOH、0.1mol/L HCl、蔗糖、琼脂。

四、实验步骤

1. 培养基母液配制

培养基配方见表 6-4。

表 6-4　MS 培养基配方

母液名称	化合物	基本配方量/mg	扩大倍数	称取量/mg	母液体积/mL	1L 培养基移取量/mL
大量元素母液	NH_4NO_3 KNO_3 $CaCl_2 \cdot 2H_2O$ $MgSO_4 \cdot 7H_2O$ KH_2PO_4	1650 1900 440 370 170	10	16500 19000 4400 3700 1700	1000	100
微量元素母液	$MnSO_4 \cdot H_2O$ $ZnSO_4 \cdot 7H_2O$ $CoCl_2 \cdot 6H_2O$ $CuSO_4 \cdot 5H_2O$ H_3BO_3 $Na_2MoO_4 \cdot 2H_2O$ KI	22.3 8.6 0.025 0.025 6.2 0.25 0.83	100	2230 860 2.5 2.5 620 25 83	1000	10
铁盐母液	$FeSO_4 \cdot 7H_2O$ $EDTA-Na_2$	28.7 37.3	100	2870 3730	1000	10
有机化合物母液	肌醇(IVA) 盐酸硫胺素(维生素 B_1) 烟酸(维生素 B_5 或维生素 PP) 甘氨酸 盐酸吡哆醇(维生素 B_6)	100 0.1 0.5 2 0.5	50 50 50 50 50	5000 5 25 100 25	500 500 500 500 500	10 10 10 10 10

（1）大量元素母液　可配成 10 倍母液，用时每配 1000mL 培养基取 100mL 母液。

配制母液时应注意以下原则。

① 分别称量。

② 充分溶解。

③ 注意混合秩序：Ca^{2+} 应最后加入，与 SO_4^{2-} 和 HPO_4^{2-} 错开，以免产生沉淀；混合时要缓慢，边搅拌边混合。

（2）微量元素母液　因含量低，一般配成 100 倍甚至 1000 倍，每配 1000mL 培养基取 10mL 或 1mL。注意原则同大量元素母液的配制。

（3）铁盐母液　必须单独配制，若与其他元素混合易造成沉淀。一般采用螯合铁，即硫酸亚铁与 EDTA 钠盐的混合物。一般扩大 100 倍或 200 倍，每配 1000mL 培养基取 10mL 或 5mL，EDTA 钠盐需用温水溶解，然后与 $FeSO_4$ 液混合，在 75~80℃让其螯合 1h。使用螯合铁的目的：避免沉淀；缓慢不断地供应铁。

（4）有机化合物母液　主要是维生素和氨基酸类物质，这类物质不能配成混合母液，一定要分别配成单独的母液，浓度为每 1mL 含 0.1mg、1mg、10mg，使用时根据需要量取。

2. 激素母液的配制

每种激素必须单独配成母液，其浓度为 0.1mg/mL、0.5mg/mL 或 1.0mg/mL，多数激素难溶于水。配法如下：

IAA、IBA 先溶于少量酒精，再加水定容至一定刻度；

NAA 可溶于热水或少量酒精中，再加水定容至一定刻度；

2,4-D 不溶于水，可用 1mol/L 的 NaOH 溶解后再定容；

KT、肌醇（IVA）和 6BA 先溶于少量 1mol/L HCl 中，再加水定容；

ZT 先溶于 95％酒精，再加热水。

3. 母液标识与保存

将配制好的各母液分别倒入棕色瓶中，贴上标签，注明母液名称、浓度、配置日期。将各母液瓶放入冰箱内冷藏备用。

4. 配制培养基

配制过程见图 6-13。

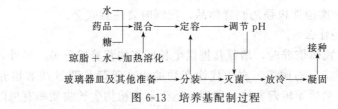

图 6-13　培养基配制过程

① 先在烧杯中放入少量蒸馏水。

② 按表 6-4 分别取以上母液倒入。

③ 托盘天平称取 2％～3％蔗糖，倒入，搅拌溶解。

④ 加蒸馏水用量筒定容至 1L。

⑤ 按设计好的方案添加各种激素，由于激素的用量很小，而且激素对组培植物的生长至关重要，所以有条件的话最好用微量可调移液器吸取，减少误差。

⑥ 用精密试纸或酸度计调整 pH 至 5.7～5.8（有条件的话使用酸度计，比较精确），可配 1mol/L 的 HCL 和 1mol/L 的 NaOH，用来调溶液 pH 值。

1mol/L HCL 配制：用量筒量取 8.3mL 配成 100mL 溶液。

1mol/L NaOH 配制：称取 4g NaOH，配成 100mL 溶液。

⑦ 称取 0.6％～1.0％的琼脂粉（质量好的琼脂粉），倒入上面配好的溶液中，放在电炉上加热至沸腾，直到琼脂粉溶化。

⑧ 稍微冷却后，分装入培养容器中。无盖的培养容器要用封口膜或牛皮纸封口，用橡皮筋或绳子扎紧。

⑨ 放入消毒灭菌锅灭菌，灭菌 20min 左右。

⑩ 灭菌后从灭菌锅中取出培养基，平放在实验台上使其冷却凝固。

5. 标识与记录

将配制好的培养容器贴上标签。注明培养基名称、配置日期。及时记录。

6. 注意事项

① 实验中所用的各种容器一定要洗净、烘干。

② 用电子天平称量药品时，应使用称量纸，对于腐蚀性药品，应将其放置在小烧杯中称量。

③ 各种母液应保存在 2～4℃的冰箱中，以免变质、长霉。

④ 使用高压灭菌锅时，一定要正确操作，并提前检查其中的水是否合适。

⑤ $HgCl_2$ 属于一种腐蚀性极强的剧毒物品，配制时要注意安全。

五、结果与讨论

① 结合实验操作，说明培养基配制的关键环节和注意事项。

配制培养基的关键环节是：根据配方要求，把按顺序量取的各种母液以及称取的蔗糖，都加入煮好的琼脂中，然后加水定容。

注意事项：

a. 实验中所用的各种容器一定要洗净、烘干；

b. 用电子天平称量药品时，一定要用称量纸，对于有腐蚀性的药品，应将其放置在小烧杯中称量；

c. 各种母液应保存在 $2\sim8℃$ 的冰箱中，以免变质、长霉；

d. 使用高压灭菌锅时，一定要正确操作，并提前检查其中的水是否合适；

e. $HgCl_2$ 属于一种腐蚀性极强的剧毒物品，配制时要注意安全。

② 培养基的作用是什么？

对植物外植体进行离体培养时，培养基提供生长所需的营养成分等。另外，对组织培养物的脱分化和再分化等状态的调控、次生代谢产物的生产等都是通过调节培养基成分来实现。培养基的主要成分包括无机营养物、碳源、维生素、植物生长物质和有机附加物等。植物生长物质是培养基中的关键物质，对外植体愈伤组织的诱导和分化起着重要的调节作用。

③ 配制母液有哪些好处？

可减少每次配制称量药品的麻烦；减少极微量药品在每次称量时造成的误差。

④ 填写实践报告及分析。

实践九　植物细胞悬浮培养

一、实验目的

了解植物细胞悬浮培养的基本原理，通过实验掌握植物细胞悬浮培养的方法和操作技术；

按细胞培养流程操作，做到无菌操作准确、规范、熟练，悬浮培养无杂菌污染。

二、实验原理

利用固体琼脂培养基对植物的离体组织进行培养的方法在植物细胞工程中已经得到广泛的应用。但这种方法在某些方面还存在一些缺点，比如在培养过程中，植物的愈伤组织在生长过程中的营养成分、植物组织产生的代谢物质呈现一个梯度分布，而且琼脂本身也有一些不明的物质成分可能对培养物产生影响，从而导致植物组织生长发育过程中代谢的改变。而利用液体培养基则可以克服这一缺点，当植物的组织在液体培养基中生长时，植物离体细胞作为生物反应器具有生产周期短、提取简单、易规模化、不受外界环境干扰，而且产量高、化学稳定性和化学特性好等特点，利用植物离体细胞培养进行有用次生代谢物质的生产一直受到研究者们的重视，也有成功的先例。同时，研究发现，离体培养条件下，细胞系的种类以及培养条件、培养基的组成、植物生长调节剂的种类和浓度对目的产物的产量有很大的影响。

三、实验用品

1. 仪器与材料

镊子、解剖刀、酒精灯、棉球、烧杯、广口瓶、培养皿、超净工作台、振荡摇床、各种接种工具、手动吸管泵、尼龙网、移液管、吸耳球、漏斗、离心管、离心机。

2. 试剂

0.1％升汞、酒精、次氯酸钠、无菌水、胡萝卜块根、培养基母液、2,4-D、水解酪蛋白（CH）、蔗糖、琼脂。

四、实验步骤

1. 培养基配制

诱导胡萝卜愈伤组织的培养基：MS、2,4-D 1.5mg/L、CH 500mg/L、3％蔗糖、0.7％琼脂，pH5.8。

愈伤组织增殖培养基：MS、2,4-D 0.5mg/L、CH 500mg/L、3％蔗糖、0.7％琼脂，pH5.8。

液体培养基：MS、2,4-D 1mg/L、3％蔗糖。

2. 胡萝卜营养根的消毒

① 将胡萝卜块根在自来水下冲洗干净，用小刀切去外围组织，将胡萝卜切段，每段厚约0.5cm。

② 把胡萝卜段用无菌水漂洗干净。

③ 用75％的酒精溶液浸泡30s。

④ 用0.1％氯化汞浸泡5～10min，在浸泡过程中用镊子搅拌，以使消毒充分。

⑤ 浸泡过的胡萝卜段用无菌水冲洗3～5次，洗去残留的氯化汞后切片。

3. 操作环境的消毒

解除三角瓶上捆扎的线绳，用沾有75％酒精的棉球把三角瓶表面擦一下，把培养基三角瓶整齐排列在接种台左侧，然后用75％酒精擦洗接种台表面。

4. 胡萝卜营养根切片

胡萝卜营养根由外向内依次分为皮层、形成层和中轴三部分。在切片消毒之前首先除去皮层的最外层，以减少胡萝卜营养根的带菌量。形成层的分生能力最强，是产生愈伤组织的主要部分，因此在切片时应使每一个切片上都有形成层。具体操作方法如图6-14。

胡萝卜截面图　　　　沿图中竖线切开，　　　　沿图中竖线切开，
沿横线切开　　　　两边部分弃去　　　　每片厚0.5～1mm

图6-14　胡萝卜营养根切片

注意：消毒后的所有操作过程都应在超净工作台上进行，操作所用的镊子、解剖刀和剪刀使用前插入95％乙醇溶液中，使用时在酒精灯火焰上炽烧片刻，冷却后再切割。

5. 诱导愈伤组织形成

轻轻打开封口膜，将三角瓶口在火焰上方灼热灭菌，同时把长镊子也放在火焰上方灼烧，将烧过的镊子触动培养基部分，使其冷却，以免烧死被接种的外植体，然后将培养皿打开一小缝，用镊子取出切好的胡萝卜切片放到培养基表面，用镊子轻轻向下按一下，使切片部分进入培养基。在酒精灯火焰上转动三角瓶一圈使瓶口灼热灭菌。然后用封口膜封口，同时在牛皮纸上写上培养材料、接种日期、姓名等。

注意：植物生长调节剂是诱导愈伤组织形成的极为重要的因素，研究具体问题要设置一定的浓度梯度，以寻找最佳浓度。

6. 悬浮培养的开始

① 在超净工作台上，从形成愈伤组织的培养瓶中，挑取质地松弛、生长旺盛的愈伤组织放入盛有 30mL 液体培养基的三角瓶中，用镊子轻轻捏碎愈伤组织。每瓶接入约 2g 重的愈伤组织，置于振荡摇床固定，在黑暗条件下或弱散射光下 100r/min 振荡培养。

② 将胡萝卜悬浮细胞培养物摇匀后倒在或滴入孔径较大的尼龙网或不锈钢网漏斗中（孔径 $47\mu m$、$81\mu m$ 或更大）。

③ 如果网眼被细胞团堵塞，可用吸管反复吸吹。

④ 再用无菌培养基冲洗残留在网上的细胞团。

⑤ 重复步骤②～④。

⑥ 将通过较大孔径的细胞悬浮液，再通过较细孔径的尼龙网过滤（如 $31\mu m$、$26\mu m$），用吸管反复吸吹。

⑦ 经过分级过滤的"同步化"细胞离心（$50g$，5min），收集后加入液体培养基进行培养或进一步同步化。

7. 悬浮培养物的保持

进行悬浮培养后要不断进行观察，由于培养物的继代培养与培养瓶内培养物的密度及细胞生长速度有关，因此当发现培养瓶中培养物密度较大时，应及时用无菌的吸管吸取部分培养物到一新的 50mL 培养基中继续培养。同时还要及时淘汰一些大的组织团块和黄褐色的坏死组织。一般每隔 4～7 天就要继代一次。

五、结果与讨论

① 研究细胞悬浮培养的意义何在？挑选愈伤组织进行悬浮培养需注意什么问题？

② 建立细胞悬浮系的步骤包括哪些？一个良好的悬浮细胞培养体系应该具有什么样的特征？

实践十　人外周血淋巴细胞培养

一、实验目的

掌握人体微量血液体外培养、制备染色体标本的方法；

能够按培养基配制流程配制培养基，能进行熟练、规范的采血操作，并按体外培养细胞流程进行准确、规范的操作。

二、实验原理

人外周血小淋巴细胞，通常都处在 G_1 期（或 G_0 期），一般情况下不进行分裂，只有在异常情况下才能发现。如在培养液中加入植物血凝素（PHA），这种小淋巴细胞受到刺激可转化为淋巴母细胞，进入有丝分裂。短期培养后，经秋水仙素处理，低渗和固定，在体外即可得到大量的有丝分裂的生长活跃的细胞群体，终止分裂中期的淋巴细胞。人体的 1mL 外周血内一般含有约 1×10^6～3×10^6 个小淋巴细胞，足够染色体标本制备和分析之用。

三、实验用品

1. 仪器与材料

5mL 灭菌注射器、离心管、吸管、试管架、量筒、培养瓶、酒精灯、烧杯、载玻片、无菌棉签或棉球、镊子、天平、离心机、超净工作台、恒温培养箱、显微镜。

人外周血淋巴细胞。

2. 试剂

2.5％碘酒、75％酒精；

RPMI 1640 培养基（或 199 培养基），含有 20 种氨基酸、维生素、生物素、碳水化合物、无机物；

植物血凝素（PHA）激活细胞分裂；

青霉素、链霉素为广谱抗生素；

小牛血清，促进细胞繁殖和维持 pH 值；

肝素，主要起抗凝血作用；

秋水仙素，使细胞分裂停止在分裂中期；

固定液，使血清蛋白、核蛋白凝固；

姬姆萨（Giemsa）染色液，使染色体染色。

四、实验步骤

1. 准备

将无菌室紫外线灯开放 0.5h，洗净双手，穿上无菌衣，进入无菌室，关闭超净工作台上的紫外线灯。用 75％酒精擦洗手和各种试剂瓶，然后将 RPMI 1640 培养液、小牛血清、双抗（青霉素、链霉素）、PHA 等移入超净工作台上。

2. 配制培养液

按如下配方配制培养液：90％ RPMI 1640 培养基（或 199 培养基）、10％小牛血清、3％ PHA 0.1mL、2％肝素 10U/mL、双抗 100U/mL（选择），pH7.2～7.4 用 3.5％碳酸氢钠调节。之后经滤膜孔径为 0.22μm 的过滤器过滤除菌。

3. 培养液的分装

在无菌室内或超净工作台内，用移液管将培养液和其他各试剂分装入 10mL 培养瓶中，每瓶 5mL 培养液，封口置冷藏柜备用。

4. 采血

用 5mL 灭菌注射器吸取肝素（500U/mL）0.05mL 湿润管壁。用碘酒和酒精消毒皮肤，自肘静脉采血约 0.3mL，在酒精灯火焰旁，从橡皮塞扎入培养瓶内（内含有生长培养基 5mL）接种，每瓶 0.5mL 左右，轻轻摇动几次。

5. 培养

直立置 37℃±0.5℃恒温箱内培养，培养 66～72h。

6. 秋水仙素处理

培养终止前在培养物中加入浓度为 40μg/mL 的秋水仙素 0.05～0.1mL，最终浓度为 0.4～0.8μg/mL，置温箱中处理 2～4h。

7. 染色体制备

① 收集细胞　将培养物全部转入洁净离心管中，以 1000r/min 离心 8～10min，弃上清液。

② 低渗处理　低渗液的种类较多，如 0.075mol/L 的 KCl 溶液、0.95％的枸橼酸钠溶液，或直接用蒸馏水等。本实验选用 KCl 溶液。向刻度离心管中加入预温 37℃的低渗液 8mL，用滴管混匀，置 37℃恒温水浴中低渗 15～25min。

③ 预固定　甲醇：冰醋酸＝3：1。低渗后加入 0.5mL 固定液，轻轻混匀后 1000r/min 离心 8～10min。

④ 一固定　弃上清液，加入 5mL 固定液，轻轻混匀，静置 20min，1000r/min 离心，弃上清液。

⑤ 二固定、三固定　采用同"一固定"的方法。

⑥ 制悬液　弃上清液后，视细胞数量多少加入适量固定液制成细胞悬液。

⑦ 滴片　吸取细胞悬液自 10～20cm 高滴在一张干燥洁净的载玻片上，轻吹散，气干。

⑧ 染色　1：10 Giemsa 液染色 5～10min，细水洗去多余染液，气干。

⑨ 镜检　低倍镜下寻找分散良好、染色适中的分裂相，油镜下观察染色体形态并计数。

8. 注意事项

接种的血样愈新鲜愈好，最好是在采血后 24h 内进行培养，如果不能立刻培养，应置于 4℃存放，避免保存时间过久而影响细胞的活力。

在培养中成败的关键，除了至为重要的 PHA 的效价外，培养的温度和培养液的酸碱度也十分重要。人的外周血淋巴细胞培养最适温度为 37℃±0.5℃。培养液的最适 pH7.2～7.4。

制片过程中，如发现细胞膨胀得不大，细胞膜没有破裂，染色体聚集一团伸展不开，可将固定时间延长数小时或过夜。

五、结果与讨论

① 秋水仙素作用时间过长会有什么影响？

秋水仙素处理时间过长，分裂细胞多，染色体短小；反之，则少而细长。都不宜观察形态及计数。故秋水仙素的浓度及时间要准确掌握。

② 影响外周血淋巴细胞培养的关键因素是什么？

采血的血样是否新鲜无菌；PHA 的效价；培养的温度和培养液的无菌、营养成分、酸碱度。

③ 填写实践报告及分析。

 技能要点

免疫指机体识别和排除抗原性异物，免除传染性疾病的能力，由免疫器官、免疫细胞、免疫活性介质担负机体的保护性功能。当病原体或抗原异物侵害机体时，机体会通过免疫细胞、抗体、细胞因子等物质发挥非特异性免疫和（或）特异性免疫作用，进行抵御或预防。

细胞工程指应用细胞生物学和分子生物学方法，通过工程学手段，在细胞整体水平或细胞器水平上，按照人们的意愿来改变细胞内的遗传物质或获得细胞产品的一门综合技术科学。应用细胞融合、核移植、胚胎移植和细胞组织培养等技术，可生产多种单克隆抗体、激素、细胞因子、疫苗和具有特殊功能的效应细胞等。

疫苗是将病原微生物（如细菌、病毒等）及其代谢产物（如类毒素），经过人工减毒、灭活或利用基因工程等方法制成的用于预防传染病的主动免疫制剂。疫苗的制备主要是通过病毒培养、微生物培养或者细胞培养来完成的。免疫蛋白是另一类通过人工免疫动物制备抗毒素，从血液中纯化获得的免疫制剂，是血液制品的一部分，包括免疫球蛋白、白蛋白，或者通过基因工程制备细胞因子等。

　　抗体是在抗原分子上的不同抗原表位刺激下由 B 细胞产生的，每种 B 细胞能合成一种抗体。由单一细胞克隆产生的针对单一抗原表位的抗体称为单克隆抗体。用单克隆化的杂交瘤细胞可以进行单克隆抗体的生产，用于疾病的诊断、预防、治疗等。

　　免疫诊断试剂是利用放射免疫诊断技术（RIA）、酶免疫测定技术（ELISA）、荧光免疫技术、胶体金免疫技术等实现生物学诊断的一类试剂，主要有酶免疫诊断试剂、免疫荧光诊断试剂、胶体金试剂和放射免疫诊断试剂。

第七章　基因工程技术与基因药物

第一节　基因工程技术与基因药物的发展

一、什么是基因工程技术

1. 基因工程技术的概念

基因工程又称遗传工程或基因操作，是指按照人们的设计方案，在分子水平上对 DNA 进行操作，使之在重组细胞中表达新的遗传性状的技术，也称为重组 DNA 技术或分子克隆技术。通过 DNA 操作，人们可以在体外对各种不同生物的 DNA 进行重组，构成遗传物质的新组合，并使其在受体细胞内能够持续、稳定地繁殖，从而获得新的物种或新的物种性状。

基因工程的主要内容包括：①分离制备带有目的基因的 DNA 片段；②在体外，将目的基因连接到适当的载体上；③将重组 DNA 分子导入受体细胞，并扩增繁殖；④从大量的细胞繁殖群体中筛选出获得了重组 DNA 分子的重组体克隆；⑤外源基因的表达和产物的分离纯化。

基因工程技术的发展，得益于现代分子生物学实验方法的飞速进步，其技术手段主要包括有梯度超速离心、电子显微镜技术、DNA 分子的切割与连接、核酸分子杂交、凝胶电泳、细胞转化、DNA 序列结构分析以及基因的人工合成、基因定点突变和 PCR 扩增等多种新技术、新方法。

2. 基因工程技术在药物制备中的应用

基因工程技术的诞生和快速发展，使得人们可以在体外对目的基因进行操作，为大量获取药用内源生理活性物质提供了可能性。基因工程技术的进步使基因药物的生产成为其最优先应用的领域，基因工程技术使药品研发途径发生了根本性的转变。

1973 年，人们首次将带有四环素抗性和链霉素抗性的两种大肠杆菌质粒成功进行了重组，获得了携带双亲遗传信息的重组质粒。随后，又将具有青霉素抗性和红霉素抗性的金黄色葡萄球菌质粒和大肠杆菌质粒进行了重组，得到了重组质粒，该质粒转化至大肠杆菌后，产生了抗青霉素抗性和抗红霉素抗性的菌落。这是基因工程技术在制药领域中的首个应用实例。

> **课堂互动**
>
> 想一想：为什么转基因大豆在食用油加工中的应用在社会上引起广泛关注？

基因工程技术对于具有药用内源生理活性物质的生产有以下积极作用。

① 克服了原料获取的难题。许多有治疗潜力的内源生理活性物质在体内自然状态下产生的量极微，如干扰素、白介素和集落刺激因子等，材料来源困难，传统提取技术造价太高而难以实际应用。基因工程技术可大量生产过去难以获得的生理活性蛋白和多肽，为临床使用提供有效的保障。

② 克服了产品安全性的问题。在过去，从一些天然生物来源中直接提取得到的产品会无形中导致一些疾病的传播。比如血源性致病原乙型/丙型肝炎病毒和 HIV 就是通过感染的血制品传播。

③ 为从不合适或危险的来源材料中直接提取提供了新的方法。如提取催产素的传统方法是从怀孕妇女的尿液中提取，尽管市场上仍有一些通过该途径得到的产品，但这并不是药物大量生产的适合来源，现在可以通过基因工程方法来生产，并已被批准上市。有一些生物药物是由危险的来源得到的，例如蛇毒蛋白酶是一种具有抗凝活性的蛋白质，有很好的临床应用前景，但传统的获取方式是通过从蛇毒中提取，现在，可以利用 *E. coli* 的重组菌进行生产。

④ 可以生产比天然蛋白质更具有临床应用价值的基因治疗蛋白。使用定点诱变等技术，人们可以在一个蛋白质的氨基酸序列内合理地引入预定修改。这种变化可以很微小，包括插入、缺失或改变单个氨基酸残基；也可以变化很大，比如改变或删除整个的结构域，以改造和去除内源生理活性物质作为药物使用时所存在的不足之处，或者生成一个新的杂交蛋白质，从而扩大药物筛选来源。目前已经有一些此类的基因产品获得批准上市。表 7-1 列出了一些已上市的基因工程改造药物。

表 7-1　一些已上市的基因工程改造药物

产　　品	引入的改造	改造结果
速效胰岛素	修改氨基酸序列	生成速效胰岛素
缓效胰岛素	修改氨基酸序列	生成缓效胰岛素
修饰组织纤溶酶原激活剂(t-PA)	去除 t-PA 5 个天然结构域中的 3 个	生成快速溶栓(降解凝血块)剂
修饰凝血因子Ⅷ	天然因子Ⅷ的一个结构域的缺失	生成一种分子量更小的产品
嵌合/人源化抗体	用人抗体氨基酸序列置换大部分/全部鼠源氨基酸序列	大大降低或消除免疫原性

二、基因工程制药的基本技术

基因工程的最大特点是分子水平上的操作和细胞水平的表达，而基因工程制药的技术实质就是使外源基因能够实现高效表达。要达到这个目标，主要依赖于四个方面的基本技术。

① 引入外源基因　根据 DNA 分子复制与稳定遗传的分子遗传学原理，利用载体 DNA 在受体细胞中独立于染色体 DNA 而自主复制的特性，将外源基因与载体分子重组，通过载体分子的扩增提高外源基因在受体细胞中的剂量，借此提高其宏观表达水平。

② 拼接外源基因　根据基因表达的分子生物学原理，筛选、修饰和重组启动子、增强子、操作子、终止子等基因的转录调控元件，并将这些元件与外源基因精细拼接，通过强化外源基因的转录提高其表达水平。

③ 调控基因表达　根据分子生物学原理，选择、修饰和重组核糖体结合位点及密码子等 mRNA 的翻译调控元件，强化受体细胞中蛋白质的合成过程。

④ 培养基因工程菌　根据生化工程学原理，从基因工程菌（细胞）大规模培养的工程

和工艺角度切入，合理调控其增殖速率和最终数量，这也是提高外源基因表达产物产量的主要环节。

要实施以上四个基本技术，必须拥有四个必要条件：目的基因、工具酶、载体和受体细胞。

（1）目的基因　在基因工程的设计和操作中，被用于基因重组、改变受体细胞性状和获得预期表达产物的基因称为目的基因。目的基因一般是结构基因，选用目的基因是基因工程设计中必须优先考虑的问题。目的基因的表达产物应该有较大的经济效益和社会效益，如特效药物，而不能是有害产物。目的基因的来源主要是各种生物，特别是人和动物、植物染色体基因。原核生物的染色体基因比较简单，一般含有几百或几千个基因，也是目的基因来源的首选。此外，质粒基因组、病毒基因组、线粒体基因组和叶绿体基因组也有少量的基因，往往也是目的基因的来源。

（2）工具酶　在基因的重组与分离过程中，首先必须获得将要重组和能够重组的 DNA 片段，这就涉及一系列相关的酶促反应。限制性核酸内切酶和 DNA 连接酶的发现使得这些操作成为可能。在此基础上，人们又相继发现了多种基因操作的工具酶，这些酶大多数来自于微生物和噬菌体，有少数则来自于动物和动物病毒。近年来，一些编码工具酶的基因被克隆出来，并可用大肠杆菌来进行生产。常用的工具酶如下。

课堂互动

想一想：限制性核酸内切酶除用作基因操作的工具酶之外，在细胞正常生理活动中还能发挥哪些作用？

① 限制性核酸内切酶　这是基因克隆过程中最常使用的断裂 DNA 的工具酶，能够识别双链 DNA（dsDNA）分子中的特定核苷酸序列并将其切断，因此也常称为限制酶，有基因操作的"分子剪刀"、"分子手术刀"之称。这种酶还可以用来分解外来 DNA，保护自身DNA，维持自身遗传信息的稳定。与之相配合还有一种甲基化酶，能使细胞自身特定的核酸序列上的碱基甲基化，不被限制酶水解；而外来核酸没有被甲基化修饰，会被限制酶水解。限制酶在切断 DNA 链时，依据识别位点的不同，能产生两种 DNA 片段末端：黏末端和平末端。而根据酶的组成、与修饰酶活性关系、切断核酸的情况不同，限制酶又可分为 Ⅰ型、Ⅱ型和Ⅲ型。不同亚型的限制酶，酶切的识别位点不同。

② DNA 连接酶　能在 DNA 片段的 $3'$-OH 和 $5'$-P 之间催化形成 $3',5'$-磷酸二酯键，将两个片段连接起来。该酶只能连接双链 DNA 的单链切口，不能催化两条单链 DNA 的连接，也不能封闭双链中因一个或多个核苷酸缺失所造成的缺口。常用的酶有两种：T4 DNA 连接酶和大肠杆菌 DNA 连接酶。

③ DNA 聚合酶　这是催化合成 DNA 的一类酶的总称。在基因工程操作中，常常需要以 DNA 或 RNA 作为模板合成新的 DNA 链。这些新合成的链可用于 DNA 标记、DNA 序列分析、DNA 重组，以及 DNA 片段的扩增等。DNA 聚合酶能在模板存在的情况下，催化四种脱氧核苷酸与模板链的碱基互补配对，合成新的对应 DNA 链。DNA 聚合酶的特点是不能自行从头合成 DNA 链，而必须有一个多核苷酸链作为引物。常用的酶主要有：大肠杆菌 DNA 聚合酶、T4 DNA 聚合酶、T7 DNA 聚合酶、*Taq* DNA 聚合酶，以及反转录酶等。

④ DNA 修饰酶　这是一类对切断或待合成的 DNA 片段末端进行修饰的酶，可在 DNA片段的操作中起保护、选择性反应等作用。例如，磷酸酶可以将 DNA 末端中的 $5'$-P 变成了$5'$-OH，可避免 DNA 重组时载体分子的自我连接，还可以与 T4 多聚核苷酸激酶连用，进

行 DNA 的末端标记；T4 多聚核苷酸激酶（T4 激酶）可将 ATP 中的磷酸基转移到具有 5′-OH 的 DNA 或 RNA 分子上，可用于 DNA 和 RNA 的 5′端标记，在核酸的序列分析、DNA 或 RNA 的指纹分析、分子杂交研究等方面有广泛应用；末端脱氧核苷酸转移酶能逐个将脱氧核苷酸分子加到线性 DNA 分子的 3′-OH 末端，相当于在 DNA 分子末端加上了一个同聚物"尾巴"，可以在建立体外重组 DNA 分子时，通过特定的反应，将互补的同聚物尾巴相互连接，实现两种不同的 DNA 分子的连接。这种加尾方法是使 cDNA 插入载体中的常用方法之一。如果在反应系统中加入同位素标记的核苷酸，还可以得到带有 3′端标记的 DNA 分子；还有作用于 RNA 分子的 RNA 酶，用来除去 DNA 制备物中的 RNA。

⑤ 蛋白酶 K　具有高活性的蛋白水解能力，能使许多微生物和哺乳动物细胞中的核酸酶失活，主要用于 RNA 和高分子量 DNA 的提取纯化。

（3）载体　在基因操作中，虽然各种工具酶的发现和应用解决了 DNA 体外重组的技术问题，但是外源 DNA 不具备自我复制的能力，必须通过运载工具，将所克隆的外源基因送进生物细胞中进行复制和表达。携带目的基因进入宿主细胞进行扩增和表达的工具称为载体。

载体实际上就是具有运载能力的 DNA。依据功能，载体可分为两类：克隆载体和表达载体。前者用于在宿主细胞中克隆和扩增外源片段；后者则用于在宿主细胞中获得外源基因的表达产物。

载体由多种不同的部分组成，如复制区、启动子和抗性基因等。按照基本组成元件的来源不同，又可以将载体分为质粒载体、噬菌体载体、病毒载体、黏粒载体和人工染色体载体等多种类型。

载体通常具有如下三个基本结构。

① 复制子　载体至少应拥有一个复制原点（复制的起始位置），能够自主复制。拥有多个复制原点的载体成为多拷贝。多拷贝的形式有利于大量地表达外源基因，从而获得大量的基因表达产物。当这些复制原点适用于不同细胞时，这样的载体就可以在这些相应细胞内穿梭，进行基因的传递，因此又称为穿梭载体。

② 克隆位点　载体的作用是将外源基因转移到细胞中，所以载体应该有至少一个位点供外源 DNA 插入，这个位点叫克隆位点。克隆位点是限制酶识别的位点，但不是载体上所有限制酶位点都能作为克隆位点。载体上至少应该有一个克隆位点，而且这种位点是唯一的，即同一种限制酶识别位点在一个载体中只能有一个。克隆位点可供外源 DNA 片段插入，同时不影响载体的自我复制。

③ 遗传标记基因　遗传标记基因的作用是赋予宿主细胞一种新的表型，使其具有可明显地区别于其他细胞的性状，达到鉴别和分离目的。不同的标记基因可以适用于不同的生物。当载体可用于多种生物时，一个载体就可以有多个标记基因。比如植物的载体就可能有 3～4 个标记基因。标记基因的种类很多，可大致划分为三类：抗性标记基因、营养标记基因和生化标记基因。

（4）受体细胞　基因工程的最终目的是要使外源 DNA 得以增殖和表达，而外源 DNA 的增殖和表达必须借助活细胞，这种细胞称受体细胞。受体细胞是基因工程中不可缺少的条件。

最早利用的受体细胞是大肠杆菌细胞。现在除了大肠杆菌细胞外，酵母菌、真菌和各种真核细胞、受精卵细胞都成为基因工程中的受体细胞。这些细胞可以采用前述的微生物发酵、动植物细胞培养等技术来进行培养。

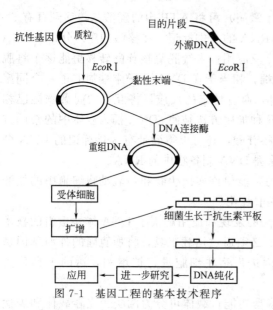

图 7-1　基因工程的基本技术程序

基因工程的基本技术程序（图 7-1）如下。

① 从生物有机体复杂的基因组中，分离出带有目的基因的 DNA 片段。

② 在体外，将带有目的基因的 DNA 片段连接到能够自我复制且具有选择标记的载体分子上，形成重组 DNA 分子。

③ 将重组 DNA 分子引入到受体细胞。

④ 扩增带有重组 DNA 的细胞，获得细胞群（菌落）。

⑤ 从大量的细胞繁殖菌落中，筛选出具有重组 DNA 分子的细胞克隆。

⑥ 对选出的细胞克隆目的基因做进一步研究分析。

⑦ 将目的基因克隆到表达载体上，导入宿主细胞，使之在新的遗传背景下实现功能表达，产生出人类所需要的物质。

三、基因工程药物

基因工程药物就是指利用重组 DNA 技术生产的多肽、蛋白质、酶、激素、疫苗、单克隆抗体和细胞生长因子等用于疾病诊断、治疗和预防的生理活性物质。

DNA 重组技术的迅猛发展使人们对生物活性物质的生产和控制胜过以往任何时候，利用基因工程技术可以创造新产品、生产原先难以大量获得的产品或更有效地生产现有产品，最先应用基因工程技术的产业领域就是制药工业。1976 年，美国成立了第一家基因工程公司；1982 年，欧洲批准了 DNA 重组的动物疫苗抗球虫病疫苗，而美同和英国则批准生产和使用了第一个基因工程药物——重组人胰岛素。我国第一个基因工程药物干扰素-αlb 也于 1989 年上市。通过基因工程技术，人们可以获得许多传统技术难以获得的珍贵药品，主要是医用活性蛋白和多肽类。可分为以下几类。

1. 细胞因子类

① 干扰素（IFN）　具有抗病毒活性的一类蛋白，按抗原性分为干扰素-α、干扰素-β、干扰素-γ。

② 白细胞介素（IL）　IL 是淋巴细胞、巨噬细胞等细胞间相互作用的介质，已发现有几十种之多，如 IL-2、IL-3、IL-4 等。

③ 集落刺激因子（CSF）　促进造血细胞增殖和分化的一类因子，如巨噬细胞 CSF（M-CSF）、粒细胞 CSF（G-CSF）、粒细胞和巨噬细胞 CSF（GM-CSF）、多重集落刺激因子（multi-CSF，IL-3）、干细胞因子（SCF）、红细胞生成素（EPO）等。

④ 生长因子（GF）　对不同细胞生长有促进作用的蛋白质，如表皮生长因子（EGF）、纤维母细胞生长因子（FGF）、肝细胞生长因子（HGF）等。

⑤ 趋化因子　对嗜中性粒细胞或特定的淋巴细胞等炎性细胞有趋化作用的一类小分子，如 MCP-1、MCP-3、MCP-4 等。

⑥ 肿瘤坏死因子　抑制肿瘤细胞生长、促进细胞凋亡的蛋白质，如 TNF-α、TNF-β 等。

2. 激素类

激素类药物有胰岛素、生长激素、心钠素、人促肾上腺皮质激素等。

3. 治疗心血管及血液疾病的活性蛋白类

① 溶解血栓　组织纤溶酶原激活剂、尿激酶原、链激酶（SK）、葡激酶（SAK）等。

② 凝血因子　凝血因子Ⅶ、凝血因子Ⅷ、凝血因子Ⅸ等。

③ 生长因子　促红细胞生成素（EPO）、血小板生成素（TPO）、血管内皮生长因子（VEGF）等。

④ 血液制品　血红蛋白、白蛋白。

4. 治疗和营养神经的活性蛋白类

此类活性蛋白有神经生长因子（NGF）、脑源性神经生长因子（BDNF）、睫状神经生长因子、神经营养素3、神经营养素4等。

5. 可溶性细胞因子受体类

如白细胞介素1受体、白细胞介素4受体、TNF受体、补体受体等。

6. 导向毒素类

（1）细胞因子导向毒素　如IL-2导向毒素、IL-4导向毒素、EGF导向毒素。

（2）单克隆抗体导向毒素　如抗-B4-封闭的蓖麻毒蛋白。

这些重组蛋白类药物按照结构又可分为如下三种类型：

① 与人类自身完全相同的多肽和蛋白质；

② 与人类密切相关但不同的多肽和蛋白质，但在氨基酸序列或翻译后修饰上有已知的差异，可能会影响生物活性或免疫原性，如已被批准的IL-2/125S，它是天然IL-2的125位的半胱氨酸改为丝氨酸；

③ 与人类相关较远或无关的多肽和蛋白质，如具有调节活性但和已知人多肽和蛋白质没有同源性的多肽和蛋白质、双功能融合蛋白、经蛋白工程改造的模拟的活性蛋白。

现今，在基因药物研究已进入快速发展的时代，基因药物的概念也远非仅仅表达某种药用产品的基因工程药物，还包括了基因治疗、反义RNA、基因诊断试剂等。基因工程为现代医药带来了新的内涵和经济效益，也为未来的医疗手段带来新的发展契机和希望。

 知识链接

克隆技术与转基因动植物应用：1972年在英国诞生的克隆羊"多莉"，其基因组全都来自于体细胞而非胚胎，是真正意义上的克隆。该技术为转基因动植物的应用开辟了广阔前景。例如，可以把转基因动物改造成为医用器官移植的供体，取代人体器官的直接移植；还可以把转基因动物开发成为活体培养罐，使动物像工厂一样根据设计的要求，生产出预期的生物产品，目前已有把人血白蛋白的基因转入猪，从猪的乳汁中提取、纯化出人血白蛋白的应用实例；国外已经利用转基因植物表达载体的高效表达，来生产包括人生长激素、细胞因子、单克隆抗体和疫苗等几十种药用蛋白质或多肽；此外还有使用重组植物病毒作载体，成功表达了150多种蛋白、多肽，如在烟草、番茄和马铃薯中表达成功的乙型肝炎表面抗原，与来自病人血清中的天然蛋白质的物理性质非常相似。

四、基因工程制药的研究进展

基因工程技术是数十年来无数科学家辛勤劳动的成果和智慧的结晶。在基因工程发展初期，人们就开始探讨将该技术应用于大规模生产与人类健康密切相关的生物大分子。所以基因工程诞生后最先应用在医药科学领域，并首先在医药领域实现产业化。基因工程药物的发展经历了如下 3 个阶段。

（1）细菌基因工程　这是把目的基因适当改建后导入大肠杆菌等基因工程菌中，通过原核生物来表达目的蛋白。目前上市的基因工程药物绝大多数采用这种方法，但由于工程菌本身是原核生物，使真核目的基因难于表达，即使表达，多数蛋白不具有生物活性，因而限制了该技术的发展。

（2）细胞基因工程　该方法解决了外源基因的表达和修饰，但哺乳动物细胞培养条件复杂，产量低，成本高。用转基因动、植物生产药用蛋白。由于生物反应器所固有的优越性而成为了生产药用蛋白的工厂，是最有发展前景的一种基因工程药物生产技术。用转基因动物生产药物不仅开辟了制药业的新纪元，同时也是转基因动物研究最活跃的领域。

（3）基因组药物的开发　"人类基因组序列图"的完成，使科学家可以直接根据基因组研究成果，经生物信息学分析、高通量基因表达、高通量功能筛选和体内外药效研究等开发得到新药候选物。这将缩短药物研制时间，并降低药物研制费用，从整体上改变制药工业的现状，使药物的开发研究过渡到基因组药物的开发阶段，并将推进基因制药产业的快速发展。基因组药物的开发是一条全新的技术路线，它不同于常规的生物技术药物开发手段，其优势是取自庞大的人类基因资源及其编码的蛋白质作为原材料，只要已知基因序列，就可进行开发研究。

●思考与练习●

1. 基因工程有哪些主要内容？基因工程制药的四个基本技术和四个必要条件指的是什么？

2. 常用的基因工程工具酶有哪些？为什么说限制性内切酶是基因操作的"手术刀"？

3. DNA 修饰酶是一类对 DNA 片段末端进行修饰的酶，能分别完成以下功能：

　磷酸酶可以（　　）；T4 激酶可以（　　）；末端脱氧核苷酸转移酶（　　）。

　A. 将末端 $5'$-P 转换成 $5'$-OH　　　　B. 将磷酸基转移到 $5'$-OH 的末端

　C. 在 $3'$-OH 末端逐个添加 dNTP　　　D. 在 $5'$-P 末端逐个切除 dNTP

4. 载体是具有运载能力的（　　），用于在宿主细胞中克隆和扩增外源片段的载体称为（　　），用于在宿主细胞中获得外源基因表达产物的载体称为（　　）。

5. （　　）不是载体的基本结构。

　A. 复制子　　　　B. 启动子　　　　C. 克隆位点　　　　D. 遗传标记基因

6. 什么是基因工程药物，主要有哪些种类？

第二节　典型基因药物的制备

一、基因工程药物的生产流程

基因工程药物的生产是一项十分复杂的系统工程，其基本过程可分为上游阶段和下游阶段。

　　上游阶段：主要在实验室完成，首先分离筛选目的基因、载体；然后构建载体 DNA 并将其转入受体细胞，大量复制目的基因；选择重组体 DNA 并分析鉴定；导入合适的表达系统，构建工程菌（细胞），研究制定适宜的表达条件使之正确高效表达。

　　下游阶段：指从工程菌的规模化培养到产品的分离纯化和质量控制的过程，是将实验室的成果产业化、商品化，主要包括生产的放大工艺研究、工程菌大规模培养最佳参数的确立、新型适宜生物反应器的研制、高效分离介质及装置的开发、分离纯化工艺的优化控制、高纯度产品的制备技术、生物传感器等一系列仪器仪表的设计和制造、生产过程的计算机优化控制等。

> **课堂互动**
>
> 　　想一想：在基因工程药物制备过程中，基因操作技术与生化分离、天然活性成分提取、发酵、细胞工程等技术之间有什么关联？

　　基因工程制药工艺过程是由系列技术组成，其目标是把目的基因转入另一生物体（或细胞）中，使之在新的遗传背景下实现功能表达，产生出人们所需要的药物，具体步骤流程如下。

　　① 目的基因获得：可以用人工合成，或从生物基因组中经酶切消化后再经 PCR 扩增等方法，分离出带有目的基因的 DNA 片段；

　　② 构建 DNA 重组体：在体外将带有目的基因的外源 DNA 片段连接到能够自我复制并具有选择标记的载体 DNA 分子上，形成完整的新的重组 DNA 分子。

　　③ DNA 重组体引入受体细胞：将 DNA 重组体转入适当的受体细胞（宿主菌），进行自我复制或增殖，形成重组 DNA 的无性繁殖系。

　　④ 筛选、鉴定和分析转化细胞：从大量的细胞繁殖群体中，筛选出获得了重组 DNA 分子的受体细胞（工程菌）克隆；然后培养克隆株系，提取出重组质粒，分离已经得到扩增的目的基因，再分析测定其基因序列。

　　⑤ 构建工程菌：将目的基因导入适宜的载体细胞中，经反复筛选、鉴定和分析测定，最终获得正确稳定表达的基因工程菌（细胞）。

　　⑥ 培养基因工程菌：大量培养获得的基因工程菌，使之在新的遗传背景下实现功能表达，产生出人类所需要的目的基因产物。

　　⑦ 表达产物的提取、分离和纯化。

　　⑧ 产品的检验、包装等。

二、基因工程制药的关键技术

1. 目的基因的获得

　　生物界的基因有无数个，要从这个基因海洋里获得某个特定的基因，是基因工程能否成功的先决条件。目前制取基因工程药物目的基因主要是采用化学合成法、构建基因文库法和酶促合成法。尤其是后一种方法采用得更加普遍。

　　(1) 化学合成目的基因　基因的化学合成就是将核苷酸单体用 3′,5′-磷酸二酯键连接起来。一般是先合成具有特定序列结构的一定长度（上下各重叠 6～10 个碱基）的具有两个单链的寡聚核苷酸片段；再将合成的寡核苷酸片段分别在 5′端加上磷酸基团，退火拼接，用 DNA 连接酶连接，使其按照顺序共价连接起来，得到合成的完整基因；最后再将合成的基因插入适当的载体上，获得克隆的化学合成基因。此方法适用于已知基因的核苷酸顺序，或者已知小分子蛋白质或多肽的编码基因。

　　(2) 构建基因文库法分离目的基因　这是早期普遍使用的分离目的基因的方法，尤其适用于原核生物基因的分离。对于真核生物基因组则可获取真正的天然基因（兼有外显子和内含子）。对于控制基因表达活性的调控基因，或在 mRNA 中不存在的某种特定序列，只能通过构建基因文库从染色体基因组 DNA 中获得。具体步骤如下：

① 从供体细胞或组织中制备高纯度的染色体基因组 DNA；

② 用合适的限制酶将 DNA 切割成许多片段；

③ DNA 片段群体与适当的载体分子在体外重组；

④ 重组载体被引入到受体细胞群体中或被包装成重组噬菌体；

⑤ 通过培养生长繁殖为重组菌落或噬菌斑，即克隆；

⑥ 筛选出含有目的基因 DNA 片段的克隆。

当用该方法制备的克隆数目多到足以把某种生物的全部基因都包含在内时，这一组克隆 DNA 片段的集合体，就称为该生物的基因文库。完整的基因文库应该含有染色体基因组 DNA 的全部序列。人们在分离目的基因时可以从获得的基因文库中筛选，而不必重复地进行全部操作。

（3）酶促合成法制取目的基因　　酶促合成法是以目的基因的 mRNA 为模板，用逆转录酶合成其互补 DNA(cDNA)，再酶促合成双链 cDNA。这是制取真核生物目的基因常用的方法，也是制取多肽和蛋白质类生物药物目的基因时所广泛采用的方法。

2. 目的基因的体外重组

DNA 体外重组是将目的基因（外源 DNA 片段）用 DNA 连接酶在体外连接到合适的载体 DNA 上，这种重新组合的 DNA 称为重组 DNA。

DNA 体外重组技术主要是依赖于限制酶和 DNA 连接酶的作用。选择外源 DNA 同载体分子连接反应的程序，需要考虑如下 3 个方面的因素：

① 实验步骤尽可能简单易行；

② 连接形成的接点序列，应能被某种限制酶重新切割，以便能够接收插入的外源 DNA 片段；

③ 不干扰转录和翻译过程中对密码结构的阅读。

3. 重组载体导入受体细胞

将带有外源目的 DNA 的重组体导入适当的宿主细胞中进行繁殖，可获得大量纯的重组体 DNA 分子，此过程即为基因的扩增。只有将携带目的基因的重组载体 DNA 引入适当的受体（宿主）细胞中，进行增殖并获得预期的表达，才能实现目的基因的克隆。接收了目的基因的受体菌，称为转化子；而使目的基因与自己的基因组整合而获得新性状表达的转化子，称为重组子。

用作基因克隆受体细胞系统主要有细菌细胞、酵母细胞、昆虫细胞、哺乳动物细胞等多种类型。由于受体细胞的结构不同，转入目的基因的方法也不同。向细菌细胞转入重组 DNA 的方法主要有化学转化法、电击转化法等。向真核生物细胞中转移基因的方法主要有两类：一类需借助于载体；另一类是直接转化。

目前，应用最广泛是比较成熟的以微生物为受体细胞的技术。为了提高细胞的转化效率，保证产品的安全性，天然微生物必须经人工改造，才能作为基因工程的受体细胞。现有的重组克隆载体受体主要有大肠杆菌、酵母菌、枯草杆菌等。

4. 重组体的筛选、鉴定和分析

在众多的转化子中，真正含有重组 DNA 分子的比例很少，为了将含有外源 DNA 的宿主细胞分离，需要设计易于筛选重组子宿主的克隆方案并加以验证。

(1) 含目的基因重组体的筛选与鉴定 重组子可从 DNA、RNA 和蛋白质三个不同的水平进行筛选和鉴定。筛选的依据可以是载体、受体细胞和外源基因三者的不同遗传与分子生物学特性。载体的特性包括耐药性、营养缺陷型、显色反应、噬菌斑形成能力等，其方法简便、快速、直接，可以大规模筛选；也可根据基因的大小、核苷酸序列、基因

课堂互动

启动的"人类基因组计划"具有深远的意义。想一想：这个计划的完成对基因工程制药有什么直接影响？

表达产物的分子生物学特性，用酶切图谱分析法、分子杂交法、核苷酸序列分析、免疫反应等来直接分析重组子中的质粒 DNA，这些方法虽然要求条件高，但灵敏度高、结果准确，不仅可以知道目的基因是否整合到载体中，还可以确定目的基因在宿主细胞中是否能正确表达。通常可根据具体情况，在初筛后确定是否还需要进一步细筛，以保证鉴定结果的可靠性。

(2) 重组 DNA 的序列分析 为确定所构建的重组 DNA 的结构，或者对基因的突变进行定位和鉴定，以便进一步改造并提高目的基因的表达水平，还需要对重组 DNA 中的局部区域（如插入片段）进行核苷酸序列的分析。

5. 目的基因在宿主细胞的表达

克隆的目的基因只有通过表达才能获得目的蛋白。这种表达外源基因的宿主细胞称为表达系统。基因表达系统可以分为原核（大肠杆菌、枯草杆菌、链霉菌）表达系统和真核（酵母、昆虫细胞、哺乳动物细胞、植物细胞）表达系统两大类。表达系统的选择取决于蛋白产物类型、性质及其他诸多因素，还应考虑目的产物的浓度和纯度等涉及产量和纯化的下游工艺。

克隆蛋白质药物基因的主要目的是为了高效表达该基因，从而大量地获得常规方法难以生产的药物。基因表达的主要问题是目的基因的表达产量、表达产物的稳定性、产物的生物学活性和产物的分离纯化。建立最佳的基因表达系统，是基因表达设计的关键。

(1) 原核细胞表达系统 大肠杆菌表达系统是目前最受青睐和应用最多的一种原核表达系统。1978 年人胰岛素基因首次在大肠杆菌中得到表达，并于 1982 年最先进行产业化生产。此后，生长激素、人干扰素等生物药物基因相继在其中得到高效表达。大肠杆菌培养方便、操作简单、成本低廉、遗传背景清晰，基因表达调控的分子机理比较清楚，易于大规模培养，有多种适用的寄主菌株和载体系列。

① 大肠杆菌表达外源基因的操作 将目的基因插入适当的大肠杆菌质粒表达载体后，经过转化，获得的转化子可直接用于蛋白质表达。影响外源基因表达效率的因素很多，如外源基因的来源和性质、受体细胞的生理状态和培养条件等。在各种影响因素中，表达载体的特性对表达的影响最为关键。一个高效表达体系是由目的基因、表达载体及其与宿主菌株的完美配合来实现的。

② 外源目的基因在原核细胞中的表达形式 真核生物的目的蛋白在原核细胞中主要是形成包含体、融合蛋白、寡聚型外源蛋白、整合型外源蛋白、分泌型外源蛋白五种形式，其表达产物可能存在于细胞质、细胞周质和细胞外的培养基中。

③ 高效表达外源基因的基本策略 在构建基因工程菌中，有时会发生遗传不稳定现象，主要表现为重组质粒的不稳定性。这种不稳定性主要表现为重组 DNA 分子结构和重组 DNA 分子在受体细胞中分配两个方面。因此在大肠杆菌中高效表达外源基因时，通常采用以下基本策略来解决或减弱这个问题：优化表达载体的构建，提高稀有密码子的表达频率，构建目的基因高效表达受体菌，提高外源基因表达产物的稳定性，以及优化工程菌的发酵过程。

（2）真核细胞表达系统　真核细胞表达系统可以分为两类：一类是病毒载体表达系统；另一类是转染 DNA 的表达系统。通常，克隆的目的基因必须插入适当的表达载体并在细菌中复制扩增后，才转染真核细胞，建立真核细胞表达系统。常用的真核细胞表达系统主要有酵母菌、昆虫细胞和哺乳动物细胞。

① 酵母菌　酵母菌是最成熟的真核生物表达系统。酵母菌的基因组小，遗传背景清晰；表达调控机理清楚，基因操作相对简单；具有真核蛋白翻译后加工系统；不含特异性的病毒、不产生内毒素，是安全的基因工程受体系统；繁殖迅速，大规模发酵的技术成熟、工艺简单、成本低廉；能将外源基因表达产物分泌至细胞外，易于分离纯化。现已有许多真核基因在酵母中获得成功表达，如干扰素、乙肝表面抗原、人表皮生长因子、胰岛素基因等。其中以酿酒酵母和巴斯德毕赤酵母的应用最多。

② 昆虫细胞　昆虫细胞表达系统包括经典的杆状病毒表达系统和新发展的稳定表达系统，这两种系统都可以高效表达目的蛋白，常用的是 sf-9 和 sf-21 两种昆虫细胞株。昆虫细胞可以完成目的蛋白翻译后的修饰加工，再结合病毒的快速繁殖特性，使得这种表达系统较原核表达系统更有优势。重组杆状病毒既可感染培养的昆虫细胞，又可感染昆虫的幼虫，而且宿主范围狭窄，比哺乳动物细胞表达系统更安全、有效。

③ 哺乳动物细胞　哺乳动物细胞是高等真核生物细胞，其结构、功能和基因表达调控更加复杂。在表达高等真核基因、获得具有生物学功能的蛋白质或具有特异性催化功能的酶等方面，这一表达系统比其他系统具有更大的优越性，这是由哺乳动物细胞表达系统的特点所决定：能正确识别真核蛋白的合成、加工和分泌信号，产生天然状态的或者加工修饰表达的蛋白质；能正确组装成多亚基蛋白，所表达的蛋白在结构、糖基化类型和方式上与天然蛋白几乎相同；能表达有功能的膜蛋白，如细胞表面的受体或细胞外的激素和酶；能以悬浮培养、固定化培养等形式进行增殖，在无血清的培养基中实现高密度大规模的培养生产。目前，应用较广的是中国仓鼠卵巢（CHO）细胞表达系统，被认为是安全的基因工程受体细胞（GRAS）。

另一方面，与大肠杆菌相比，哺乳动物细胞的表达水平仍然比较低、获得高表达细胞株所需的时间较长、细胞大规模培养的成本较高，导致哺乳动物细胞生产的蛋白质类药物的成本居高不下。获得高效表达的哺乳动物细胞株，是当前基因工程药物研究和生产的瓶颈之一。提高哺乳动物基因在现有细胞系中表达效率的策略主要有：选择内源性强启动子来提高外源基因的表达效率；构建自主复制型载体以提高外源基因的表达量；将外源基因与选择标记基因的表达相结合以增强特定条件下的表达效率；或者根据表达载体和外源蛋白的特性来改造宿主细胞的特性；采用增强细胞生长的营养、加入抗氧化剂延缓细胞凋亡、导入抗细胞凋亡基因到宿主细胞中等办法来抑制细胞凋亡、延长细胞周期等。

6. 基因工程菌的发酵培养与药物生产

表达外源目的基因的基因工程菌/细胞（重组子）可以用微生物发酵或者动植物细胞培养等方法来大规模培养，生产所需的目的产物。然而，由于重组子表达产物中含有外源基因表达的蛋白，这是原宿主细胞所没有的、相对独立于细胞正常生长所需的表达产物，导致其培养和发酵的工艺也有所区别。重组子发酵培养的目的是希望其外源基因能够高水平表达，以获得大量的外源基因产物，因此，培养设备和工艺条件等均以满足此目的为原则。

外源基因的高效表达，涉及宿主、载体和克隆基因三者之间的相互关系，且与环境条件密切相关。因此，必须对影响外源基因表达的因素进行仔细的研究、分析和优化，例如，不同宿主细胞、培养基、诱导时期、诱导时间、温度、初始 pH 以及无机离子等发酵条件对目的产物表达的影响，以及重组质粒在宿主菌中的稳定性等，探索适合于外源基因高效表达的一套培养和发酵工艺技术，为大规模的生产奠定基础。

三、基因工程药物生产实例

1. 重组人胰岛素

（1）重组人胰岛素的临床应用　胰岛素是胰腺 B 细胞合成的一种多肽激素，有着广泛的生理功能，能促进糖原合成和糖酵解，产生 ATP，降低血糖含量，保持能量供应。胰岛素缺乏时，导致人消瘦、高血糖和丙酮酸中毒。Ⅰ型糖尿病就是因缺乏胰岛素而引起的。胰岛素可应用于糖尿病的治疗。

在 1982 年以前，人们使用的全部是动物来源的胰岛素，即从猪、牛等动物胰脏中提取。这种胰岛素同人胰岛素存在氨基酸的差别，对人体来讲是异体蛋白，患者服用后常常产生副反应。

猪和人胰岛素在结构、组成上非常接近，仅仅是 B 链的第 30 位氨基酸不同。人们曾使用酶法将猪胰岛素转化为人胰岛素。然而，从一头猪的胰腺纯化得到的纯胰岛素的量仅能供一位糖尿病患者使用 3 天，大规模的生产则需要大量的动物胰腺组织。显然，这种方法难以满足糖尿病患者逐年增多的市场需求。1982 年，通过重组 DNA 技术生产的重组人胰岛素在美国、德国、英国和荷兰获得许可，首次应用于临床，这也是第一个准许用于人体治疗的基因工程药物。研究表明，重组人胰岛素在结构与功能上与天然人胰岛素完全相同，在控制血糖水平方面也同样有效，而且这种产品消除了动物胰岛组织中因存在病原体而导致其他疾病感染的危险，能充分供应且经济适用，现已取代了猪或牛胰岛素，临床上主要治疗Ⅰ型糖尿病（胰岛素依赖型糖尿病）。

 知识链接 ●

胰岛素结构：人胰岛素的一级结构（图 7-2）是由两条以二硫键相连的肽链组成，A 链有 11 种 21 个氨基酸，B 链有 15 种 30 个氨基酸，两链间通过四个半胱氨酸（Cys）形成两个二硫键而相互连接，位置分别是 A7 和 B7、A20 和 B19。此外，A 链中 A6 与 A11 也存在一个链内二硫键。6 个胰岛素单体分子可形成六聚结晶体。胰岛素分子中的半胱氨酸对维持其四级结构极其重要。在 A、B 链之间，有 31 个氨基酸可以在 B 细胞的高尔基体内被切下来，称为 C 肽。

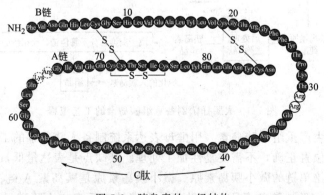

图 7-2　胰岛素的一级结构

（2）重组人胰岛素的生产工艺　重组人胰岛素的生产应用两种宿主表达系统，即大肠杆菌和酵母表达系统。国内外几种重组人胰岛素的分离纯化技术不尽相同，但都拥有共同的技术路线。

① 粗制提取　包括吸附、超滤和包含体的洗涤。

② 色谱分离　一般先用离子交换色谱，而后用分子筛作用色谱，最后用反相色谱处理。

③ 重结晶　去除色谱分离时加入的有机溶剂残留物及其他杂质，但不作为去除杂蛋白的手段。

（3）大肠杆菌系统生产重组人胰岛素　一般来讲，大肠杆菌系统的表达效率比较高，表达量常常可以达到大肠杆菌总蛋白量的 $20\%\sim30\%$。其缺点在于，表达出的胰岛素没有生物活性，需要比较复杂的后处理过程。根据所用基因不同，用大肠杆菌生产人胰岛素有如下两种途径。

其一，用化学方法分别合成 A 链和 B 链编码的 DNA 片段，将其分别与 β-半乳糖苷酶基因连接形成融合基因；再转化大肠杆菌进行表达；经过发酵，分别从中获得 A 链和 B 链的融合蛋白；用溴化氰（CNBr）处理此融合蛋白，切除 Met-肽键，使 A 链和 B 链与半乳糖苷酶分开，释放出来；再经过化学氧化作用，促进链间二硫键的形成，使两条链连接起来，折叠得到有活性的重组人胰岛素。该路线步骤多，收率低，成本高，活性受到限制。

其二，这是仿照胰岛素天然合成的过程，先生产胰岛素原，然后再酶解形成具有活性的重组人胰岛素。首先分离纯化胰岛素原 mRNA，通过反转录得到胰岛素原的基因后，在其 $5'$端加上甲硫氨酸密码子（ATG），与 β-半乳糖苷酶编码基因连接为重组质粒；再转化大肠杆菌进行表达；经高密度发酵获得胰岛素原融合蛋白，用 CNBr 裂解、体外酶切去掉保护多肽，得到胰岛素原；再将其转变成稳定的 S-磺酸盐，经分离纯化后得到 S-磺酸型人胰岛素原；经变性复性和二硫键配对，折叠成天然构象的人胰岛素原；再经后处理去除 C 肽，得到结晶人胰岛素。这种方法仅需要一次发酵与纯化，便可得到活性胰岛素原，工艺流程简便，是目前的主要技术路线。

大肠杆菌制备重组胰岛素的工艺流程见图 7-3。

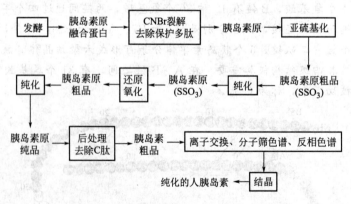

图 7-3　大肠杆菌制备重组胰岛素的工艺流程

（4）酵母系统生产重组人胰岛素　用酵母表达系统制备人胰岛素的工艺优点是，表达产物二硫键的结构与位置正确，不需要复性加工处理。其缺点是表达量低，发酵时间长。

酵母菌可以分泌单链的微小胰岛素原。微小胰岛素原是胰岛素 A 链、B 链的融合蛋白，连接 A 链、B 链的多肽比胰岛素原的 C 肽短。发酵结束后离心去除酵母细胞，培养液经超滤澄清并浓缩，以离子交换柱吸附和沉淀去除大分子杂质，得到纯化的微小胰岛素原；再用胰蛋白酶和羧肽酶处理，得到胰岛素粗品；通过离子交换色谱、分子筛色谱、两次反相色谱去除连接肽和有关降解杂质，重结晶后得到纯度 97％以上的终产品（图 7-4）。

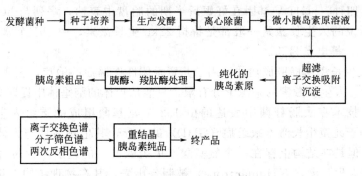

图 7-4　酵母菌制备重组胰岛素的工艺流程

酵母培养基中含有必要的维生素、无机盐、纯的单糖或二糖（如葡萄糖和蔗糖）作为碳源和能源，最适发酵条件在 pH5，温度 32℃左右。在发酵过程中要防止酵母的呼吸抑制作用发生，因此发酵中要分批加入碳源，并实时测定溶解氧和尾气中的 CO_2 量。

（5）重组人胰岛素质量控制　胰岛素在临床上可以在毫克（mg）级的剂量上长期重复使用，因此必须考虑在生产过程中未除尽异种蛋白质和自身降解产物潜在的危害性。通常，是用反相 HPLC 方法分析胰岛素供试品和对照品，用 RP-HPLC 测定效价，用苯酚或间甲酚作为防腐剂（故制剂中应对其进行限量检查）；此外，脱苏氨酸胰岛素是胰岛素生产中易产生的降解产物，也属于杂质限定范畴。

 能力拓展

胰岛素与 C 肽：胰岛素在胰腺 B 细胞中合成。胰岛素合成的控制基因在第 11 对染色体的短臂上。染色体的胰岛素基因通过 mRNA 转录，翻译成氨基酸相连的长肽——前胰岛素原，前胰岛素原再经过蛋白水解作用除其前肽，生成由 86 个氨基酸组成的胰岛素原。胰岛素原在高尔基体中经蛋白酶水解，去除 C 肽后生成胰岛素，分泌到 B 细胞外，进入血液循环中。

胰岛素是从胰岛素原分解而来的。每生成一个胰岛素分子，就同时放出一个分子的 C 肽。所以，C 肽与胰岛素是等分子释放的，测定 C 肽的量就可以得知胰岛素的量。C肽分子比胰岛素稳定，在体内保存的时间较长，这对测定胰岛功能来说较为有利。因为体内的 C 肽不受是否注射胰岛素的影响，能反映人体自身胰岛素分泌的能力，有助于糖尿病的临床分型、胰岛细胞瘤的诊断及判断胰岛素瘤手术效果，判定患者的胰岛 β 细胞功能，鉴别低血糖的原因等。

2. 重组人生长激素

（1）重组人生长激素的临床应用　生长激素（GH）是动物脑垂体前叶外侧的特异分泌细胞分泌的一种促进生长的蛋白质激素，具有种属特异性。人生长激素（hGH）为一链多肽的球形蛋白质，在血中的半衰期为 17～45min，正常人分泌率为 400μg/天。人生长激素受生长素释放激素的正调控和生长素释放抑制激素的负调控，无论在白天或夜晚皆呈脉冲式释放，间隔为 3～4h。一般在饥饿或低血糖时，生长激素的分泌量增高。

人类的基因组中含有两个生长激素基因 hGH-N 和 hGH-V。表达基因不同，转录后的 mRNA 也不一样，蛋白翻译的后加工、蛋白质间的作用方式也各不相同，这些导致了人生长激素的多样性和不均一性。hGH-N 主要在垂体中表达，编码产物包括 22ku、20ku、17ku 和 5ku 生长激素四种；hGH-V 基因在妊娠后半期的胎盘中表达，序列与 hGH-N 的编码产物不同。通常所说的人生长激素一般都是特指 22ku 生长激素，由 191 个氨基酸残基组成，分子质量 22124u，等电点为 5.2。

1958 年，人生长激素提取成功并试用于儿童垂体性侏儒症的治疗，至 1975 年被确认临床有效。但那时，人生长激素的来源十分有限，只能从尸体的脑垂体中提取分离纯化。1985 年，用基因工程技术在大肠杆菌中表达的由 192 个氨基酸组成的重组人生长激素（Protropin），成功用于儿童生长激素缺乏症（GHD）的治疗，其生物活性与人体分泌的人生长激素完全一样，但是在结构上存在一个氨基酸（甲硫氨酸）的差别。1986 年，由 191 个氨基酸组成的重组人生长激素（Humantrope）被制备出来，其在物理结构、化学和生物活性方面都与人脑垂体分泌的人生长激素完全一致。

目前重组人生长激素已经在许多国家广泛使用，适应证主要有：

① 治疗侏儒症及儿童生长激素缺乏症，在骨骼未闭合之前使用生长激素，可以刺激骨骼端软骨细胞分化、增殖，刺激软骨基质生长，从而使身体长高；

② 调节心肾功能，治疗因慢性肾功能不全导致的生长迟缓；

③ 治疗成人生长素缺乏症；

④ 有助于手术后的伤口愈合，临床上用于治疗烧伤、溃疡及大手术后伤口的治疗；

⑤ 用于延缓衰老，改善运动能力，可能提高机体的免疫力。

（2）重组人生长激素的生产工艺 目前，90％以上的生长激素都采用分泌型表达技术。即通过基因重组，在生长激素的 N 端增加分泌信号肽序列，构建出高效分泌型重组大肠杆菌，其分泌表达的重组生长激素与天然生长激素的结构完全一致，且可以直接分泌于菌体之外的培养液中，避免了重折叠，收率高，受菌体蛋白污染少，纯度高，更加安全。大肠杆菌表达重组人生长激素生产的工艺流程（图 7-5）如下。

菌种 →　种子培养　→　生产发酵　→　离心　→　粗提　→　色谱分离　→ 生长激素

图 7-5 大肠杆菌表达重组人生长激素生产的工艺流程

① 重组人生长激素的发酵工艺 将基因工程大肠杆菌的菌种接入种子培养，过夜培养后转入发酵，发酵时间一般为 37℃、pH7.0～7.5、DO 值≥20％条件下培养 16～18h，培养过程中需要添加葡萄糖及微量元素。也有的用哺乳动物细胞培养生产重组人生长激素。

② 重组人生长激素分离工艺 将发酵菌体进行冻融破碎处理后，按一定比例，加入 4℃ 的由 10mmoL/L Tris 和 1mmoL/L EDTA 组成的缓冲溶液（pH7.5）中，80r/min 下搅拌 1h，离心收集上清液；在上清液中加入硫酸铵至 45％ 的饱和浓度，4℃ 放置 2h，10000r/min 离心 30min，收集沉淀；将沉淀用 10mmol/L Tris 和 1mmol/L EDTA 组成的缓冲溶液（pH8.0）溶解，用 Sephadex G25 脱盐。

③ 重组人生长激素纯化工艺 采用 DEAE-Sepharose、Phenyl-Sepharose 进行色谱分离，然后再加入固体硫酸铵，使硫酸铵达到 45％ 的饱和浓度，沉淀 2h，离心弃上清液；将收集的沉淀溶解后，再用 Sephacryl S-11HR 及 DEAE-Sepharose 进行纯化，得到的半成品可以在 20℃ 下长期存放。

(3) 重组人生长激素制剂质量控制 重组人生长激素制品为冻干制剂，含重组人生长激素应为标示量的 90.0%～110.0%。符合《中华人民共和国药典》2010 年版规定。

3. 重组干扰素

(1) 重组干扰素的临床应用 干扰素（IFN）是由多种细胞产生的一组蛋白质类细胞因子，具有广泛的抗病毒、抗肿瘤和免疫调节活性，是人体防御系统的重要组成部分。根据其来源、分子结构和抗原性的差异，干扰素可分为 α、β、γ、ω 4 个类型。α 型干扰素又依其结构的不同分为 α1b、α2a、α2b 等亚型，其区别表现在个别氨基酸的差异上。IFN 通过与特殊的细胞表面受体结合而发挥生物学活性。IFN 能诱导特异性蛋白质产生，如蛋白激酶和 $2'，5'$-寡聚腺苷酸合成酶，这两种酶能被双链 RNA 激活，发生自磷酸化作用，这是 IFN 抑制细胞生长和病毒复制的主要分子机制。IFN 还能增强巨噬细胞的吞噬活性和淋巴细胞对靶细胞的特殊细胞毒性，由此起到免疫调节作用。不过，IFN 的生物学作用很复杂，对这些作用的机制至今尚不完全清楚。目前，已经被正式批准用于临床的有重组人 IFN-α1b、IFN-α2a、IFN-α2b、IFN-β 和 IFN-γ。以 rhIFN-α2b 为例，介绍其生产工艺。

IFN-α2b 是由 165 个氨基酸组成的单肽链蛋白质，含四个 Cys 残基，形成两个二硫键。分子中无糖基化位点，等电点在 5～6，在 pH2.5 的溶液中稳定，对热亦稳定，对各种蛋白酶敏感；比活为 $2\times10^3\,\mathrm{IU/mg}$。IFN-α2b 来自于正常细胞系，应用前景较广。

(2) 重组 IFN-α2b 的生产工艺 用基因操作构建阳性质粒 pGAPZαA，通过大肠杆菌获得大量载体，然后转化酵母 SMED116，获得阳性酵母菌落，经筛选获得高表达工程菌，在 pH 4.0～5.0、300r/min、30℃ 培养至 OD_{600} 6～8 时，获得最大量的 rhIFN-α2b，上清液依次通过阴离子和阳离子交换及冻干等步骤，获得纯品。

 能力拓展

hIFN-α2b 的制备

① 制备基因 根据 hIFN-α2b 一级结构和 pGAPZαA 的组成设计引物，通过 PCR 进行扩增。

② 构建重组质粒 用 *Xho* I/*Xba* I 分别酶切 huIFN-α2b/T-Vector 和 pGAPZαA，回收目标片段后按常规方法构建成分泌型酵母表达重组质粒。

③ 转化酵母 以 *Avr* II 酶切载体呈线性化并转化酵母 *P. pastoris* SMD II68 和 GS II5（作为对照），经 YPD＋Zeocin 100mg/L 平板筛选和 PCR 鉴定分析，确定阳性菌株。

④ 分析发酵及表达产物的 SDS-PAGE 构建干扰素酵母工程菌后，-80℃ 保存菌种；发酵前接种平板使菌种活化；挑取单菌落于液体 YPD＋Zeoein 100mg/L 培养基中，300r/min、30℃ 培养至 OD_{600} 为 1.5，取 1mL 稀释至 100mL 同样的培养基中，振荡培养至 OD_{600} 6～8，7000r/min、4℃ 离心 15min，取上清液，经硫酸铵盐析浓缩、透析，用无菌水 5mL 溶解后以 12.5% 的分离胶做 SDS-PAGE 分析。

⑤ 纯化样品 将工程菌株接种于 YPD＋Zeocin 100mg/L 培养基中，发酵 72h，离心收集上清液，以醋酸调节 pH4.0～5.0，用 CM-Sepharose 柱色谱收集 0.4mol/L NaCl 洗脱峰，加硫酸铵至 30%，离心取上清液，再以 Phenyl-Sepharose 柱色谱收集 0.1mol/L NaCl 洗脱峰，经 Sephacul S-200 柱色谱，获得纯度大于 99% 的 rhIFN-α2b 原液，冷冻干燥得 rhIFN-α2b 纯品。

·····●　**思考与练习**　●··

　　1. 基因工程制药的基本步骤有哪些？请简述。

　　2. 如何才能获得所需要的目的基因？什么是基因组文库？

　　3. 如何使获得的目的基因表达出来？什么是转化子和重组子？

　　4. 什么是表达系统？常用的表达系统有哪些？请简述。

　　5. 简述重组人生长激素的分离工艺：先将分离得到的发酵菌体进行（　　　）破碎处理→加入 4℃的由 Tris 和（　　　）组成的缓冲液，低速下搅拌混匀→离心收集（　　　）后，再加入（　　　）至 45％的饱和浓度后，于 4℃静置→高速（10000r/min）离心，收集（　　　）后，用前述的缓冲溶液（pH 8.0）充分混匀、溶解，用（　　　）脱盐。

第三节　分子诊断试剂

一、分子诊断试剂的概念

　　所谓分子诊断试剂，是指检测与疾病相关的各种结构蛋白质、酶、抗原、抗体和各种免疫活性分子，以及编码这些分子的基因的试剂产品，属于诊断试剂。

　　分子诊断试剂是一种学术上的统称，在药品监督管理的范畴里并无这种提法。在药品监管中，诊断试剂分为体内诊断试剂和体外诊断试剂两大类，除结核菌素、布氏菌素、锡克毒素等皮内用的体内诊断试剂外，大部分为体外诊断试剂。体外诊断试剂实行分类管理，即体外生物诊断试剂按药品进行管理，体外化学及生化诊断试剂等其他类别的诊断试剂按医疗器械进行管理，体内诊断试剂则一律按药品管理。也就是说，体外生物诊断试剂属于药品，主要包括：血型、组织配型类试剂，微生物抗原、抗体及核酸检测类试剂，肿瘤标志物类试剂，免疫组化与人体组织细胞类试剂，人类基因检测类试剂，生物芯片类，变态反应诊断类试剂。

　　以上分类的方法是依据诊断的对象。而行业内广泛使用的分子诊断试剂，是指基于分子诊断学的原理工作的一类试剂。如前所述的免疫诊断试剂也属于体外诊断试剂，有些用于生化检测，有些用于生物监测。同样，分子诊断试剂也基本上涵盖了以上各种类别，其工作原理均是基于分子生物学的实验操作技术。

　　早期的细胞学检查、20 世纪 50 年代发展的生化指标分析、60 年代兴起的免疫学诊断和70 年代末诞生的分子诊断，分别被称为第一代、第二代、第三代和第四代诊断技术。前三代诊断技术的共同点都是以疾病的表型改变，如细胞形态结构变化、生化代谢产物异常、特定蛋白质分子识别差异等为依据，通过病理学、化学或细胞学的方法来判断疾病，属于描述性诊断。然而，表型的改变常常在病程的中晚期才出现，而且受多种因素的影响，在很多情况下并不特异，因此这些诊断方法不能满足临床对疾病早期诊断、早期治疗的需求。

　　随着分子生物学研究的不断深入，人们越来越认识到人类的大多数疾病的病因在于基因。分子诊断的研究范围也已从早期对单基因遗传病检测扩大到感染性疾病、多基因遗传病、疾病基因的易感性和耐药性检测等多个领域。

　　分子诊断主要以疾病基因为探查对象，属于病因学诊断，对基因的检测结果不仅具有描述性，更

课堂互动

　　想一想：在抗击非典、禽流感等突发的传染性疾病时，是哪一类基因工程药物最先研制并发挥作用的？

上升到了预测性。分子诊断不仅可对有表型改变出现的疾病作出准确诊断，还可以对疾病基因型的变异作出诊断。所以被广泛应用于产前早期诊断遗传性疾病，检出感染疾病潜伏期的病原微生物，以及预测和早期发现某些恶性肿瘤。

分子诊断试剂又称为基因诊断试剂，主要有临床已经使用的核酸扩增技术（PCR）产品和当前国内外正在大力研究开发的基因芯片产品。PCR 产品具有灵敏度高、特异性强、诊断窗口期短的特点，可进行定性、定量检测，曾广泛用于肝炎、性病、肺感染性疾病、优生优育、遗传病基因、肿瘤等的检测。目前有相当数量的杂交半定量和定量试剂盒产品上市。基因芯片是分子生物学、微电子、计算机等多学科结合的结晶，综合了多种现代高精尖技术，被专家誉为诊断行业的终极产品，但成本高、开发难度大，目前产品种类很少，只用于科研和药物筛选等用途。

二、分子诊断试剂的技术基础

分子诊断试剂的技术基础是分子诊断学，而分子诊断学是以分子生物学为基础，利用分子生物学的技术和方法来研究人体内源性或外源性生物大分子和大分子体系的存在、结构与表达的变化，为疾病的预防、预测、诊断和治疗提供信息和决策依据。具体来说，可以判断疾病基因的易感性、基因结构异常或基因表达异常。检测基因的存在和基因结构的异常主要是通过测定 DNA/RNA 来实现；而检测基因表达的异常，则是在转录水平上检测 mRNA 表达的质和量的变化，通过在翻译水平上检测蛋白质的表达状况来反映核酸的表达水平。

1. 分子诊断技术的发展

分子诊断技术的发展，与分子生物学的发展相伴随。1978 年，应用液相 DNA 分子杂交进行镰状细胞贫血的基因诊断获得了成功，主要是利用 DNA 分子杂交的方法来进行遗传病的基因诊断，所能检测的遗传疾病种类也较少，属于分子诊断技术发展的第一阶段。

1985 年，PCR 技术被创建，只需要简单的操作，就可以在普通实验室条件下大量扩增靶 DNA 序列，突破了在以往研究中不易获得丰富靶 DNA 的瓶颈，很快便被应用于分子诊断领域，分子诊断技术进入第二阶段。PCR 技术具有操作简便、快捷、适用性强的特点，同样，这也是基于 PCR 技术的分子诊断试剂的特点。以 PCR 技术为基础，还衍生出了许多分子诊断方法，其中比较成熟的方法有：限制性核酸内切酶片段长度多态性分析（RFLP），是检测与特定酶加位点相关突变的简便方法；等位基因特异性 PCR（AS-PCR），针对等位基因设计引物，根据 PCR 产物的有无可以鉴定基因型；PCR 单链构型多态性技术（PCR-SSCP），可以揭示 PCR 产物序列内的多态性等。随着定量 PCR 技术的出现，实时 PCR（real-timePCR）成为一种新型的可作定量分析的 PCR 技术。目前在分子诊断方面，主要应用于对细胞中 DNA 和 RNA 的定量测定，不仅可以检测宿主存在的多种 DNA 和 RNA 病原体的载量，还可检测多基因遗传病细胞中 mRNA 的表达量。

 知识链接

　　人类基因组计划最早由美国科学家提出，于 1990 年启动，包括我国在内的多个国家共同参与完成，其目的是破译人类的遗传密码，完成人体内 6 万至 10 万个基因、约 30 亿对碱基的排序。

　　人类基因组计划的目的不只是为了读出全部的 DNA 序列，更重要的是读懂每个基因的功能，每个基因与某种疾病之间的关系，对生命进行系统的科学解码，从根本上了解认识生命的起源，种间和个体间的差异原因，疾病产生的机制，以及长寿、衰老等人类最基本的生命现象，这将极大地推动生物技术在制药、食品、化妆品、农业、能源、环境和计算机等行业的发展，转化为巨大的生产力，给人类的生活带来极其深远的影响。

生物芯片（biochip）技术为代表的高通量密集型技术的出现，标着着分子诊断方法进入第三阶段。根据芯片上固定的探针不同，生物芯片可分为基因芯片、蛋白质芯片和组织芯片等。传统的核酸印迹杂交，如 Southern 印迹和 Northern 印迹等方法存在技术复杂、自动化程度低、检测目的分子数量少、低通量等不足。生物芯片技术可以将极其大量的探针同时固定于支持物上，能一次对大量的生物分子进行检测分析；而且通过设计不同的探针阵列、使用特定的分析方法，可以使该技术具有多种不同的应用价值，如基因表达谱测定、突变检测、多态性分析、基因组文库作图及杂交测序等。生物芯片技术是 20 世纪 90 年代中期以来影响最深远的重大科技进展之一，它在工作原理和样品结果处理过程方面突破了传统的检测方法，具有样品处理能力强、用途广泛、自动化程度高等特点，具有广阔的应用前景和商业价值，现已成为整个分子生物学技术领域的一大热点。

1994 年以来，随着二维凝胶电泳等蛋白质分离纯化技术的不断完善，生物质谱技术及生物信息学的发展，出现了研究蛋白质组的一个新领域——蛋白质组学，并很快成为寻找新的诊断标志物和新的药物靶标的强有力工具，大大促进了分子诊断技术和分子诊断试剂产品的发展。

基因的重组与克隆、基因表达与调控、转化子的克隆与培养、蛋白质的分离与纯化等诸多技术已在前面有所叙述。这里，主要介绍 PCR 与分子杂交等分子诊断试剂的基本技术。

2. 聚合酶链反应

（1）PCR 反应过程　聚合酶链反应（PCR）是一种用于放大特定的 DNA 片段的分子生物学技术，可看作生物体外的特殊 DNA 复制。这种复制是基于 DNA 的半保留复制机制，并成功运用了耐热 DNA 聚合酶。

DNA 的半保留复制是生物进化和传代的重要途径。双链 DNA 在多种酶的作用下可以变性解链成单链，然后在 DNA 聚合酶的参与下，根据碱基互补配对原则复制成同样的两分子拷贝。

在实验中发现，DNA 在高温时也可以发生变性解链，当温度降低后又可以复性成为双链。因此，通过温度的变化，就可以控制 DNA 的变性和复性，只需加入设计引物、DNA 聚合酶、dNTP，就可以完成特定基因的体外复制。

耐热 DNA 聚合酶——*Taq* 酶对于 PCR 的应用有里程碑的意义，该酶可以耐受 90℃ 以上的高温而不失活，不需要每个循环都加酶，这使 PCR 技术变得非常简捷，同时也大大降低了成本，使 PCR 技术得以大量应用，并逐步应用于临床。PCR 的过程由变性—退火—延伸三个基本反应步骤构成。

① 模板 DNA 的变性　模板 DNA 经加热至 93℃ 左右一定时间后，模板 DNA 双链解离成为单链，与引物结合。

② 模板 DNA 与引物的退火（复性）　在 55℃ 左右，引物与模板 DNA 单链的互补序列配对结合。

③ 引物的延伸　DNA 模板——引物结合物在 *Taq* DNA 聚合酶的作用下，以 dNTP 为反应原料，靶序列为模板，按碱基互补配对与半保留复制原理，合成一条新的与模板 DNA 链互补的半保留复制链。

重复"变性—退火—延伸"的循环过程，就可获得更多复制链，新链又可成为下次循环的模板。每完成一个循环需 2～4min，2～3h 就能将目的基因的量扩增放大几百万倍。

最初的 PCR 是类似基因修复复制。而现今，PCR 技术发展迅猛，在生物科研和临床应用中得以广泛应用，已经成为生物学研究的最重要技术。

（2）PCR 反应体系　　PCR 反应需要有以下要素：引物（PCR 引物为 DNA 片段，细胞内 DNA 复制的引物为一段 RNA 链）、酶、dNTP、模板和缓冲液（其中需要 Mg^{2+}）。

PCR 反应中有两条引物，即 5′端引物和 3′端引物。引物长度一般为 15～30bp（碱基对），且 G＋C 含量在 40％～60％；此外，还要求引物内部和两引物之间没有互补序列等。业内有关于引物设计的专用软件，如 Primer Premier 5.0、vOligo6 等。

PCR 所用的酶主要有两种：*Taq* 和 *Pfu*。*Taq* 扩增效率高但易发生错配；*Pfu* 扩增效率弱但有纠错功能。

模板就是扩增用的 DNA，可以是任何来源，但必须有较高的纯度，且浓度不能太高，以免产生抑制复制的现象。模板的取材可以是病毒、细菌、真菌等；也可以是细胞、血液、羊水细胞等；以及血斑、精斑、毛发等。

缓冲液包括四个有效成分：缓冲剂，一般使用 HEPES 或 MOPS 缓冲体系；一价阳离子，多用钾离子，但也有使用铵离子；二价阳离子，即镁离子，根据反应体系确定，一般不需调整；辅助成分，常见的有 DMSO、甘油等。

标准的 PCR 反应体系见表 7-2。

表 7-2　标准的 PCR 反应体系

项　　目	指　　标	项　　目	指　　标
10×扩增缓冲液	$10\mu L$	*Taq* DNA 聚合酶	$2.5\mu L$
4 种 dNTP 混合物	$200\mu L$	Mg^{2+}	1.5mmol/L
引物	$10～100\mu L$	加双蒸水或三蒸水	$100\mu L$
模板 DNA	$0.1～2\mu g$		

（3）PCR 的应用　　PCR 在遗传性疾病的诊断、临床标本中病原体检查、法医学标本的遗传学鉴定（来源于毛发或单个精细胞的 DNA）、分析被激活的疼痛基因的突变情况都有应用。这些应用都基于从 PCR 基本技术中扩展的一系列研究方法。这些方法已经作为各种分子克隆技术和 DNA 分析的基本技术，并形成试剂盒产品。目前的主要用途如下。

① 用微卫星确定染色体的基因丢失　　所谓微卫星，是指广泛分布于不同染色体上的一些简单重复序列，通常由 2～4 个核苷酸反复重复排列组成。每个个体同一等位基因上这种序列重复的次数不同，故序列的长度不同，呈多态性。迄今已发现 6000 余个微卫星序列。现在，人们已经将微卫星序列作为基因图谱的标志，许多遗传疾病的基因被克隆或定位。

例如，在获得遗传性疾病的家系后，获取不同家族成员（包括正常人和患者）的血样品，提取 DNA，以位于不同染色体位点的微卫星结构作为标志物，分析每个成员在不同位点的状态；然后比较同一位点上不同成员的状态，如果发现在同一位点上家族中患者总是共有同样的等位基因，则意味着该处可能存在致病基因，这种方法称为连锁分析法。图 7-6 描述了用 PCR 技术诊断艾滋病（HIV）的过程。现在，已经有现成的克隆基因的试剂盒（即分子诊断试剂产品），内含 23 对染色体上各 10～20 个微卫星位点的荧光标记引物，检测基因组 200～400 个基因定位点，如果发现哪些基因与患者表型连锁，就可以进一步做细致的定位克隆。

微卫星作为多态性标记，因其在染色体的明确定位，被广泛用于克隆新的遗传病相关基因和抑癌基因、预测发病趋势、评价治疗效果和估计预后，为基因在染色体细致定位提供了

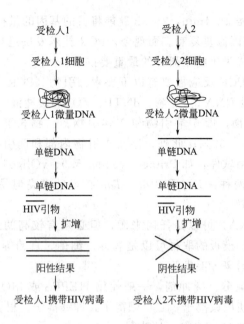

图 7-6　PCR 技术诊断 HIV 感染

一个新工具。

② 检测单核苷酸多态性　在人类后基因组计划中，人类致病基因组和药物敏感基因组是研究的重点。单核苷酸多态性（SNP）分析是主要的研究途径和方法。SNP 特指人类基因组中大量存在的单个核苷酸变异，被认为是新一代、具有高度稳定性的遗传学标记，不仅是人类种族和个体差异的标记，亦是决定不同人群疾病、易感性和药物治疗敏感性的标记，是寻找疾病相关基因，进行疾病诊断、预防和药物筛选的基础。

SNP 研究的基本方法包括：PCR 直接扩增相关基因后测序，单链构象多态性（SSCP）检测，异源双链分析，探针杂交，限制酶分析等。许多实验方法已经有了自动化仪器。为了加速进展，有些先进实验室开始利用基因芯片来一次性分析更多的位点。类似这些工作，都是基于 PCR 的基本操作，只是在引物、特征模板等加有特殊的标记，且存在大量、重复性的繁琐工作。将这些扩增不同序列的特征 PCR 试剂集中起来制备成试剂盒产品，即可实现标准化、常规化操作，方便而快捷。这类试剂盒就是分子诊断试剂产品。

③ 定量 PCR　在病毒所致的疾病、与基因表达剂量有关的遗传病以及肿瘤的微小残留病的检测中，要动态观测和分析患者体内的基因表达情况，及时了解病情的发展趋势，就需要进行基因的检测，所以，PCR 的定量显得尤为重要。用荧光标记引物的 5′端，在反应过程中荧光素整合到 PCR 产物中，反应结束后可经电泳检测荧光强度，用此方法可以对扩增的基因进行定量，称为荧光定量 PCR。同样，这样的 PCR 体系也被做成了试剂盒产品，成为一类分子诊断试剂。

PCR 的其他应用还有：基因序列分析、基因突变分析、多重 PCR、筑巢 PCR、反向 PCR、双温 PCR 等。

　能力拓展

多重 PCR：在一次反应中加入多种引物，同时扩增一份 DNA 样品中不同基因位点的不同序列。设计引物时使获得的产物序列的长短不同，有固定的大小。根据不同长短序列的存在与否，检测是否有某些基因片段的缺失与突变。一些多重 PCR 可以用特异性探针做 DNA 杂交，以确定 PCR 是否成功。

筑巢 PCR：先用一对外侧引物扩增获得基因的一些大片段，再用第二套内侧引物以大片段为模板再扩增。通常先用外侧引物扩增若干周期，再加入内侧引物，使 PCR 效率大大增加。由于必须与 4 种引物结合才能获得阳性结果，所以筑巢法需用同位素探针检测，特异性很强。此法常用于检测淋巴细胞白血病的免疫球蛋白基因重排；慢性粒细胞白血病的 bcr/abl 基因和早幼粒白血病的 pml/RARα 基因。

双温 PCR：标准 PCR 需要 3 步温度程序，而双温 PCR 仅仅执行 2 步温度程序，因为只要有足够的超量的 dNTP 和退火的引物，Taq 酶就可以在温度升降过程中使引物延伸。如果仅仅合成 35～100bp 的序列，引物退火温度的要求范围可以高于或者低于理论温度 5～10℃，对引物浓度和 Taq 酶的影响也比较小。合并退火与延伸温度，可能比用严格的温度更能提高反应速度和特异性。一般情况下，双温 PCR 常用的温度是 94～95℃和 46～47℃。

反向 PCR：PCR 可以扩增位于两引物之间的 DNA 片段，但反向 PCR 可以扩增已知序列区间以外的序列，可用于探索邻接已知序列的其他染色体序列。

3. 分子杂交

核酸的分子杂交技术是确定单链核酸碱基序列的一类技术，是目前生物制药前沿技术领域中应用最广泛的技术之一，是定性或定量检测特异 RNA 或 DNA 序列片段的有效工具。

核酸分子的碱基互补原则是分子杂交技术的基础。通过碱基配对，呈解离状态的两条单链核酸可以结合成双螺旋片段。这时，如果加入了异源的 DNA 或 RNA（单链），且异源的 DNA 或 RNA 之间的某些区域有互补的碱基序列，则在复性时就有可能形成杂交的核酸分子。也就是说，分子杂交可以在 DNA 与 DNA、RNA 与 RNA、DNA 与 RNA 之间进行，形成 DNA-DNA、RNA-RNA 或 RNA-DNA 等不同类型的杂交分子。

例如，可将具有一定已知顺序的某基因的 DNA 片段，加上放射性核素标记，构成核酸探针，将它通过分子杂交与缺陷的基因结合，通过探针的放射性信号，把缺陷的基因显示出来，借此可对许多遗传性疾病进行产前诊断；也有应用这一技术来诊断乙型肝炎，以及研究其他病毒性疾病和肿瘤基因结构（癌基因）等。

（1）探针及其制备　在进行分子杂交技术时，要用一种预先分离纯化的已知 RNA 或 DNA 序列片段去检测未知的核酸样品。这种作为检测工具用的已知 RNA 或 DNA 序列片段称为探针。探针常常用放射性同位素来标记。

作为探针的已知 DNA 或 RNA 片段一般为 30～50 个核苷酸长，可用化学方法合成或者直接利用从特定细胞中提取的 mRNA。探针必须预先标记以便检出杂交分子。标记方法有多种，常用的为同位素标记法和生物素标记法。因此，探针也分成若干种：根据核酸性质不同可分为 DNA 探针，RNA 探针、cDNA 探针、cRNA 探针及寡核苷酸探针等；根据标记方法不同可分为放射性探针和非放射性探针；此外，DNA 探针还有单链和双链之分。

① DNA 探针　这是最常用的核酸探针，指长度在几百碱基对以上的双链 DNA 或单链 DNA。现已获得 DNA 探针数量很多，包括细菌、病毒、原虫、真菌、动物和人类细胞的 DNA。这类探针多为某一基因的全部或部分序列，具有特异性。这类探针的制备一般有如下两种方法。

　　其一是基因克隆的方法，即先建立包含基因组 DNA 全信息的基因文库，再从基因文库中选取某一基因片段，将其与克隆载体连接，进行克隆后经酶切获得，这是获取大量高纯度 DNA 探针的有效方法。以细菌为例，如采用基因文库法获得某特异的核酸探针，需要首先建立细菌基因组 DNA 文库，即将细菌 DNA 切成小片段后分别克隆，得到包含基因组的全信息克隆库；再用多种其他菌种的 DNA 作探针来筛选，剔除产生杂交信号的克隆，最后剩下的不与任何其他细菌杂交的克隆，则可能含有该细菌特异性 DNA 片段；最后，再将此重组质粒标记后作进一步的鉴定，亦可经 DNA 序列分析鉴定其基因来源和功能。因此要得到一种特异性 DNA 探针，常常是比较繁琐的。

　　其二是应用 PCR 制备基因组 DNA 的特定片段，这种方法利用了基因编码蛋白质的特点，用目标蛋白来设计探针，即首先分离纯化目标蛋白质，测定该目标蛋白的氨基或羟基末端的部分氨基酸序列；然后根据这一序列合成一套寡核苷酸探针；再用此探针在 DNA 文库中筛选，阳性克隆即是目标蛋白的编码基因。该方法使基因组 DNA 探针的制备更为简便快速。

　　② cDNA 探针　cDNA 是指以 mRNA 为模板，按照碱基互补的原则，经逆转录酶催化合成的、与 mRNA 互补的 DNA 分子。cDNA 探针的优点是：不存在内含子和高度重复序列，是一种较理想的核酸探针，尤其适用于基因表达的检测。cDNA 探针的制备现已成为分子生物学实验室的常规实验。

　　③ RNA 探针　RNA 分子大多以单链形式存在，几乎不存在互补双链的竞争结合，所以 RNA 探针与靶序列的杂交效率较高，稳定性也高；另外 RNA 分子中不存在高度重复序列，因此会减少非特异性杂交，杂交后可用 RNA 酶将未杂交的探针分子水解去除，降低干扰。但 RNA 探针有易降解和标记方法复杂等缺点，限制了其应用的广泛性。

　　通过改变外源基因的插入方向或选用不同的 RNA 聚合酶，可以控制 RNA 的转录方向，即以哪条 DNA 链为模板转录 RNA。用这种方法可以得到同义 RNA 探针（与 mRNA 同序列）和反义 RNA 探针（与 mRNA 互补）。反义 RNA 又称 cRNA，除可用于反义核酸研究外，还可用于检测 mRNA 的表达水平。由于 RNA 探针和靶序列均为单链，所以杂交的效率要比 DNA-DNA 杂交高几个数量级。

　　RNA 探针除可用于检测 DNA 和 mRNA 外，还有一个重要用途，在研究基因表达时，常常需要观察该基因的转录状况。在原核表达系统中外源基因不仅进行正向转录，有时还存在反向转录（即生成反义 RNA），这种现象往往是外源基因表达不高的重要原因。另外，在真核系统，某些基因也存在反向转录，产生反义 RNA，参与自身表达的调控。在这些情况下，要准确测定正向和反向转录水平就不能用双链 DNA 探针，而只能用 RNA 探针或单链 DNA 探针。

 知识链接

　　逆转录：这是以 RNA 为模板，根据碱基配对原则，按照 RNA 的核苷酸顺序合成 DNA（其中 U 与 A 配对）的一种方式。由于与一般遗传信息流的方向相反，故称反向转录或逆转录。能够完成逆转录的 DNA 聚合酶称为逆转录酶。逆转录酶是 20 世纪 70 年代初在致癌 RNA 病毒的研究中发现的。携带逆转录酶的病毒侵入宿主细胞后，病毒 RNA 在逆转录酶的催化下转化成双链 cDNA，并进而整合宿主细胞染色体 DNA 分子，随宿主细胞 DNA 复制而同时复制。研究发现，逆转录酶不仅普遍存在于 RNA 病毒中，哺乳动物的胚胎细胞和正在分裂的淋巴细胞也含有逆转录酶。现在，逆转录已成为一项重要的分子生物学技术，广泛用于基因的克隆和表达。从逆转录病毒中提取的逆转录酶已商品化，最常用的有 AMV 逆转录酶。

④ 寡核苷酸探针 寡核苷酸指应用 DNA 合成仪人工合成的寡聚核苷酸片段。与前面的三种探针相比，寡核苷酸探针具有以下特点：可根据需要来合成相应的核酸序列，避免天然探针的缺点；探针长度一般为 10～50bp，序列简单，所以与等量核酸分子完全杂交的时间比其他探针短；可以识别靶序列中一个碱基的变化，尤其适合点突变的检测；一次可以大量合成，探针制备成本低。

设计寡核苷酸探针时，一般要求碱基中 G＋C 含量为 40％～60％，超出此范围则会增加非特异杂交成分；另外，分子内不应存在互补区，否则会出现抑制探针杂交的"发夹"状结构；还应该避免单一碱基的重复出现（如—CCCCC—，不能多于 4 个）。

（2）探针的标记 为实现对探针分子的有效检测，必须将探针分子用一定的标记物进行标记。标记物可分为放射性同位素标记和非同位素标记两大类。一个理想的探针标记物应具有以下特性：灵敏度高；标记物与探针结合后，不影响杂交反应，尤其是杂交特异性、稳定性和 T_m 值；检测方法要灵敏、特异、稳定、简便；标记物对环境污染小，对人体无损伤，价格低廉；标记物对检测方法无干扰。

① 放射性同位素标记 这是分子生物学中最常用的标记方法。前述的免疫诊断试剂对此已有叙述。常用来标记探针的同位素有 ^{32}P、^3H、^{35}S、^{131}I、^{125}I 等。选择何种同位素作为标记物，除了考虑各种同位素的物理性质外，还需考虑标记方法和检测手段的要求。常用放射性同位素的物理性质见表 7-3。

表 7-3 常用放射性同位素的物理性质

同位素	半衰期	100％纯度时的放射活性（Ci[①]/mmol）	射线粒子的最大能量（E_{max}）/keV		同位素	半衰期	100％纯度时的放射活性（Ci[①]/mmol）	射线粒子的最大能量（E_{max}）/keV	
			β	α				β	α
^{32}P	14.3 天	9120	1710		^{14}C	5100 年	62	156	
^3H	12.1 年	29	18.5		^{131}I	60 天	2400	34.6	35.4
^{35}S	87.1 天	1490	169		^{125}I	8.6 天	16100	608	256

① 1Ci＝37GBq。

放射性同位素标记探针的方法有切口平移法、随机引物法、末端标记法和反转录标记法等。

切口平移法是一种快速、简便、成本相对较低的生产高比活性标记 DNA 的方法。该技术可以制备序列特异的探针。当使用重组质粒探针时，虽然任何形式的双链 DNA 都可以进行切口平移标记，但通常使用限制性核酸内切酶，将插入片段进行酶切和凝胶电泳纯化后，再进行切口平移标记。

 能力拓展

DNA 的切口平移标记法操作：双链 DNA 分子（线状、超螺旋及环状双链 DNA）在适量 DNA 聚合酶 I 的存在下，被随机切开若干个 3′-OH 末端切口；在大肠杆菌 DNA 聚合酶的催化下，在该切口处逐个加上新的、至少一种为同位素标记的脱氧核苷酸（dNTP）；同时，大肠杆菌 DNA 聚合酶 I 还具有 5′→3′核酸外切酶的活性，将切口 5′端核苷酸逐个切除。这样 3′端核苷酸的加入与 5′端核苷酸的去除同时进行，导致 DNA 链上切口沿着 5′→3′移动，称为切口平移，其实质是用同位素标记的核苷酸取代原来DNA 链中不带同位素的同种核苷酸（图 7-7）。由于原来双链 DNA 是随机缺口，所以生成的两条链都被同位素均匀标记上，使标记的 DNA 具有较高的放射比活性。切口平移标记的 DNA 探针能满足大多数杂交实验要求。

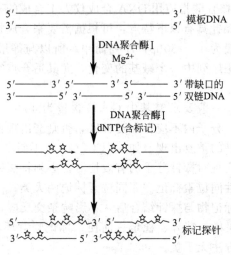

图 7-7 切口平移标记法示意图

在随机引物法中，使用寡核苷酸引物和大肠杆菌 DNA 聚合酶 I 的 Klenow 片段来标记 DNA 片段，这种方法可代替切口平移，产生均一的标记探针，标记核苷酸在 DNA 探针中的掺入率可达 50% 以上。由于在反应过程中加入的 DNA 片段不被降解，故在随机引物反应中加入的 DNA 可以非常少，DNA 片段的大小也不影响标记的结果，单链或双链 DNA 都可作为随机引物标记的模板。

末端标记法是将 DNA 的末端（5′ 或 3′）进行部分标记（不是全长标记）。标记活性不高，标记物分布不均匀，一般很少作为分子杂交探针使用，主要是用于 DNA 序列的测定。例如，在 3′-OH 端加上 dNTP，适用于基因库克隆序列的鉴定、基因组 DNA 样品的点突变检测和原位杂交；或者用 T4 多聚核苷酸激酶可将 γ-^{32}P-ATP 的 γ-磷转移到游离的 5′-OH 端上，用于 DNA 序列测定。

也可以用 RNA 的体外反转录法制备 RNA 标记。这类 RNA 标记探针可用商品化转录质粒来制备。这些质粒中包括有 SP6、T3 或 T7 RNA 聚合酶的 RNA 启动位点，这些启动位点与多克隆位点（MCS）相邻。

PCR 技术有许多用途，其中之一便可用来标记高比活性的探针，这种技术具有很高的特异性，可以在 1~2h 之内大量合成探针 DNA 片段。该方法的缺点是需要合成一对特异性 PCR 引物。使用从探针 DNA 上制备的小片段引物也能取得较好的标记效果。

利用 PCR 反应，也可将标记的核苷酸掺入到扩增的 DNA 片段中。此法标记率高、重复性好、简便快速、可大量制备。

② 非放射性标记 由于放射性同位素对环境的污染和对人体的损伤，限制了其应用，但却因此而促进了非放射性标记探针的研发和应用。非放射性标记核酸探针的方法分为酶促反应标记法和化学修饰标记法两大类。

酶促反应标记法是将标记物预先标记在单核苷酸（Nw 或 dNTP）分子上，然后采用前述的同位素标记的酶促反应将标记物掺入到核酸探针分子中。这种标记法具有灵敏度高的优点，但标记过程较复杂、成本高，不适宜大规模制备。

化学修饰标记法是利用标记物分子上的活性基团与探针分子上的某些基团发生化学反应，将标记物直接结合到探针分子上，具有方法简单、成本低、标记方法较通用，也是目前较为常用的标记方法。常用的非放射性标记物有生物素、地高辛、光敏生物素和荧光素等。

· · · · · ● **实例分析** ● ·

实例：荧光基因探针 PCR 试剂盒

分析：PCR 方法自 1989 年开始运用于临床检验以来，以其简便、快速、灵敏的优势成为临床实验诊断学的技术热点，已应用于肝炎、肺部感染和性病等传染性疾病及遗传病、肿瘤、优生优育等领域，然而，PCR 临床应用还需要解决传统探针技术不能定量和污染所致的假阳性等问题。荧光基因探针 PCR（FQ-PCR）技术融汇基因扩增和 DNA 探针杂交技术的优点，直接探测 PCR 过程中荧光信号的变化，根据 PCR 反应动力学特点，获得核酸模板的准确基因探针结果。

评述：该技术整个过程均在完全封闭的状态下进行，无需 PCR 后处理冗长的电泳检测，解决了常规 PCR 产物污染导致的假阳性问题，是目前最先进的 PCR 技术，已经成为许多大型制药企业和医疗机构进行药物疗效考核的首选手段。目前，FQ-PCR 检测试剂盒包括肝炎检测、性病检测、肺感染性疾病检测、优生优育检测、遗传病基因检测、肿瘤疾病检测六大系列，共计 40 多个品种。

（3）分子杂交技术　核酸分子杂交按杂交中单链核酸所处的状态可分为液相杂交、固相杂交和原位杂交 3 类。液相杂交和固相杂交方法都要求预先从细胞中分离并纯化杂交用的核酸。

在液相分子杂交中，两种来源的核酸分子都处于溶液中，可以自由运动，其中有一种常是用同位素标记的。从复性动力学数据的分析可探知真核生物基因组结构的大致情况，如各类重复顺序的含量及分布情况等。

在固相分子杂交中，一种核酸分子被固定在不溶性的介质上，另一种核酸分子则处在溶液中，两种介质中的核酸分子可以自由接触。常用的介质有硝酸纤维素滤膜、琼脂和聚丙烯酰胺凝胶等。

1975 年创立的萨瑟恩吸印法是一种方便易行的固相杂交方法。先将待测的 DNA 用限制性内切酶切成片段，然后通过凝胶电泳把大小不同的片段分开，再把这些 DNA 片段吸印到硝酸纤维素膜上，并使吸附在滤膜上的 DNA 分子变性，然后和预先制备的 DNA 或 RNA 探针进行分子杂交，最后通过放射自显影，就可以鉴别待测的哪个 DNA 片段和探针具有同源顺序。精确控制杂交及洗涤条件（如温度及盐浓度），在同源顺序中即使有一对碱基错配也可检出。此技术已应用于遗传病（基因病）的临床诊断。另一种相似的方法是将待测的 RNA 片段吸印在重氮苄氧甲基（DBM）纤维素膜或滤纸上，然后和预先制备的 DNA 探针进行分子杂交，这种方法称为诺森吸印法。这些技术大大地推进了分子遗传学研究和重组 DNA 技术的应用。

原位（分子）杂交是固相杂交的另一种形式，杂交中的一种 DNA 处在未经抽提的染色体上，并在原来位置上被变性成单链，再和探针进行分子杂交。在原位杂交中所使用的探针必须用比活性高的同位素标记。杂交的结果可用放射自显影来显示，出现银粒的地方就是与探针互补的顺序所在的位置。

三、分子诊断试剂实例

1. 通用 PCR 核心试剂盒

该试剂盒提供了进行简便、灵敏的 PCR（或荧光 PCR）检测的完整系统，包括经过优化的缓冲液、dNTP、*Taq* DNA 聚合酶混合物和 $MgCl_2$ 溶液，成为一个即时可用的混合物。

使用时不需要再去混合试剂，可同时确保结果的一致性和可重复性，能够检测低拷贝的目的基因，检测范围可达 7 个数量级。该试剂用于普通 PCR 检测或实时荧光 PCR 检测，获得方便、灵敏和准确、可靠的检测结果。

（1）试剂盒组成　通用 PCR 核心试剂混合物 300μL，$MgCl_2$ 溶液（25mmol/L）220μL。

（2）反应液配制

① 用于普通 PCR　通用 PCR 核心试剂混合物 15μL；$MgCl_2$ 溶液（25mmol/L）3～10μL，终浓度 1.5～5.0mmol/L；上游引物 5μL，终浓度 50～900nmol/L；下游引物 5μL，终浓度 50～900nmol/L；待检 DNA 样品 10～100ng；无菌去离子水 10～17μL；总体积 50μL。

② 用于荧光 PCR　通用 PCR 核心试剂混合物 15μL；$MgCl_2$ 溶液（25mmol/L）6～11μL，终浓度 3～5.5mmol/L；上游引物 5μL，终浓度 50～900nmol/L；下游引物 5μL，终浓度 50～900nmol/L；探针 5μL，200nmol/L；待检 DNA 样品 10～100ng；无菌去离子水 4～9μL；总体积 50μL。

（3）扩增条件

① 用于普通 PCR：95℃ 5min ⟶ 95℃ 30s ⟶ 55℃ 45s ⟶ 72℃ 1min

＿＿＿＿＿＿＿＿＿＿＿＿＿＿＿＿＿
　　　　　　　　　　30～40 个循环

② 用于荧光 PCR：95℃ 5min ⟶ 95℃ 30s ⟶ 60℃ 1min

＿＿＿＿＿＿＿＿＿＿＿
40～50 个循环

2. 荧光 PCR 乙型肝炎病毒定量诊断试剂盒

采用结合 Taqman 荧光探针的 PCR 反应技术，对血清中的乙型肝炎病毒（hepatitis B virus）的特异性 DNA 核酸片段进行定量的检测，本品对 HBV 的检测灵敏度为 500 拷贝/mL（研究使用）。

（1）试剂盒组成　核酸提取液 600μL，HBV PCR 反应液 480μL，混合酶 40μL，阴性对照（HBV）10μL，HBV 定量阳性对照 1 号 $1.0×10^6$ 拷贝/mL 10μL，HBV 定量阳性对照 2 号 $1.0×10^5$ 拷贝/mL 10μL，HBV 定量阳性对照 3 号 $1.0×10^4$ 拷贝/mL 10μL。

适用于 PE5700、7700、LightCycler、FTC-2000 等荧光 PCR 仪。

（2）操作

① 标本处理和加样　血清标本各取 30μL（冻存血清使用前在室温融解，振荡混匀 10s），加入 30μL 核酸提取液，振荡混匀 10s，100℃ 沸水浴 10min，然后 12000r/min 离心 5min，最后取上清液作 PCR 扩增。处理后的样品应在 1h 内使用，或在 -80～-20℃ 保存（≤1 个月，不宜反复冻融）。定量阳性对照、阴性对照不要处理，可直接使用。

② 试剂准备　按样品数（样品数＝血清标本数＋对照品数＋定量阳性对照 3 个）n 取 HBV PCR 反应液 $n×24μL$、混合酶 $n×2μL$ 混于一离心管中，旋涡振荡器上振荡混匀 10s，按每管 26μL 分装于反应管中。将上述处理好的标本上清液和定量阳性对照 1～3 号（务必振荡混匀数秒）各取 4μL 分别加入反应管中，混匀，低速离心数秒，立即进行 PCR 扩增反应。

③ PCR 扩增　使用 PE5700、7700、icycler、FTC2000 荧光仪时，先在 37℃ 反应 2min，然后 93℃ 保温 5min，再按 93℃ 30s → 60℃ 60s 循环 40 次；使用 LightCycler 荧光仪时，先 37℃ 反应 2min，93℃ 2min，再 93℃ 5s → 60℃ 30s 循环 40 次，每次循环的升降温速率为

20℃/s，在60℃30s处做荧光检测。

3. 人乳头瘤病毒（HPV）6.11荧光定量PCR检测试剂盒

采用结合Taqman荧光探针的PCR反应技术，对皮肤及黏膜上皮组织中的人乳头瘤病毒（human papilloma virus）6.11型的特异性DNA核酸片段进行检测，从而判断人乳头瘤病毒6.11型核酸的存在。使用dUTP和UNG酶，以防止扩增产物的污染。

（1）试剂盒组成 HPV PCR缓冲液600μL，Taq酶64μL，DNA提取液2×0.8mL，$MgCl_2$ 100μL，HPV荧光探针100μL，阴性对照100μL，HPV阳性校准品1号2×10⁶拷贝/mL 30μL，HPV阳性校准品2号2×10⁵拷贝/mL 30μL，HPV阳性校准品3号2×10⁴拷贝/mL 30μL。

操作中，应使用符合生物安全规范的负压操作台，适用于LightCycler、Rotor-Gene、PE-5700等基于Taqman技术原理设计的自动荧光PCR仪。

（2）操作

① 标本采集和处理 将尿道、阴道、宫颈分泌物棉拭子放入有1mL注射用生理盐水的1.5mL离心管中，充分洗涤后挤干，弃去棉球，将浸出液在12000r/min离心15min，弃上清液。在沉淀中加入50μL DNA提取液，吹打均匀后100℃沸水浴15min，12000r/min离心10min。

② 试剂准备 按样品数 n 取HPV PCR缓冲液（$n+1$）×18μL、$MgCl_2$（$n+1$）×3μL、HPV荧光探针（$n+1$）×3μL、Taq酶（$n+1$）×2μL混于一离心管中，旋涡振荡器上振荡混匀10s，低速离心数秒，按每管26μL分装。

③ 加样 将样品处理上清液（冻存样品使用前在室温充分融化，振荡混匀数秒，13000r/min离心2min）和阳性校准品（使用前应先离心，再充分振荡混匀）1～3号各4μL分别加入反应管中，混匀后置于自动荧光PCR仪上，立即进行PCR扩增反应（LightCycler仪器：反应液配好后，分别取20μL移入专用毛细管中，低速离心数秒后置入LightCycler）。

④ 扩增 使用LightCycler时，预反应50℃1min、循环1次，预变性94℃2min、循环1次，变性94℃5s，循环40次，延伸60℃30s，升降温速率为5℃/s，在60℃时采集荧光信号；使用PE 5700时，预反应50℃1min、循环1次，预变性94℃2min、循环1次，变性94℃10s，循环40次，延伸60℃50s；使用Rotor-Gene时，预反应50℃1min、循环1次，预变性94℃2min、循环1次，变性94℃10s，循环40次，延伸60℃50s。

●∙∙∙∙∙● 思考与练习 ●∙∙∙∙∙●

1. 分子诊断试剂的技术基础是什么？

2. 为什么说分子诊断试剂属于药品？

3. 根据（ ）的不同，生物芯片可分为基因芯片、蛋白芯片和组织芯片等多种形式。

    A. 芯片的检测对象   B. 芯片上固定的探针

    C. 芯片的固相成分   D. 芯片上固定的引物

4. PCR过程由三个基本反应步骤顺序组成，分别是（ ）、（ ）和（ ）。

5. 标准的PCR反应体系都有哪些组成？

6. 分子诊断中的微卫星指的是什么？请以HIV感染诊断为例，简述微卫星法确定染色体基因丢失的工艺过程。

7. 分子杂交的技术基础是（ ）。

    A. 蛋白质分子的肽链结构   B. 膜脂分子的双分子层结构

C. 核酸分子的碱基互补原则　　　　　D. 遗传信息传递的中心法则

8. 什么是探针？探针有哪些类型？

9. 请简述萨瑟恩吸印法的操作过程。

实践十一　质粒 DNA 的分离与纯化

一、实验目的

了解质粒的基本特性，熟悉质粒提取的基本方法；

掌握煮沸法、碱法提取质粒的基本操作。

二、实验原理

质粒（plasmid）是一种染色体外的稳定遗传因子，大小在 1～200kb，是具有双链闭合环状结构的 DNA 分子，主要发现于细菌、放线菌和真菌细胞中。质粒具有复制和控制机构，能够在细胞质中独立自主地进行自身复制，并使子代细胞保持它们恒定的拷贝数。质粒是寄主性的自主复制因子，其存在与否不妨碍细胞的存活。因此，通常将质粒作为外源基因重组的载体。

分离质粒 DNA 的方法有三个基本步骤：培养细菌使质粒扩增；收集和裂解细胞；分离和纯化质粒 DNA。共价闭合环状质粒 DNA 与线性染色体 DNA 在拓扑学上存在着差异，线性染色体 DNA 的双链结构容易被分开，并被切断成不同大小的线性片段；而共价闭合环状质粒中的 DNA 链不会相互分开。当外界条件恢复正常时，线性染色体 DNA 片段难以复性，而是与变性的蛋白质和细胞碎片缠绕在一起；而质粒 DNA 双链可迅速恢复原状，重新形成天然的超螺旋分子，并以溶解状态存在于液相中。通过离心，可以将质粒 DNA 与染色体 DNA、不稳定的大分子 RNA、蛋白质-SDS 复合物等分离开。电泳时，质粒 DNA 比其他线性 DNA 的移动速度快。

在 EDTA 存在下，用溶菌酶破坏细菌细胞壁，同时经过 NaOH 和阴离子去污剂 SDS 处理使细胞膜崩解，从而达到菌体充分的裂解，同时细菌染色体 DNA 缠绕附着在细胞膜碎片上，离心时易被沉淀出来，而质粒 DNA 则留在上清液内，其中还含有可溶性蛋白、核糖核蛋白和少量染色体 DNA，加入蛋白质水解酶和核酸酶可以使它们分解，通过碱性酚（pH8.0）和氯仿-异戊醇混合液的抽提可以去除蛋白质等。异戊醇的作用是降低表面张力，可以减少抽提过程产生的泡沫，并使离心后水层、变性蛋白质层和有机层维持稳定。含有质粒 DNA 的上清液可用乙醇或异戊醇沉淀，获得质粒 DNA。

三、实验用品

1. 仪器与材料

微量取样器（20μL、200μL、1000μL）、台式高速离心机、恒温振荡摇床、高压灭菌锅、漩涡振荡器、电泳仪、琼脂糖平板电泳仪、恒温水浴锅、移液枪、pH 试纸或酸度计、无菌牙签、Eppendorf 管、离心管架。

含 pUC 的 *E.coli* DH$_5$α 菌株，或 JM 系列菌株。

2. 试剂

① LB 液体培养基　蛋白胨 10g、酵母提取物 5g、NaCl 10g，溶于 800mL 去离子水中，用 NaOH 调至 pH7.5，加去离子水至总体积 1L，高压下蒸汽灭菌 20min。

② LB 固体培养基　每升液体培养基中加 12g 琼脂粉，高压灭菌。

③ 氨苄西林母液　配成 50mg/mL 水溶液，－20℃保存备用。

④ 溶菌酶溶液　用 10mmol/L Tris-HCl（pH8.0）溶液配制成 10mg/mL，分装成小份（如 1.5mL），保存于－20℃，每小份一经使用后必须丢弃。

⑤ 3mol/L CH_3COONa（pH5.2）　50mL 水中溶解 40.81g $CH_3COONa \cdot 3H_2O$，用冰醋酸调 pH 至 5.2，加水定容至 100mL，分装后高压灭菌，储存于 4℃冰箱。

⑥ 溶液 I　50mmol/L 葡萄糖、25mmol/L Tris-HCl（pH8.0）、10mmol/L EDTA（pH8.0），可成批，分装成 100mL/瓶，高压灭菌 15min，储存于 4℃冰箱。

⑦ 溶液 II　0.2mol/L NaOH（临用前用 10mol/L NaOH 母液稀释）、1%SDS。

⑧ 溶液 III　5mol/L CH_3COOK 60mL、冰醋酸 11.5mL、H_2O 28.5mL，定容至 100mL，并高压灭菌。溶液终浓度为：K^+ 3mol/L，CH_3COO^- 5mL。

⑨ RNA 酶 A 母液　将 RNA 酶 A 溶于 10mmol/L Tris-HCl（pH7.5）、15mmol/L NaCl 中，配成 10mg/mL 的溶液，于 100℃下加热 15min，使混有的 DNA 酶失活。冷却后用 1.5mL Eppendorf 管分装成小份，保存于－20℃。

⑩ 酚　大多数市售液化酚是清凉、无色的，无需重蒸馏便可用于分子克隆实验。最好能够避免使用结晶酚，因其必须在 160℃用冷凝管进行重蒸馏以去除诸如醌等氧化物，这些产物可引起磷酸二酯键的断裂及导致 RNA 和 DNA 的交联。

⑪ 氯仿　按氯仿：异戊醇＝24：1（体积比）加入异戊醇。氯仿可使蛋白变性，并有助于液相与有机相的分开；异戊醇则可以消除抽提过程中出现的泡沫。按体积比 1：1 混合上述饱和酚与氯仿，即得酚-氯仿（1：1）。酚和氯仿均有很强的腐蚀性，操作时应戴手套。

⑫ TE 缓冲液　10mmol/L Tris-HCl（pH8.0）、1mmol/L EDTA（pH8.0），高压灭菌后储存于 4℃冰箱中。

⑬ STET　0.1mol/L NaCl、10mmol/L Tris-HCl（pH8.0）、10mmol/L EDTA（pH8.0）、5% TritonX-100。

⑭ STE　0.1mol/L NaCl、10mmol/L Tris-HCl（pH8.0）、1mmol/L EDTA（pH 8.0）。

四、实验步骤

1. 细菌培养和收集

将含有质粒 pUC 或 pBS 的 $DH_5\alpha$ 菌种接在 LB 固体培养基（含 50μg/mL Amp）中，37℃培养 12～24h。用无菌牙签挑取单菌落接种到 5mL LB 液体培养基（含 50μg/mL Amp）中，37℃振荡培养约 12h 至对数生长后期。

2. 煮沸法

① 将 1.5mL 培养液倒入 Eppendorf 管中，4℃下 12000r/min 离心 30s 后，弃上清液，将管倒置于纸巾上几分钟，使液体流尽。

② 将菌体沉淀悬浮于 120mL STET 溶液中，涡旋混匀后加入 10mL 新配制的溶菌酶溶液（10mg/mL），涡旋振荡 3s。

③ 将 Eppendorf 管放入沸水浴中，50s 后立即取出，用微量离心机 4℃下 12000r/min 离心 10min。

④ 用无菌牙签从 Eppendorf 管中去除细菌碎片。

⑤ 取 20mL 进行电泳检查。

⑥ 注意事项：对大肠杆菌可从固体培养基上挑取单个菌落，直接进行煮沸法提取质粒

DNA；煮沸法中添加溶菌酶有一定限度，浓度高时，细菌裂解效果反而不好，有时不用溶菌酶也能溶菌，提取的质粒 DNA 中会含有 RNA，但 RNA 并不干扰进一步实验，如限制性内切酶消化、亚克隆及连接反应等。

3. 碱法

① 取 1.5mL 培养液倒入 1.5mL Eppendorf 管中，4℃下 12000r/min 离心 30s 后，弃上清液，将管倒置于纸巾上几分钟，使液体流尽。

② 将菌体沉淀重悬浮于 100μL 溶液 I 中（需剧烈振荡），室温下放置 5~10min。

③ 加入新配制的溶液 II，盖紧管口，快速温和颠倒 Eppendorf 管数次，以混匀内容物（千万不要振荡），冰浴 5min 后，再加入 150μL 预冷的溶液 III，盖紧管口，倒置离心管，温和振荡 10s，使沉淀混匀，冰浴中 5~10min，4℃下 12000r/min 离心 5~10min。

④ 上清液移入干净 Eppendorf 管中，加入等体积的酚-氯仿（1:1），振荡混匀，4℃下 12000r/min 离心 5min。

⑤ 将水相移入干净的 Eppendorf 管中，再加入等体积的无水乙醇，振荡均匀后置于 -20℃冰箱中 20min，然后在 4℃下 12000r/min 离心 10min。

⑥ 弃上清液，将管口敞开倒置在纸巾上使所有液体流出，加入 1mL 70% 乙醇，洗沉淀 1 次，4℃下 12000r/min 离心 5~10min。

⑦ 吸除上清液，将管口倒置于纸巾上使液体流尽，真空干燥 10min 或室温干燥。

⑧ 将沉淀溶于 20μL TE 缓冲液（pH8.0，含 20μg/mL RNaseA）中，储存于 -20℃冰箱中。

⑨ 注意事项：提取过程应尽量保持低温；提取质粒 DNA 过程中除去蛋白质很重要，采用酚-氯仿去除蛋白效果较单独用酚或氯仿好，要将蛋白尽量除干净需要多次抽提；沉淀 DNA 通常使用冰乙醇，在低温条件下放置时间稍长可使 DNA 沉淀完全；沉淀 DNA 也可用异丙醇（一般使用等体积），且沉淀完全，速度快，但常把盐沉淀下来，所以多数还是用乙醇。

五、结果与讨论

① 未提出质粒或质粒得率较低，如何解决？

可能会有以下原因：

a. 菌体老化　涂布平板培养后，重新挑选新菌落进行液体培养。

b. 碱裂解不充分　可减少菌体用量或增加溶液的用量。

c. 菌体中无质粒　不要频繁转接，每次接种时应接种单菌落。检查抗生素使用浓度是否正确。

d. 溶液使用不当　溶液 II 在温度较低时可能出现混浊，置于 37℃保温片刻至溶解为清亮的溶液。

② 质粒纯度不高，如何解决？

主要原因如下：

a. 混有蛋白　不要使用过多菌体。重新纯化 DNA，去除蛋白、多糖、多酚等杂质。

b. 混有 RNA　加入 RNaseA 室温放置一段时间。

c. 混有基因组 DNA　加入溶液 II 和 III 后防止剧烈振荡，可能把基因组 DNA 剪切成碎片从而混杂在质粒中。细菌培养时间过长会导致细胞和 DNA 的降解，培养时间不要超过 16h。

③ 填写实践报告及分析。

技能要点

基因工程技术是按照人们的设计方案，在分子水平上对 DNA 进行操作，使之在重组细胞中表达新的遗传性状的技术，也称为重组 DNA 技术或分子克隆技术。利用基因工程技术，可以定向改造生物，并首先在医药开发领域得到广泛应用。

基因工程制药主要是基于以下四个基本技术：引入外源基因、拼接外源基因、调控基因表达和培养基因工程菌。其技术发展也经历了细菌基因工程、细胞基因工程和基因组药物开发三个阶段。目前利用基因工程技术制备的医药主要是蛋白和多肽类，包括：细胞因子、激素、活性蛋白和各类毒素等。

分子诊断试剂是指检测与疾病相关的各种结构蛋白质、酶、抗原抗体和各种免疫活性分子，以及编码这些分子的基因的试剂产品，又称为基因诊断试剂，属于体外诊断试剂，在药品监管中被归为药品。目前分子诊断试剂主要指已经在临床上广泛使用的 PCR 产品，可检测肝炎、性病、肺感染性疾病、优生优育、遗传病基因、肿瘤等，以及目前正大力开发的基因芯片产品。

分子诊断试剂的技术基础是基于分子生物学实验技术的分子诊断学，这些技术包括基因的重组与克隆、基因表达与调控、转化子的克隆与培养、蛋白质的分离与纯化，特别是聚合酶链反应（PCR）与核酸分子杂交技术。

参 考 文 献

[1] 郭勇主编. 酶工程. 第3版. 北京：科学出版社，2009.

[2] 辛秀兰主编. 现代生物制药工艺学. 北京：化学工业出版社，2006.

[3] 熊宗贵主编. 生物技术制药. 北京：高等教育出版社，2001.

[4] 齐香君主编. 现代生物制药工艺学. 北京：化学工业出版社，2004.

[5] 张林生主编. 生物技术制药. 北京：科学出版社，2008.

[6] 周珮主编. 生物制药技术. 北京：人民卫生出版社，2007.

[7] 马贵民，徐光龙主编. 生物技术导论. 北京：中国环境科学出版社，2006.

[8] 吕建新，尹一兵主编. 分子诊断学. 北京：中国医药科技出版社，2004.

[9] 姚文兵主编. 生物技术制药概论. 北京：中国医药科技出版社，2003.

[10] 储炬，李友荣主编. 现代生物工艺学：下册. 上海：华东理工大学出版社，2008.

[11] 夏焕章，熊宗贵主编. 生物技术制药. 北京：高等教育出版社，2006.

[12] 李元主编. 基因工程药物. 第2版. 北京：化学工业出版社，2007.

[13] 刘群红，李朝品主编. 现代生物技术概论. 北京：人民军医出版社，2005.

[14] 郭勇主编. 生物制药技术. 北京：中国轻工业出版社，2007.

[15] 陈斌主编. 天然药物提取分离技术. 郑州：河南科学技术出版社，2007.

[16] 王传恩主编. 医学微生物学实验指导. 广州：中山大学出版社，2006.

[17] 鄂征主编. 组织培养技术与分子细胞学技术. 北京：北京出版社，2001.

[18] 马兴铭主编. 医学免疫学实验技术. 兰州：兰州大学出版社，2005.

[19] 何昭阳，胡桂，王春凤主编. 动物免疫学实验技术. 长春：吉林科学技术出版社，2002.

[20] 尹学念主编. 免疫学和免疫学检验实验指导. 北京：人民卫生出版社，1999.

[21] 沈萍，陈向东主编. 微生物学. 北京：高等教育出版社，2006.

[22] 国家食品药品监督管理局网站. http://www.sda.gov.cn.

[23] 中国医药经济信息网站. http://www.menet.com.cn.

[24] 上海闪晶分子生物科技有限公司网站. http://www.shinegene.org.cn.